普通高等教育"十三五"规划教材

金 工 实 习

（第2版）

沈　坚　周建华　刘新佳　主　编

章　军　主　审

电子工业出版社
Publishing House of Electronics Industry
北京·**BEIJING**

内 容 简 介

本书以教育部最新颁布的《工程材料及机械制造基础课程教学基本要求》和《重点高等工科院校工程材料及机械制造基础系列课程改革指南》为依据，以实用、精炼为原则，基于目前大多数工科院校金工实习的基本条件，吸收了近年来的教改成果，根据工科类学生应掌握的机械制造过程的基本知识和扩大学生知识面的需要，以现代机械制造基本工艺为主线，阐述成型加工与机械加工工艺的基本原理、基本方法和适用场合。全书共8章，主要内容包括：金属材料及热处理、铸造、锻压、焊接、机械加工、钳工、数控加工和特种加工等。为便于学生掌握和巩固已学知识，书后附有配套"金工实习报告"一套。

本书可作为高等学校本科工科类专业相关课程的教材，也可作为高等职业学校、高等专科学校相关专业的教材。

图书在版编目（CIP）数据

金工实习 / 沈坚，周建华，刘新佳主编. —2 版. —北京：电子工业出版社，2020.6

ISBN 978-7-121-33415-3

Ⅰ. ①金…　Ⅱ. ①沈…　②周…　③刘…　Ⅲ. ①金属加工－实习－高等学校－教材　Ⅳ. ①TG-45

中国版本图书馆 CIP 数据核字（2020）第 077212 号

责任编辑：王羽佳

印　　　刷：三河市君旺印务有限公司

装　　　订：三河市君旺印务有限公司

出版发行：电子工业出版社

　　　　　北京市海淀区万寿路 173 信箱　　邮编：100036

开　　　本：787×1 092　1/16　　印张：14.5　　字数：419 千字

版　　　次：2016 年 7 月第 1 版

　　　　　2020 年 6 月第 2 版

印　　　次：2025 年 1 月第 9 次印刷

定　　　价：45.00 元

第 2 版前言

自本书第 1 版出版以来，我国高校工程实践课程的教学条件得到不断改善，工程实践课程的教学改革也取得了一系列重大进展，同时与本课程有关的一些技术标准的更新力度也很大。为保持教材的先进性，反映工程实践教学改革取得的最新成果，适应"金工实习"课程教学的需求，我们决定对教材进行修订再版。本次修订主要做了以下工作：

1. 在教材的内容体系上仍沿续第 1 版，以保持和发扬已有特色。全书内容仍分为金属材料及热处理、铸造、锻压、焊接、机械加工、钳工、数控加工和特种加工等 8 章。为便于学生掌握和巩固已学知识，书后附配套"金工实习报告"一套。

2. 注重对教材内容的合理筛选，力求做到与时俱进。在注重传统加工内容的系统性、实用性和科学性的同时，适度增加数控加工和特种加工等先进制造技术的内容，以反映当前机械制造领域的新材料、新工艺、新技术，从而扩宽学生的视野。

3. 加强了教材的可操作性。书中除具有示范作用的典型零件加工方法训练案例外，增列了大量的训练课题示例，强化了基本技能的可操作性，同时力求图文并茂、深入浅出、文字简练、直观形象，以方便教学，并利于培养学生在教师启发下自主获取知识的能力，促进学生从知识积累向能力提高的转化。

4. 拓宽了教材的适用性。编写中注意吸收不同类型高校在金工实习教学内容、教学模式和教学方法改革方面的成功经验，使教材适应大多数院校的教学需要。同时，注重贯彻理论教学与实践教学并行原则，有助于适应不同专业、不同层次人才培养的需求，使教材既适用于实践性课程的教学，又可用于少学时理论课程的教学。

5. 进行了严格的标准化审查。跟踪新的国家标准及行业标准一些与本书有关技术内容的更新，使书中基本概念、名词术语、符号、计量单位，均与最新现行标准一致，以保证教学内容的科学性和先进性。

本书由江南大学沈坚、周建华、刘新佳主编，吕凤艳、刘书明、于小健、浦晨晔、俞哲也参与了本书的编写。江南大学机械工程学院章军教授担任主审，并提出了许多宝贵意见，在此表示衷心的感谢。

编写过程中，作者参阅了部分国内外相关教材、科技著作、论文（详见参考文献）及有关院校的自编讲义，在此向资料作者表示深切的谢意！

由于作者学识所限，书中错误和不妥之处在所难免，敬请读者批评指正。

作 者
2020 年 1 月

前　言

本教材是为适应 21 世纪对培养高级工程技术人才的需要，以国家教育部颁布的《工程材料及机械制造基础课程教学基本要求》和重点高等工科院校《工程材料及机械制造基础》系列课程改革指南中金工实习课程改革参考方案为依据编写的，并有所突破，以保证教材的先进性。

本教材在教学内容的选择上本着实用、精炼的原则，以目前大多数工科院校金工实习的基本条件为依据，以介绍机械制造过程中的材料选用、毛坯生产、机械加工的基本理论和方法为主，既包括传统的加工方法，又吸收了生产实践中广泛应用的新技术、新工艺（如数控加工），以体现机械制造的发展方向，同时保证教材内容的科学性、承继性和相对的稳定性。本教材未纳入一些目前大多数院校尚不具备实习条件的内容，如非金属材料及其成型等，以减少教材篇幅。

本教材叙述简明扼要、图文并茂，以工艺方法为主线，进行具体的介绍，并适当深入浅出地讲述相关工艺知识，使学生不仅知其然，也能初步知其所以然，为后续课程的学习建立必要的工程概念、工程意识。

本教材配套有金工实习报告，使学生在每一工种实习结束后能学有所思，复习、巩固所获知识与能力，完善学习过程。

本书可作为高等学校本科工程类专业学生教材，也可作为高等职业学校、高等专科学校相关专业的教材。

本书由江南大学刘新佳、周建华、沈坚主编，俞盛、张献、浦晨晔和刘书明参加编写。江南大学机械工程学院章军教授担任主审，并提出了许多宝贵意见，全体作者对此表示衷心的感谢。

编写过程中，作者参阅了部分国内外相关教材、科技著作及论文（详见参考文献），在此向资料作者表示深切的谢意！

由于作者学识所限，书中错误和不妥之处在所难免，敬请读者批评指正。

作　者

2016 年 7 月

目　录

绪　论

金工实习是金属工艺学实习的简称。因为传统的机械都是用金属材料加工制造的，所以人们将有关机械制造的基本知识习惯上称为金属工艺学。但是，随着科学技术的发展，机械制造所用的材料已扩展到包括金属、非金属和复合材料在内的各种工程材料，机械制造的工艺技术也越来越先进和现代化，因此金工实习的内容也不再局限于传统意义上的金属加工的范围。任何机械设备都是由相应的零件装配而成的。机械制造工艺过程通常是将原材料用铸造、锻造、焊接等方法制成毛坯，再经机械加工（或特种加工）得到形状精确的零件，最后将制成的各种零件装配成机器。有的零件还需要在毛坯制造和机械加工过程中穿插不同的热处理工序。所有零件在加工过程中都需要经过一次或多次检测，以便剔除不合格的零件。

因此机械制造工艺过程包括毛坯成型、切削加工、热处理和表面处理、检测与质量监控、装配等环节。金工实习提供包括铸造、锻压、焊接、塑料成型、钳工、车工、铣工、刨工、磨工、数控加工、特种加工、零件的热处理及表面处理等一系列工种的实习教学，涉及机械制造的基本过程，是机械制造基础性、综合性的工程实践课程，是工科各专业学生的必修课。

金工实习使学生初步接触工程实际，对机械制造过程有一个较为完整的感性认识，为学习有关的后续课程和将来从事相关的技术工作打下一定的实践基础。"工程图学"要求零件尺寸的标注要完整、准确、合理。"完整""准确"容易理解，而"合理"就难懂了。通过金工实习，同学们从加工的实际操作中体会何谓"合理"。金工实习中，要仔细观察车床的传动系统，了解带传动、齿轮传动、齿轮齿条传动、丝杠螺母传动、蜗轮蜗杆传动，对学习"机械设计基础"很有帮助；还要认识机械加工工艺文件，了解机械加工工艺过程，观察机床夹具使用情况，可以为学习"工程材料""机械制造基础"及机械类专业课程打基础。对非机械类专业的工程技术人员而言，更新工艺流程、改变生产工艺、革新生产设备都需要机械方面的基本知识，需要与机械类工程技术人员进行交流与合作。

发明创造需要物化推出具体的产品才能产生经济效益和社会效益。对机械类专业学生而言，金工实习就更重要了。工科院校培养的工程技术人才，都应该接受工程师的基本技能训练。作为21世纪的工程技术人才，应起码具备十个方面的基本工程意识：市场意识、质量意识、安全意识、群体意识、环境意识、社会意识、经济意识、管理意识、创新意识、法律意识。而金工实习不但让学生学到了知识和技能，还在工程素质的诸方面（如质量、安全、团队、经济、管理）赋予学生以感性认识的学习平台。作为学生，每学完一门课程，都要进行考核，满60分即视为合格（及格）。而在实际生产中，满100分才能视为合格。一个零件的所有尺寸中，哪怕只有一个尺寸不合格，也不能被评为合格件。整台机器设备中，哪怕有一个零件不合格，都可能影响它的工作。所有零件都合格，哪怕是装配过程中有一个微小的疏漏，也可能影响工作的正常开展。

通过金工实习应达到如下要求。

① 了解常用金属材料的分类、牌号、性能及选用原则，建立金属热处理的概念。

② 了解现代机械制造的一般过程和基本知识，熟悉机械零件的常用加工方法（它们的特点、适用场合、所能获得的加工质量等）及其所用的主要设备和工具（它们的结构、原理、操作方法等），并具有初步操作技能。

③ 对简单零件初步具有选择加工方法和进行工艺分析的能力，在主要工种方面应具备独立完成简单零件加工制造的实践能力。

④ 接受基本工程素质教育。在劳动观念、质量和经济观念、理论联系实际和科学作风等工程技术人员应具备的基本素质方面得到培养和锻炼。

金工实习的安全规程如下。

① 进入车间实习，必须穿工作服或紧身服，袖口要扎紧，不得穿凉鞋、拖鞋、裙子，戴围巾进车间。女同学必须戴工作帽，将长发或辫子纳入帽内。

② 操作时，头不能靠工件太近，以防切屑或其他物件飞入眼中或撞伤面部。热加工应按规定戴防护眼镜、防护面罩、穿劳保皮鞋、戴劳保手套等。

③ 手、身体或其他物件不能靠近正在旋转的机械，如皮带、皮带轮、齿轮等。热加工实习不得用手触摸加热后待冷却的零件。

④ 严禁在车间内追逐、打闹、喧哗，走路要当心。

⑤ 未经同意不准动用、扳动、启动非自用设备及其电闸、电门和防护器材。

⑥ 启动电钮前必须注意前后、左右是否有人或物件碍事，若有人必须通知对方，有物件必须搬开后方可启动电钮。

⑦ 夹具、工件、刀具必须装夹牢固后才能开车，以防飞出伤人。

⑧ 不可用手直接清除切屑，应用专用钩子或其他工具清除。

⑨ 工、夹、量具应放在适当的位置，以免损坏。

⑩ 操作时必须思想集中，不准与别人谈话、阅读书刊、背诵外文单词和收听广播等。

⑪ 现场教学和参观时，必须服从组织安排，注意听讲，不得随意走动。

⑫ 实习结束后，要清理好自己操作的机床、设备及周围的卫生。

实习纪律要求如下。

① 严格遵守各工种的安全操作规程（进了实习车间之后，各工种指导老师都会分别详细介绍），确保人身安全和设备安全。

② 应尊重实习指导人员，虚心学习。

③ 在遵守《大学生日常行为规范》的同时，还必须遵守实习工厂的规章制度。做到不迟到、不早退、不旷工、不脱岗、不串岗，维护并保持实习场地的环境卫生，做到文明实习。

④ 实习期间带好教材、笔记本等，及时做好记录，按时完成金工实习报告。

第1章　金属材料及热处理

1.1　金属材料的力学性能

金属材料是工程上使用最为广泛的一类材料。它被广泛使用的主要原因是由于其具有良好的力学性能。金属在外力（载荷）作用下表现出来的行为称为金属力学性能。常用的金属力学性能指标有强度与塑性、硬度、冲击韧度、疲劳强度等。

1.1.1　强度与塑性

强度是指金属材料在外力作用下抵抗变形和断裂的能力。常用的金属材料强度指标有弹性极限、屈服强度和抗拉强度等。

塑性是指金属材料在外力作用下能够产生永久变形而不破坏的能力。常用的塑性指标有断后伸长率和断面收缩率。

金属材料常用的强度和塑性指标是通过拉伸试验测定的。其过程为：将被测金属材料制成标准拉伸试样（见图1-1），在拉伸试验机上夹紧试样两端，缓慢地对试样施加轴向拉伸力，使试样被逐渐拉长，最后被拉断。通过试验可以得到拉伸力 F 与试样伸长量 ΔL 之间的关系曲线（拉伸曲线）。为消除试样几何尺寸对试验结果的影响，将拉伸试验过程中试样所受的拉伸力转化为试样单位截面积上所受的力（应力），用 R 表示，即 $R = F/S_0$（MPa）；试样伸长量转化为试样单位长度上的伸长量（应变），用 ε 表示，即 $\varepsilon = \Delta L/L_0$，从而得到 R-ε 曲线（见图1-1），其形状与 F-ΔL 曲线完全一致。

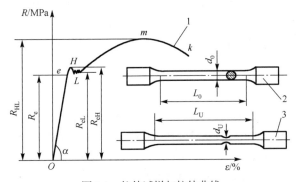

图 1-1　拉伸试样与拉伸曲线

1—低碳钢拉伸曲线；2—拉伸试样；3—拉断后的试样

拉伸曲线中，Oe 段为直线，即在应力不超过 R_e 时，应力与应变成正比关系，此时，将外力去除后，试样将恢复到原来的长度。这种能够完全恢复的变形称为弹性变形；当应力超过 R_e 后，试样的变形不能完全恢复而产生永久变形，这种永久变形称为塑性变形。当应力增大至 H 点后，曲线呈近似水平直线状，即应力不增大而试样伸长量在增加，这种现象称为屈服。屈服后试样产生均匀的塑性变形，应力增大到 m 点后，试样产生不均匀的塑性变形，即试样发生局部直径变细的"颈缩"现象。至 k 点时，试样在颈缩处被拉断。

通过对拉伸曲线的分析，可以直接在曲线上读出一系列强度指标并可根据试验结果计算出塑性指标值。通过拉伸试验得到的金属材料的强度和塑性指标见表1-1。

表 1-1　通过拉伸试验得到的金属材料的强度和塑性指标

名称		含义	计算公式	单位	符号含义	应用
强度	弹性极限	材料能保持弹性变形的最大应力	$R_e=F_e/S_0$	MPa	F_e——试样完全弹性变形时所能承受的最大载荷（N） F_{eH}——试样发生屈服而力首次下降前承受的最大载荷（N） F_{eL}——试样发生屈服时承受的最小载荷（N） $F_{p0.2}$——试样产生 0.2%塑性变形时的拉力（N） F_m——试样所受的最大拉力（N） S_0——试样的原始截面积（mm²）	弹性元件选材的依据
	上屈服强度	试样发生屈服而力首次下降前的最高应力	$R_{eH}=F_{eH}/S_0$			大部分塑性材料选材的主要依据
	下屈服强度	在屈服期间，不计初始瞬时效应时的最低应力	$R_{eL}=F_{eL}/S_0$			
	规定塑性延伸强度（条件屈服强度）	材料产生规定塑性延伸率（如0.2%）时的应力	$R_{p0.2}=F_{p0.2}/S_0$			
	抗拉强度	材料能承受的最大应力	$R_m=F_m/S_0$			脆性材料选材的主要依据
塑性	断后伸长率	断后试样标距伸长量与原始标距之比的百分率	$A=\dfrac{L_u-L_0}{L_0}\times100\%$		L_0——试样的原始标距长度（mm） L_u——试样拉断后的标距长度（mm） S_u——试样断口处的截面积（mm²） S_0——试样的原始截面积（mm²）	塑性成型件选材的主要依据
	断面收缩率	断后试样横截面积的最大缩减量与原始横截面积之比的百分率	$Z=\dfrac{S_0-S_u}{S_0}\times100\%$			

1.1.2　硬度

硬度是指材料在表面上的不大体积内抵抗变形或者破断的能力，是表征材料性能的一个综合参量。生产中常用压入法测量金属材料的硬度，此时，硬度的物理意义是指材料表面抵抗比它更硬的物体局部压入时所引起的塑性变形能力。金属材料常用的硬度指标有布氏硬度、洛氏硬度等。

1．布氏硬度

布式硬度试验（原理图见图1-2）是以一定的载荷 F 将直径为 D 的硬质合金球压入试样表面，保持规定时间后卸载，以压痕的单位表面积上所受的力作为布氏硬度值，用符号 HBW 表示。由于 F 和 D 的值都是确定的，试验时测出压痕直径 d 后，查表即可确定布氏硬度值。布氏硬度试验的上限为 650HBW。

2．洛氏硬度

洛氏硬度试验（原理图见图 1-3）是以一定的载荷将压头（钢球或金刚石圆锥）压入试样表面，以压痕深度表示洛氏硬度值，其值可以从硬度计上直接读出。采用不同的压头和载荷的配合可以得到 HRA、HRB、HRC 等不同的标尺。其中最常用的是 HRC，压头为顶角 120° 的金刚石圆锥体，试验载荷为 1471N，适用于测定硬度较高的金属材料的硬度。

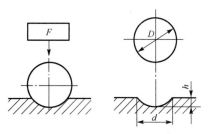

(a) 钢球压入试样表面　(b) 卸去载体后测定压痕直径

图 1-2　布氏硬度试验原理图区

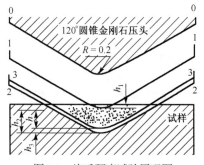

图 1-3　洛氏硬度试验原理图

1.2 金属的晶体结构与结晶

1.2.1 金属的晶体结构

原子呈规则排列的固体称为晶体。在通常凝固条件下得到的固态金属都是晶体。

为便于研究金属内部原子排列的规律性，可以把原子看成是一个个刚性的小球［见图 1-4(a)］，用一些假想线把原子中心连起来得到的能够反映晶体中原子排列规律的空间格子称为晶格［见图 1-4(b)］。从晶格中取出的能够代表晶格结构的最小几何单元称为晶胞［见图 1-4(c)］。晶格可以看作由晶胞堆砌而成的，所以可以通过晶胞中原子排列的情况来描述晶体结构。

金属晶体中常见的晶体结构有以下三种类型。

1. 体心立方晶格

体心立方晶格的晶胞为一个立方体。在立方体的 8 个角上各有 1 个原子，在立方体的中心还有 1 个原子［见图 1-5(a)］。具有这种晶体结构的金属一般具有较高的强度和较好的塑性，Cr、Mo、W、V 和 α-Fe 等 30 余种金属元素具有这种晶体结构。

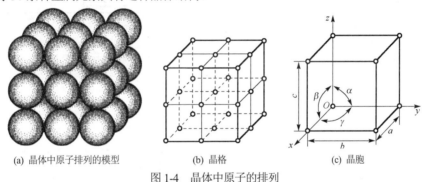

(a) 晶体中原子排列的模型　　(b) 晶格　　(c) 晶胞

图 1-4　晶体中原子的排列

2. 面心立方晶格

面心立方晶格的晶胞同样是一个立方体。在立方体的 8 个角上和 6 个面的中心各有 1 个原子［见图 1-5(b)］。具有这种晶体结构的金属一般具有很好的塑性，γ-Fe、Au、Ag、Cu、Al 和 Ni 等二十余种金属元素具有这种结构。

3. 密排六方晶格

密排六方晶格的晶胞为一个正八面体。在八面体的 12 个角上和上、下底面各有 1 个原子，在上、下底面之间还有 3 个原子［见图 1-5(c)］。具有这种晶体结构的金属一般塑性较差，Zn、Mg 等十余种金属元素具有这种结构。

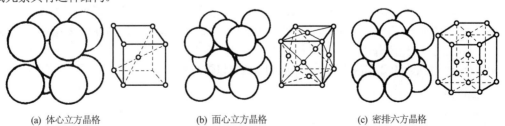

(a) 体心立方晶格　　　　(b) 面心立方晶格　　　　(c) 密排六方晶格

图 1-5　常见金属晶格类型

1.2.2 金属的结晶

金属由液态转变成固体晶态的过程称为结晶。广义地讲，结晶就是由原子从一种排列状态（规则或不规则）转变为另一种规则排列状态的过程。研究表明，金属的结晶过程（见图 1-6）是通过晶核的形成（形核）和晶核的长大两个交错重叠的过程进行的。当温度下降到一定程度后，在液态金属中形成晶核。晶核形成以后，不断吸附周围液态金属中的原子到它的表面并使原子按一定的规律排列起来，使晶核以这种方式不断地长大。与此同时，在液态金属中又有新的晶核形成并不断长大，直到液态金属完全消失而得到由很多多边形小晶体组成的金属晶体。其中的小晶体称为晶粒。晶粒之间的交界面称为晶界。这种由许多小的晶粒组成的金属晶体称为多晶体。除非特别制造，正常结晶条件下得到的金属晶体都是多晶体。

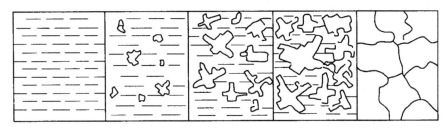

图 1-6　金属的结晶过程

多数金属在结晶后，晶格类型都保持不变。有些金属则在外界条件（温度、压力）改变后晶体结构还会发生变化。这种随外界条件的变化而发生晶体结构变化的现象称为同素异构转变。纯铁具有典型的同素异构转变现象：

$$\delta\text{-Fe} \xleftrightarrow{1394℃} \gamma\text{-Fe} \xleftrightarrow{912℃} \alpha\text{-Fe}$$

体心立方　　　　面心立方　　　　体心立方

铁的这种同素异构转变具有重要的工程意义。它是钢的热处理的基础。

1.2.3 合金的结构

合金是由两种或两种以上的金属元素或金属元素与非金属元素通过熔炼、烧结或其他方法组合而成的具有金属特性的新物质。常用的碳钢即由铁和碳构成的合金。黄铜是由铜和锌构成的合金。合金材料由于可以通过改变组成元素的种类或比例，使力学性能可以在很大范围内变化，故具有比纯金属更广泛的用途。

组成合金的最基本单元称为组元，简称元。多数情况下，组元多为元素，如黄铜中的铜和锌，但在所研究的范围内能稳定存在的化合物也可以看成组元。合金按组元的多少分为二元合金、三元合金等。

合金内部具有相同的化学成分、相同的晶体结构并与其他部分以界面分开的均匀组成部分称为相。如纯金属在液态或固态下为均匀的液体或固体，即呈单相状态。而在结晶过程中，则液、固相共存，呈两相状态。由于组元之间的相互作用，合金可以呈单相，也可能呈多相状态。

根据合金各组元相互作用的不同，合金的相结构有以下两种。

1．固溶体

组成合金的组元之间相互作用形成的、在一个组元的晶格中含有另一个组元原子的新相称为固溶体。固溶体中，晶体结构保持不变的组元称为溶剂，另一组元称为溶质。

根据溶质元素的原子在溶剂中分布的不同，固溶体分为置换固溶体和间隙固溶体两类。形成置换固溶体时，溶剂晶格结点上的部分原子的位置被溶质原子占据［见图1-7(a)和(b)］；形成间隙固溶体时，溶质元素的原子不占据溶剂晶格结点的位置而分布在晶格间隙中［见图1-7(c)］，溶质在固溶体中所占的质量分数或原子分数称为溶解度。根据溶解度的不同，固溶体分为有限固溶体和无限固溶体两类。多数固溶体的溶解度都是有限的。

当合金的组元之间形成固溶体时，随着溶质元素原子的溶入，溶剂晶格会发生畸变（晶格的撑开或收拢），使固溶体的强度和硬度升高，这种现象称为固溶强化。固溶强化是强化金属材料（尤其是有色金属）的重要途径之一。但由于固溶强化的效果有限，固溶体一般作为合金的基体存在。

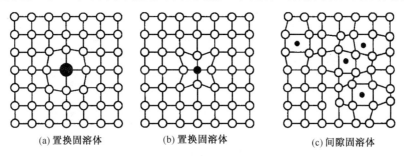

(a) 置换固溶体　　　　　　(b) 置换固溶体　　　　　　(c) 间隙固溶体

图 1-7　固溶体结构及其晶格畸变

2. 金属化合物

合金的组元之间相互作用而形成的与各组元晶体结构均不相同的而具有金属特性的新相称为金属化合物。金属化合物一般具有复杂的晶体结构、高的熔点、高的硬度和很大的脆性。金属化合物一般以强化相的形式分布在固溶体基体上而存在于合金中。

1.3　铁碳合金相图

以铁、碳为基本组元构成的二元合金称为铁碳合金，常用的碳钢和铸铁即属此类。

1.3.1　铁碳合金中的基本组织

铁碳合金中基本组织的定义与特性见表1-2。

表 1-2　铁碳合金中的基本组织

名称		符号	定义	w_C/%	性能
铁素体		F	碳在 α-Fe 中的间隙固溶体	≤0.0218	高的塑性和韧性
奥氏体		A	碳在 γ-Fe 中的间隙固溶体	≤2.11	高塑性、低硬度和强度
渗碳体		Fe_3C	具有正交点阵的铁与碳的间隙化合物	6.69	硬而脆
珠光体		P	共析反应形成的铁素体和渗碳体的机械混合物	0.77	较高的强度和硬度，塑性较差
莱氏体	高温莱氏体	Le	共晶反应形成的奥氏体和渗碳体的机械混合物	4.3	硬而脆
	低温莱氏体	Le′	高温莱氏体进一步分解后形成的由珠光体和渗碳体组成的混合物		

1.3.2　铁碳合金相图分析

铁碳合金相图是表示在缓慢冷却条件下，合金成分、温度和所存在的相、组织或状态之间关系的图形。由于 $w_C > 6.69\%$ 的铁碳合金的脆性极大，没有实用价值，所以我们只对 $w_C \leq 6.69\%$ 的 Fe-Fe$_3$C

部分进行研究。为研究方便起见，对相图上一些不影响相图应用价值的部分进行简化（见图1-8），相图中的各主要特性点和特性线的含义分别见表1-3和表1-4。

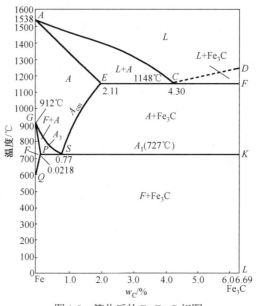

图1-8 简化后的 Fe-Fe₃C 相图

表1-3 Fe-Fe₃C 相图中各特性点的温度、含碳量及含义

点的符号	温度/℃	w_C（%）	说明
A	1538	0	纯铁熔点
C	1148	4.30	共晶点，$L_C \rightarrow A_E + Fe_3C$
D	1227	6.69	渗碳体熔点
E	1148	2.11	碳在 γ-Fe 中的最大溶解度
F	1148	6.69	渗碳体成分点
G	912	0	α-Fe→γ-Fe 同素异构转变点（A_3）
K	727	6.69	渗碳体成分点
P	727	0.0218	碳在 α-Fe 中的最大溶解度
S	727	0.77	共析点，$A_S \rightarrow F_P + Fe_3C$

表1-4 Fe-Fe₃C 相图中的主要特性线及其含义

特性线	名称	含义
ACD	液相线	液态合金冷却到此线时开始结晶
$AECF$	固相线	合金冷却到此线时结晶完毕
ECF	共晶线	合金冷却到此线时发生共晶反应形成莱氏体
PSK	共析线	合金冷却到此线时发生共析反应形成珠光体
ES	碳在奥氏体中的溶解度线	合金冷却到此线时从奥氏体中析出二次渗碳体
GS	同素异构转变线	合金冷却到此线时从奥氏体中析出铁素体

1.3.3 典型合金的平衡结晶过程分析

Fe-Fe₃C 相图上的所有合金按其 w_C 和组织的不同可以分为以下三类。

① 工业纯铁（$w_C \leqslant 0.0218\%$）

② 钢（0.0218%＜w_C≤2.11%）　$\begin{cases} \text{亚共析钢（0.0218\%＜}w_C\text{＜0.77\%）} \\ \text{共析钢（}w_C\text{=0.77\%）} \\ \text{过共析钢（0.77\%＜}w_C\text{＜2.11\%）} \end{cases}$

③ 白口铸铁（2.11%＜w_C＜6.69%）　$\begin{cases} \text{亚共晶白口铸铁（2.11\%＜}w_C\text{＜4.3\%）} \\ \text{共晶白口铸铁（}w_C\text{=4.3\%）} \\ \text{过共晶白口铸铁（4.3\%＜}w_C\text{＜6.69\%）} \end{cases}$

典型合金结晶过程分析如下。

（1）共析钢

共析钢的平衡结晶过程为：合金首先结晶成奥氏体，奥氏体冷却到 727℃时，在恒温下发生共析反应：$A_s \rightarrow F_p + Fe_3C$，反应产物为珠光体。共析钢的室温组织为珠光体 P（F+Fe₃C）[见图 1-9(a)]。

（2）亚共析钢

亚共析钢（以 w_C 为 0.40%的铁碳合金为例）的平衡结晶过程为：合金首先结晶成奥氏体。继续冷却到 GS 线时，奥氏体晶界上开始析出铁素体。随着温度的降低，铁素体的量不断增多，使奥氏体的成分沿 GS 线变化。当温度降至 727℃时，奥氏体的成分到达了 S 点，即 w_C 达到了 0.77%，于是发生共析反应：$A_s \rightarrow F_p + Fe_3C$，形成珠光体。因此，该钢的室温组织为 F+P [见图 1-9(b)]。

（3）过共析钢

过共析钢（以 w_c 为 1.2%的铁碳合金为例）的平衡结晶过程为：合金首先结晶成奥氏体，当冷却到 ES 线时，开始从奥氏体中析出二次渗碳体，二次渗碳体沿着奥氏体晶界呈网状分布。由于渗碳体的析出，奥氏体中的含碳量沿 ES 线变化。温度降到 727℃时，奥氏体的 w_C 正好达到 0.77%，在恒温下发生共析反应：$A_s \rightarrow F_p + Fe_3C$，形成珠光体。因此，过共析钢的室温组织为 P+Fe₃C_Ⅱ [见图 1-9(c)]。

用上述同样的方法进行分析可知：亚共晶白口铸铁的室温组织为珠光体＋二次渗碳体＋莱氏体；共晶白口铸铁的室温组织为莱氏体；过共晶白口铸铁的室温组织为一次渗碳体＋莱氏体。

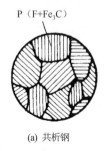
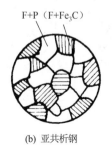
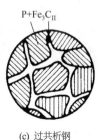

图 1-9　碳钢室温组织示意图

1.4　钢的热处理

将钢在固态下通过加热、保温和冷却，使钢的内部组织发生变化从而获得所需性能的一种加工工艺方法称为钢的热处理。热处理的目的是改善钢的工艺性能和提高钢的使用性能，它在机械制造业中有着十分重要的作用。

1.4.1　钢的热处理的基本原理

钢的热处理由加热、保温和冷却三个阶段组成。在温度－时间坐标系中，描绘这三个过程的曲线称为热处理工艺曲线（见图 1-10）。制定钢的热处理工艺的主要依据是 Fe-Fe₃C 相图（见图 1-11）。图 1-11

中，A_1、A_3、A_{cm} 线是缓慢加热或冷却条件下组织转变的临界点，A_{c1}、A_{c3}、A_{ccm} 线是实际加热时组织转变的临界点，A_{r1}、A_{r3}、A_{rcm} 线是实际冷却时组织转变的临界点。

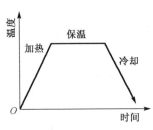

图 1-10　热处理工艺曲线

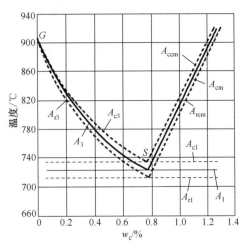

图 1-11　Fe-Fe$_3$C 相图及临界点

1. 钢在加热时的组织转变

钢热处理加热的目的是为了得到奥氏体。在奥氏体状态下，才能通过改变钢的冷却速度使钢转变为不同的组织，从而得到不同的性能。共析钢加热得到奥氏体的形成过程如图 1-12 所示。

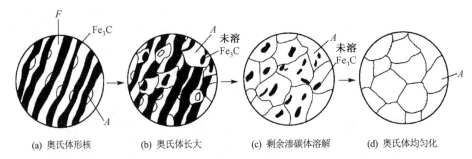

(a) 奥氏体形核　　　(b) 奥氏体长大　　　(c) 剩余渗碳体溶解　　　(d) 奥氏体均匀化

图 1-12　共析钢加热得到奥氏体的形成过程

2. 钢在冷却时的组织转变

钢热处理后的组织是通过控制其冷却过程而得到的。研究钢在冷却过程中组织转变规律的工具是钢的等温冷却转变曲线。共析钢的等温冷却转变曲线如图 1-13 所示。因其形状像英文字母 "C"，故又称 C 曲线。图中最上面的一条水平线即 Fe-Fe$_3$C 相图上的 A_1 线，左边一条 C 曲线为转变开始线，其左为过冷奥氏体区，右边 C 曲线为转变终了线，在其右为转变产物区。共析钢过冷奥氏体转变产物的类型及特性见表 1-5。

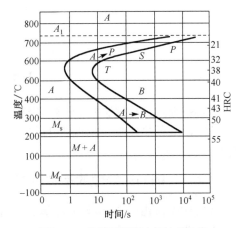

图 1-13　共析钢等温冷却转变曲线

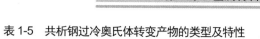

表1-5　共析钢过冷奥氏体转变产物的类型及特性

组织名称		代号	形成条件		特征	力学性能
珠光体	珠光体	P	A_1～680℃		在光学显微镜下放大400多倍就能分辨其片层状形态	强度、硬度、塑性、韧性都较低
	索氏体（细珠光体）	S	680℃～600℃		光学显微镜下放大五六百倍才能分辨其片层状形态	强度、硬度、塑性、韧性较高
	托氏体（极细珠光体）	T	600℃～550℃		光学显微镜下高倍放大也分辨不出其片层状形态	强度、硬度更高
贝氏体	上贝氏体	$B_上$	550℃～350℃		在光学显微镜下呈羽毛状	脆性大，实用性差
	下贝氏体	$B_下$	350℃～230℃		在光学显微镜下呈黑色针片状	强度、硬度、塑性、韧性较高
马氏体	板条状马氏体	M	$w_c<0.30\%$	w_c在0.30%～1.0%时形成板条状马氏体和片状马氏体的混合组织	立体形态呈扁条状或薄板状	塑性、韧性较高
	片状马氏体		$w_c>1.0\%$		立体形态呈双凸透镜状	硬度高，塑性、韧性很差

1.4.2　钢的热处理的基本工艺

钢的热处理工艺的种类很多，其中最基本的工艺见表1-6。

表1-6　钢的热处理的基本工艺

工艺名称	定义	工艺分类及过程		工艺目的	适用范围
退火	将钢件加热到适当温度，保持一定时间，然后缓慢冷却的热处理工艺	完全退火	将工件加热到A_{c3}+30℃～50℃，保温一定时间后，随炉缓冷至500℃以下空冷	细化组织、降低硬度、改善切削性能、去除内应力	亚共析成分的中碳及中碳合金钢铸件、锻件及焊接件
		球化退火	将工件加热到A_{c1}+10℃～20℃或A_{c1}-20℃～30℃保温后，等温冷却或缓慢冷却	使钢中渗碳体球状化，以改善切削性能，并为淬火作组织准备	共析和过共析成分的碳钢和合金钢锻、轧件
		去应力退火	加热至A_{c1}-100℃～200℃保温后缓慢冷却。对于钢铁材料，加热温度一般为500℃～650℃	去除由于塑性形变加工、焊接等而造成的以及铸件内存在的内应力	机加工件、铸件、锻件、焊件
正火	将钢材或钢件加热到A_{c3}（或A_{ccm}）以上30℃～50℃，保温适当时间后，在静止的空气中冷却的热处理工艺	将钢件加热到A_{c3}（或A_{ccm}）以上30℃～50℃，保温适当时间后，在静止的空气中冷却		调整锻、铸钢件的硬度，细化晶粒，消除网状渗碳体并为淬火作好组织准备	改善低碳钢的切削性能、普通结构零件的最终热处理及中碳结构钢和高碳工具钢的预备热处理
淬火	将钢件加热到A_{c3}或A_{c1}以上某一温度，保持一定时间后以适当速度冷却，获得马氏体和（或）贝氏体组织的热处理工艺	单液淬火	将钢件奥氏体化后放入一种淬火介质（水或油）中连续冷却	提高钢的力学性能	形状简单、无尖锐棱角及截面无突然变化的零件
		双介质淬火	将钢件奥氏体化后，先浸入一种冷却能力强的介质中，在钢件还未到该淬火介质温度前即取出，马上浸入另一种冷却能力弱的介质中冷却		形状复杂程度中等的高碳钢小零件和尺寸较大的合金钢零件
		分级淬火	将钢件奥氏体化，浸入温度稍高或稍低于钢的上马氏体点的液态介质（硝盐浴或碱浴）中，保温适当时间，使钢件内外层都达到介质温度后取出空冷		尺寸较小，要求变形小、尺寸精度高的工件如刀具、模具等
		等温淬火	将钢材或钢件奥氏体化，随之快冷到贝氏体转变温度区间（260℃～400℃）等温保持		高中碳钢和低合金钢制作的、要求变形小且高韧性的小型复杂零件

工艺名称	定义	工艺分类及过程		工艺目的	适用范围
回火	钢件淬火后加热到Ac₁以下某一温度，保温一定时间然后冷却到室温的热处理工艺	低温回火	淬火后加热到250℃以下保温后空冷	在尽可能保持高硬度、高强度及耐磨性的同时降低淬火应力、降低脆性	高碳钢和合金钢制作的各类刀具、模具、滚动轴承、渗碳及表面淬火的零件
		中温回火	淬火后加热到350℃～500℃保温后空冷	获得较高的弹性极限和屈服强度，同时改善塑性和韧性	各种弹簧及锻模
		高温回火	淬火后加热到500℃以上保温后空冷	在降低强度、硬度及耐磨性的前提下，大幅度提高塑性、韧性	重要的中碳钢结构零件
表面淬火	仅对工件表层进行淬火的处理工艺	感应加热淬火火焰加热淬火	快速加热使工件表面很快地加热到淬火温度，在不等热量传到芯部时，即迅速冷却	提高工件表面硬度和耐磨性	中碳钢和中碳合金钢
化学热处理	将工件置于一定温度的活性介质中保温，使一种或几种元素渗入它的表层，以改变其化学成分、组织和性能的热处理工艺	渗碳	将工件置于渗碳介质中加热保温	使低碳钢件表面获得高碳以获得高硬度、高耐磨性	同时受磨损和较大冲击载荷的低碳、低合金钢零件
		渗氮	将工件置于渗氮介质中加热保温	提高表面硬度、耐磨性和疲劳强度	重要精密零件

1.4.3　常用热处理设备

常用热处理设备包括加热设备、冷却设备和检验设备等。

1. 加热设备

加热炉是热处理车间的主要设备。通常的分类方法为：按能源分为电阻炉、燃料炉；按工作温度分为高温炉（>1000℃）、中温炉（650℃～1000℃）、低温炉（<600℃）；按工艺用途分为正火炉、退火炉、淬火炉、回火炉、渗碳炉等；按形状结构分为箱式炉、井式炉等。常用的热处理加热炉有电阻炉和盐浴炉。

（1）箱式电阻炉

箱式电阻炉的结构如图1-14所示。其中，炉膛由耐火砖砌成，侧面和底面布置有电热元件，通电后，电能转化为热能，通过热传导、热对流、热辐射对工件加热。箱式电阻炉一般根据工件的大小和装炉量的多少来选用。中温箱式电阻炉应用最为广泛，常用于碳素钢、合金钢零件的退火、正火、淬火及回火等。

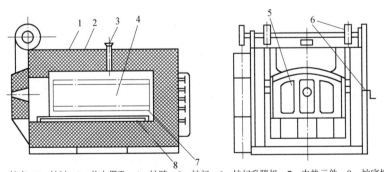

1—炉壳；2—炉衬；3—热电偶孔；4—炉膛；5—炉门；6—炉门升降机；7—电热元件；8—炉底板

图1-14　箱式电阻炉的结构

（2）井式电阻炉

井式电阻炉结构如图1-15所示。其特点是炉身如井状置于地面以下，炉口向上，特别适宜于长轴类零件的垂直悬挂加热，可以减少弯曲变形。另外，井式炉可用吊车装卸工件，故应用较为广泛。

（3）盐浴炉

盐浴炉是用液态的熔盐作为加热介质对工件进行加热，特点是加热速度快而均匀，工件氧化脱碳少，适宜于细长工件悬挂加热或局部加热，可以减少变形。图1-16所示为插入式电极盐浴炉。盐浴炉可以进行正火、淬火、化学热处理、局部淬火、回火等。

2. 冷却设备

常用的冷却设备有水槽、油槽、浴炉、缓冷坑等。介质包括自来水、盐水、机油、硝酸盐溶液等。

3. 检验设备

常用的检验设备有洛氏硬度计、布氏硬度计、金相显微镜、物理性能测试仪、游标卡尺、量具、无损探伤设备等。

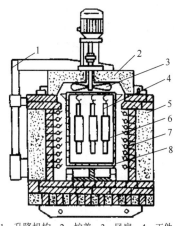

1—升降机构；2—炉盖；3—风扇；4—工件；5—炉体；6—炉膛；7—电热元件；8—装料筐

图1-15 井式电阻炉结构

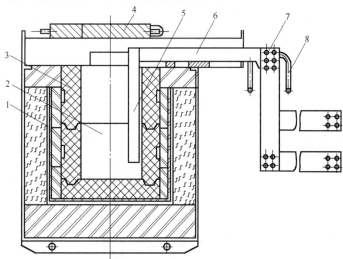

1—钢板槽；2—炉膛；3—浴槽；4—炉盖；5—电极；6—电极柄；7—汇流板；8—冷却水管

图1-16 插入式电极盐浴炉

1.5 常用金属材料

常用金属材料主要指钢铁材料和有色金属材料。

1.5.1 常用金属材料的分类和牌号

1. 钢

钢是指以铁为主要元素、碳含量一般在2%以下并含有其他元素的材料。

（1）钢的分类

依据分类标准不同，钢的分类方法有多种。如按化学成分不同，可分为非合金钢（习惯上称为碳素钢）、低合金钢和合金钢。按钢的质量等级分为普通钢、优质钢、高级优质钢和特级优质钢。按钢的主要用途分为结构钢（包括一般工程结构钢和机器零件结构钢）、工具（包括刀具、模具、量具）钢、特殊性能钢、专业用钢等。

（2）钢的编号

常用的各类主要钢号的表示方法见表 1-11。

表 1-11 主要钢号的表示方法

产品名称		牌号举例	表示方法说明
结构钢	碳素结构钢 低合金结构钢	Q235A·F Q390E	Q 代表钢的屈服强度，其后数字表示屈服强度值（MPa），必要时数字后标出质量等级（A、B、C、D、E）和脱氧方法（F、b、Z）
	碳素铸钢	ZG200−400	ZG 代表铸钢，第一组数字代表屈服强度值（MPa），第二组数字代表抗拉强度值（MPa）
	优质碳素结构钢	08F，45，40Mn 20G	钢号头两位数字代表平均碳含量的万分之几；Mn 含量较高（w_{Mn}=0.70%～1.20%）的钢在数字后标出"Mn"，脱氧方法或专业用钢也应在数字后标出（如 G 表示锅炉用钢）
	合金结构钢	20Cr 40CrNiMoA 60Si2Mn	钢号头两位数字代表平均含碳量的万分之几；其后为钢中主要合金元素符号，它的含量以百分之几数字标出，若其含量小于 1.5%不标，当其含量大于等于 1.5%，大于等于 2.5%…则相应数字为 2，3…若为高级优质钢或特级优质钢，则在钢号最后标"A"或"E"
	滚动轴承钢	GCr15 GCr15SiMn	G 代表滚动轴承钢，碳含量不标出，铬的含量以千分之几数字标出，其他合金元素及其含量表示同合金结构钢
工具钢	碳素工具钢	T8，T8Mn，T8A	T 代表碳素工具钢，其后数字代表平均碳含量的千分之几，含 Mn 量较高者在数字后标出"Mn"，高级优质钢标出"A"
	合金工具钢	9SiCr CrWMn	当平均碳含量≥1.0%时不标；平均碳含量<1.0%时，以千分之几数字标出，合金元素及含量表示方法基本上与合金结构钢相同。低铬（w_{Cr}<1%）合金工具钢，在铬含量（以千分之几计）前加数字 0
	高速工具钢	W6Mo5Cr4V2	钢号中一般不标出碳含量，只标合金元素及含量，方法和合金结构钢相同
不锈钢和耐热钢		12Cr18Ni9 20Cr13 022Cr17Ni7	钢号头两位或三位阿拉伯数字表示碳含量的万分之几或十万分之几。只规定碳含量上限者，当含量小于等于 0.10%时，以其上限的 3/4 表示碳含量，当含量大于 0.10%时，以其上限的 4/5 表示含量，规定碳含量上、下限者，用平均碳含量乘以 100 表示；当碳含量小于等于 0.030%时，用三位阿拉伯数字表示，合金元素及含量表示方法同合金结构钢

（3）碳素钢

① 碳素结构钢。碳素结构钢的牌号、成分、性能与应用见表 1-12。

表 1-12 碳素结构钢的牌号、成分、性能与应用

牌号	等级	化学成分/% ≤			脱氧方法	力学性能			应用举例
		w_c	w_s	w_p		R_{eH}/Mpa（≥）	R_m/MPa	A/%（≥）	
Q195	—	0.12	0.040	0.035	F、Z	195	315～430	33	塑性好。用于承载不大的桥梁建筑等金属构件，也在机械制造中用作铆钉、螺钉、垫圈、地脚螺栓、冲压件及焊接件等
Q215	A	0.15	0.050	0.045	F、Z	215	335～450	31	
	B		0.045						

续表

牌号	等级	化学成分/% ≤			脱氧方法	力学性能			应用举例
		w_c	w_s	w_p		R_{eH}/Mpa(≥)	R_m/MPa	A/%(≥)	
Q235	A	0.22	0.050	0.045	F、Z	235	370～500	26	强度较高，塑性也较好。用于承载较大的金属结构件等，也可制作转轴、心轴、拉杆、摇杆、吊钩、螺栓、螺母等。Q235C、D 可用作重要焊接结构件
	B	0.20	0.045		F、Z				
	C	0.17	0.040	0.040	Z				
	D		0.035	0.035	TZ				
Q275	A	0.24	0.050	0.045	F、Z	275	410～540	22	强度更高，可制作链、销、转轴、轧辊、主轴、链轮等承受中等载荷的零件
	B	0.21	0.045	0.045	Z				
	C	0.20	0.040	0.040	Z				
	D		0.035	0.035	TZ				

② 优质碳素结构钢。优质碳素结构钢的牌号、性能与应用见表 1-13。

表 1-13　优质碳素结构钢的力学性能与应用

钢号	力学性能（不小于）					应用举例
	$R_{p0.2}$/MPa	R_m/MPa	A（%）	Z（%）	A_k/J	
08F	175	295	35	60	—	强度、硬度低，塑性、韧性高，冷塑性、加工性和焊接性优良，切削加工性欠佳。其中碳含量较低的钢如 08（F）、10（F）常轧制成薄钢板，广泛用于深冲压和深拉延制品；碳含量较高的钢（15～25）可用作渗碳钢，用于制造表硬芯韧的中小尺寸的耐磨零件，还用作焊接用钢
08	195	325	33	60	—	
10F	185	315	33	55	—	
10	205	335	31	55	—	
15F	205	355	29	55	—	
15	225	375	27	55	—	
20	245	410	25	55	—	
25	275	450	23	50	71	
30	295	490	21	50	63	综合力学性能较好，热塑性加工性和切削加工性较佳，冷变形能力和焊接性中等。多在调质或正火状态下使用，还可用于表面淬火处理以提高零件的疲劳性能和表面耐磨性。其中 45 钢应用最广泛
35	315	530	20	45	55	
40	335	570	19	45	47	
45	355	600	16	40	39	
50	375	630	14	40	31	
55	380	645	13	35		
60	400	675	12	35		具有较高的强度、硬度、耐磨性和良好的弹性，切削加工性中等，焊接性能不佳，淬火开裂倾向较大。主要用于制造弹簧、轧辊和凸轮等耐磨件与钢丝绳等，其中 65 是一种常用的弹簧钢
65	410	695	10	30		
70	420	715	9	30		
75	880	1080	7	30		
80	930	1080	6	30		
85	980	1130	6	30		
15 Mn	245	410	26	55	—	应用范围基本同相对应的普通锰含量钢，但因淬透性和强度较高，可用于制作截面尺寸较大或强度要求较高的零件，其中 65Mn 最常用
20 Mn	275	450	24	50	—	
25 Mn	295	490	22	50	71	
30 Mn	315	540	20	45	63	
35 Mn	335	560	19	45	55	
40 Mn	355	590	17	45	47	
45 Mn	375	620	15	40	39	
50 Mn	390	645	13	40	31	
60 Mn	410	695	11	35	—	
65 Mn	430	735	9	30	—	
70 Mn	450	785	8	30	—	

③ 碳素工具钢。碳素工具钢的牌号、成分、性能与应用见表 1-14。

表 1-14 碳素工具钢的牌号、成分与应用

牌号	化学成分（w%）			退火状态 HBW≥	淬火后 HRC≥	应用举例
	C	Si	Mn			
T7 T7A	0.65～0.74	≤0.35	≤0.40	187	62	承受冲击，韧性较好、硬度适当的工具，如扁铲、手钳、大锤、改锥、木工工具
T8 T8A	0.75～0.84	≤0.35	≤0.40	187	62	承受冲击，要求较高硬度的工具，如冲头、压缩空气工具、木工工具
T8Mn T8MnA	0.80～0.90	≤0.35	0.40～0.60	187	62	同上，但淬透性较大，可制造断面较大的工具
T9 T9A	0.85～0.94	≤0.35	≤0.40	192	62	韧性中等、硬度高的工具，如冲头、木工工具、凿岩工具
T10 T10A	0.95～1.04	≤0.35	≤0.40	197	62	不受剧烈冲击，高硬度耐磨的工具，如车刀、刨刀、冲头、丝锥、钻头、手锯条
T11 T11A	1.05～1.14	≤0.35	≤0.40	207	62	不受冲击，高硬度耐磨的工具，如车刀、刨刀、冲头、丝锥、钻头
T12 T12A	1.15～1.24	≤0.35	≤0.40	207	62	不受剧烈冲击，要求高硬度耐磨的工具，如锉刀、刮刀、精车刀、丝锥、量具
T13 T13A	1.25～1.35	≤0.35	≤0.40	217	62	同 T12，要求更耐磨的工具，如刮刀、剃刀

（4）合金结构钢

① 低合金高强度结构钢。低合金高强度结构钢是在普通碳素结构钢的基础上添加合金元素（一般 w_{Me}≤3%）而得到的，与普通碳素结构钢相比，具有较高的强度和足够的塑性、韧性；良好的焊接性和冷塑性变形性；一定的耐蚀性、较低的冷脆转化温度，主要用于建造桥梁、船舶、车辆、锅炉、高压容器、输油输气管道、大型钢结构等。常用的钢号有 Q345、Q390 等。

② 渗碳钢。渗碳钢是指经渗碳、淬火、低温回火后使用的钢，一般为低碳（w_C=0.1%～0.25%）碳素结构钢和低碳合金结构钢。经渗碳、淬火、低温回火后表层具有高硬度（≥58HRC）和高耐磨性、芯部具有较高的强度和良好的韧性，主要用于制造要求高耐磨性、承受高接触应力和冲击载荷的重要零件。常用的钢号有 15、20、20CrMnTi 等。

③ 调质钢。调质钢是指经调质处理（淬火＋高温回火），具有优良的综合力学性能（即强度和韧性的良好配合）的中碳钢（w_C=0.25%～0.5%的碳钢与合金钢），它主要用于制造受力复杂（交变应力、冲击载荷等）的重要零件，如发动机连杆、曲轴、机床主轴等。常用的钢号有 40Cr、35CrMo 等。

④ 弹簧钢。弹簧钢是专门用来制造各种弹簧和弹性元件的材料。合金弹簧钢（w_C=0.45%～0.70%）经淬火加中温回火后具有高的弹性极限 R_e 和屈强比 $R_{p0.2}/R_m$、高的疲劳强度、足够的塑性和韧性，常用的钢号有 65Mn、60Si2Mn 等。

⑤ 轴承钢。滚动轴承钢是用于制造各种滚动轴承的滚动体（滚珠、滚柱）和内外套圈的专用钢种。滚动轴承钢是高碳（w_C=0.95%～1.15%）低铬（w_{Cr}=0.40%～1.65%）钢，经淬火加低温回火后具有高的接触疲劳强度和弹性极限、高的硬度和耐磨性及适当的韧性和耐蚀性，其中典型的牌号为 GCr15。

（5）合金工具钢

① 刀具钢。合金刀具钢主要有低合金工具钢和高速工具钢两类。

低合金工具钢是为弥补碳素工具钢的性能不足，在其基础上添加少量合金元素（一般 w_{Me}≤5%）

并对其碳含量作了适当调整而得到的，主要用于制造低速切削的薄刃刀具，如丝锥、板牙等，常用的钢号有 9SiCr、CrWMn 等。

高速钢最突出的性能特点是具有高硬度和高耐磨性，在刀具刃部温度上升到 600℃以上时，其硬度仍维持在 55～60HRC 以上，广泛应用于制造尺寸大、形状复杂、负荷重、工作温度高的各种高速切削刀具，常用的钢号有 W18Cr4V、W6Mo5Cr4V2 等。

② 模具钢。模具是用于进行压力加工的工具，根据其工作条件及用途不同，分为冷作模具和热作模具两类。典型的冷作模具钢为高碳铬钢，用于制造冷冲模、冷挤压模、拉丝模等，常用牌号有 Cr12MoV 和 Cr12Mo1V1 等；典型的热作模具钢属中碳（$w_C = 0.30\% \sim 0.60\%$）合金钢，用于制造热锻模、压铸模等，常用牌号有 5CrMnMo 和 4Cr5MoSiV1 等。

（6）特殊性能钢

特殊性能钢是指具有某种特殊物理、化学或力学性能的钢种，其中不锈钢是最常用的。

不锈钢按其组织不同可分为马氏体型、铁素体型、奥氏体型等三类。

常用的马氏体不锈钢有 12Cr13（旧牌号 1Cr13）、20Cr13（2Cr13）、30Cr13（3Cr13）、40Cr13（4Cr13）等。一般将 12Cr13、20Cr13 进行调质处理后作为结构钢使用（如汽轮机叶片、水压机阀等）；对 30Cr13、40Cr13 进行淬火＋低温回火处理后用于制造高硬度、高耐磨性和高耐蚀性结合的零件或工具（如医疗器械、量具、塑料模及滚动轴承等）。

奥氏体不锈钢是应用最广泛的不锈钢种，它约占不锈钢总产量的 70%，典型牌号有 12Cr18Ni9（1Cr18Ni9）及 06Cr19Ni10（0Cr18Ni9）等，广泛用于耐酸、碱、盐腐蚀的零件。

2. 铸铁

铸铁的使用价值与其中碳的存在形式有着密切的关系。当铸铁中的碳以石墨（常用 C 表示）形态存在时，才能被广泛地应用。当碳主要以石墨形式存在时，铸铁断口呈暗灰色，称为灰口铸铁，这是工业上广泛应用的铸铁，常用的灰口铸铁按其中石墨形态的不同有灰铸铁、球墨铸铁、蠕墨铸铁等几类（见图 1-16）。

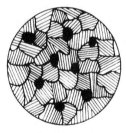

(a) 灰铸铁　　　　　　　　(b) 球墨铸铁　　　　　　　　(c) 蠕墨铸铁

图 1-16　灰口铸铁

① 灰铸铁。灰铸铁中的碳主要以片状石墨形式存在，虽力学性能远低于钢但切削加工性能优异、铸造性能良好，还具有较好的减摩、耐磨性、良好的减震性能、低的缺口敏感性且价格便宜，是应用最广泛的铸铁材料，在各类铸铁的总产量中，灰铸铁占 80% 以上。

灰铸铁的牌号用"HT"＋数字表示，其中"HT"为"灰铁"二字的汉语拼音首字母，表示灰铸铁，数字为最低抗拉强度值（MPa），如 HT250。

灰铸铁牌号共六种，HT100 主要用于低载荷和不重要零件，如盖、外罩、手轮、支架、重锤等；HT150 适用于中等载荷的零件如支柱、底座、齿轮箱、刀架、阀体、管路附件等；HT200、HT250 适用于较大载荷和重要零件，如汽缸体、齿轮、飞轮、缸套、活塞、联轴器、轴承座等；HT300、HT350 适用于承受高载荷的重要零件，如齿轮、凸轮、高压油缸、滑阀壳体等。

② 球墨铸铁。球墨铸铁中的碳主要以球状石墨形式存在。具有力学性能好、铸造性能好和低的缺口敏感性等性能，主要用于制造一些受力复杂，强度、韧性和耐磨性要求高的零件。

球墨铸铁牌号用"QT"+两组数字表示，其中"QT"为"球铁"的拼音首字母，表示球墨铸铁，其后两组数字分别表示最低抗拉强度值（MPa）和最小断后伸长率（%），如 QT400-18。

常用球墨铸铁牌号及其用途为：QT400-18、QT400-15、QT450-10 用于制造承受冲击、震动的零件，如受压阀门、机器底座、汽车的后桥壳等；QT500-7 用于制造机座、传动轴、油泵齿轮等；QT600-3、QT700-2、QT800-2 用于制造载荷大、受力复杂的零件，如拖拉机或柴油机中的曲轴、连杆、凸轮轴、各种齿轮、机床的主轴、蜗杆、蜗轮、轧钢机的轧辊、大齿轮及大型水压机的工作缸、缸套、活塞等；QT900-2 用于制造高强度齿轮等，如汽车、拖拉机传动齿轮、内燃机曲轴等。

1.5.2 常用金属材料的选用

材料的选用一般应遵循使用性、工艺性和经济性三个基本原则，多数情况下，使用性能是选材首要考虑的，然后综合考虑材料的工艺性和经济性。

1. 使用性选材原则

使用性能是材料满足使用需要所必备的性能，它是保证零件的设计功能实现和安全耐用的必要条件，也是选材的最主要原则，按使用性能选材的方法与步骤如下。

① 分析零件的工作条件，确定其使用性能。

零件的工作条件分析，包括受力情况（如载荷性质、形式、分布、大小、应力状态）、工作环境（如温度、介质等）和其他特殊要求（如导热性、密度与磁性等）。在全面分析工作条件的基础上确定零件的使用性能，如交变载荷下要求疲劳性能、冲击载荷下要求韧性等。

② 进行失效分析，确定主要使用性能。

失效分析能暴露零件的最薄弱环节，找出导致失效的主导因素，能直接准确地确定零件必备的主要使用性能。

③ 将零件的使用性能要求转化为对材料性能指标和具体数值的要求。

通过分析、计算，将使用性能要求指标化、量化，例如使用性能要求为高硬度时，可能转化为">62HRC"或"62～66HRC"等，再按这些性能指标数据查找有关手册中各种材料性能数据及大致应用范围，进行判断、选材。

2. 工艺性选材原则

材料的工艺性能是指材料对各种加工工艺的适应能力，即材料经济的适应各种加工工艺而获得规定的性能和外形的能力。工艺性好的材料加工技术难度低，工艺简单，能耗低，材料利用率高，且能保证甚至提高产品的质量，同时在根据工艺性原则选材时，还应有整体的、全局的观点，即不应只考虑材料的某个单项工艺性能，而要全面考虑其加工工艺路线及其涉及的所有工艺的工艺性能。

大多数情况下，工艺性选材原则只是一个辅助原则。但在某些情况下，如大批量生产，使用性能要求不高或很容易满足，工艺方法高度自动化时，工艺性选材原则将成为决定性因素。如受力不大但用量极大的普通标准紧固件，采用自动化机床大量生产，应选用易切削钢制造；再如发动机箱体，其内腔形状复杂，宜用铸件，应选用铸造性能好的铸铁和铸造铝合金等材料制造。

3. 经济性选材原则

经济性选材原则，不仅是指选择价格最便宜的材料，或是生产成本最低的产品，而且还要运用价

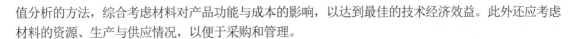

值分析的方法，综合考虑材料对产品功能与成本的影响，以达到最佳的技术经济效益。此外还应考虑材料的资源、生产与供应情况，以便于采购和管理。

1.5.3　钢铁材料常用鉴别方法

实际生产中，为了防止混料或对可能已经发生混料的材料进行筛分，常需对原材料及零件的化学成分作出初步鉴别，其中钢铁材料的火花鉴别是较常用的现场鉴别方法。

1. 火花鉴别

火花鉴别法是利用不同化学成分的钢铁材料在磨削过程中出现的各种不同的火花特征来区别材料成分的方法。

（1）火花的构成

钢铁材料在砂轮上磨削时所产生的火花由根部火花、中部火花和尾部火花等三部分组成，总称为火花束。火花束由流线节点、爆花和尾花所构成（见图 1-17）。

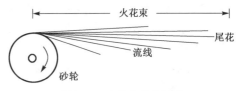

图 1-17　火花束及其组成

火花束中由灼热发光的粉末形成的线条状火花称为流线。随钢铁材料成分的不同，流线有直线状、断续状和波浪状三种形状。流线在中途爆炸的地方称为节点。节点处爆炸形成的火花叫爆花。爆花的流线叫芒线。爆花按爆发先后可分为一次、二次、三次及多次爆花，在流线尾部末端所呈现的特殊形式的火花称为尾花。

（2）常用钢铁材料的火花特征

① 20 钢。火束呈橙黄带红色泽，流线稍多而细长，尾部下垂，有少量节点和爆花，爆花多为一次爆花，掺杂着少量的二次爆花［见图 1-18(a)］。

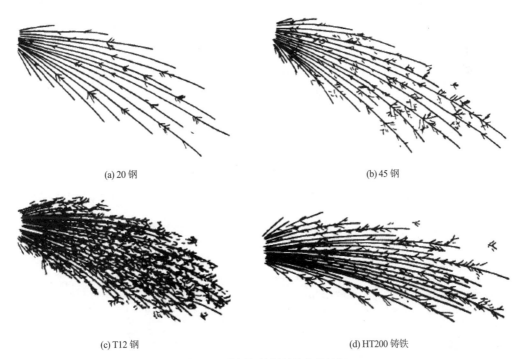

(a) 20 钢　　　　　　　　　　　　　　　　(b) 45 钢

(c) T12 钢　　　　　　　　　　　　　　　(d) HT200 铸铁

图 1-18　常用钢铁材料的火花特征

② 45 钢。火束呈较明亮的橙黄色泽，流线多而细长，尾部略带下垂，节点和爆花增多，爆花多为三次爆花［见图 1-18(b)］。

③ T12 钢。火束呈橙红色泽，根部暗红，中部稍明亮、尾部渐而减弱，流线短、多、细密，尾部平直，爆花多为三次爆花［见图 1-18(c)］。

④ HT200 铸铁。火花束较粗，颜色多为橙红带橘红，流线较多，尾部较粗，下垂成弧形，爆花较多，火花试验时手感较软，一般为二次爆花［如图 1-18(d)］。

2. 断口鉴别法

把需要鉴别的钢铁材料先用錾子或锯子开一个缺口，然后敲断，用肉眼观察断口的特征。常用钢铁材料的断口特征如下。

① 灰铸铁：敲击时易折断，断口呈暗灰色，结晶颗粒粗大。

② 白口铸铁：敲击时更易折断，断口呈白亮色，结晶颗粒较细，有时不易见到颗粒。

③ 低碳钢：敲击时不易折断，断裂后断口附近有塑性变形现象，断口呈银白色，能清晰地看到均匀的颗粒。

④ 中碳钢：折断时塑性变形现象不如低碳钢那样明显，断口颗粒比低碳钢细密。

⑤ 高碳钢：折断时塑性变形现象不明显，甚至无塑性变形现象，断口颗粒很细密。

第2章 铸造

将熔融金属浇注、压射或吸入铸型型腔中，待其凝固后而获得一定形状和性能的铸件的工艺方法称为铸造。多数情况下，铸件作为零件的毛坯，经切削加工后成为零件。当采用精密铸造方法时，铸件也可以直接作为零件使用。

由于铸造采用液态下一次成型的工艺，故它对材料种类及零件形状、尺寸大小和生产批量的适应性很广，特别适合复杂形状铸件的生产，且生产成本较低，在机械制造中具有重要的地位和作用。但液态成型的特点也使铸造存在工序多、铸件质量控制难度大、铸件力学性能较低等缺点。

2.1 铸造工艺基础

2.1.1 合金的铸造性能

合金的铸造性能是指合金在铸造生产中表现出来的工艺性能，包括流动性、收缩、氧化性、吸气性、偏析等。

流动性是指熔融金属的流动能力。它是金属本身固有的性质，主要与合金的成分有关。纯金属和共晶合金等结晶温度范围窄的合金的流动性较好，其他成分的合金流动性较差。流动性的好坏通常以螺旋形试样的长度来测定（见图 2-1）。常用的铸造合金中，以灰铸铁的流动性最好，其次为硅黄铜，铸钢最差。

熔融金属充满铸型的能力称为熔融金属的充型能力。充型能力不仅取决于液态合金的流动性，而且受浇注条件、铸型条件、铸件结构的影响。充型能力不足将使铸件产生浇不足、冷隔等缺陷。

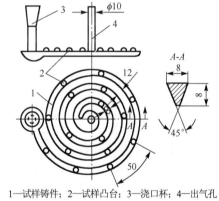

1—试样铸件；2—试样凸台；3—浇口杯；4—出气孔

图 2-1 螺旋形试样

收缩是指在凝固和冷却过程中，铸件体积和尺寸减小的现象。

液态合金在从浇注温度冷却到室温的过程中，经历的收缩分为液态收缩、凝固收缩和固态收缩三个阶段。合金的液态收缩和凝固收缩表现为体积的减小，如果收缩了的体积得不到补充，将使铸件产生缩孔或缩松缺陷。固态收缩表现为铸件线性尺寸的减小。如果这种收缩受到阻碍，将使铸件产生收缩应力（机械应力）；如果铸件的各部分冷却速度不一致，将使铸件产生热应力；铸件的内应力过大，将使铸件产生变形甚至裂纹。

吸气是指熔融金属和固态金属溶解或结合气体的过程。吸气对铸件的直接影响是在铸件中形成气孔。铸件中形成气孔后会使铸件的力学性能降低。

2.1.2 常用合金铸件的生产

常用的铸造合金有铸铁、铸钢、铸造有色金属等。

1. 铸铁件生产

（1）铸铁的熔炼

铸铁熔炼的目的是要得到一定成分和温度的铁液。铸铁熔炼的设备有冲天炉、电弧炉和工频炉等，目前应用较为广泛的是冲天炉。

冲天炉是一种圆筒形熔炉，其结构形式如图2-2所示，主要由支撑部分、炉体部分、前炉部分和送风系统等组成。

支撑部分由炉基、炉腿、炉门支撑、炉底板及炉底门等组成，起支撑炉体和炉料重量的作用，使冲天炉能稳定地工作。

炉体部分由炉底、炉缸、炉顶和炉身组成。炉底由型砂舂实而成，熔炼结束打开炉底门可以清除余料和修炉。炉缸是指底排风口至炉底之间的部分，对于有前炉的冲天炉，炉缸起汇集铁液和炉渣并导入前炉的作用；炉顶部分由烟囱和除尘器组成，起排出炉气和收集灰尘的作用；炉身是冲天炉的主要部分，其内腔称为炉膛，铸铁的熔炼在此区域进行。

前炉部分由过桥和前炉炉体组成。过桥是冲天炉和前炉相连的通道，铁液由此流入前炉。前炉则起储存铁水、均匀成分和温度，减少增碳、增硫及渣铁分离的作用。

送风系统由风管、风带、风口组成。它将鼓风机送来的风沿炉子的周边均匀、平稳地送入炉内，使空气能充分地深入炉膛中心，以促进底焦燃烧等。

冲天炉的大小以每小时能熔炼出的铁液的重量来表示，一般为1～10t/h。

冲天炉的炉料由金属炉料、燃料和熔剂三部分组成。

金属炉料由生铁、回炉料（浇冒口、废铸件等）、废钢及铁合金（硅铁、锰铁等）按一定比例配制而成。生铁是主要的金属炉料，回炉料可使铸件成本降低，废钢可降低铁液中碳的含量，铁合金主要用于调整铸铁化学成分和孕育处理；燃料常用铸造焦炭，其主要作用是供给铸铁熔炼的热源；常用的熔剂有石灰石（$CaCO_3$）和萤石（CaF_2），其作用是用来造渣。熔剂能与炉料带入的泥沙、灰分、金属氧化物及剥落的炉衬等形成熔点低、流动性好、碱度适宜、密度小、易与铁液分离的熔渣，

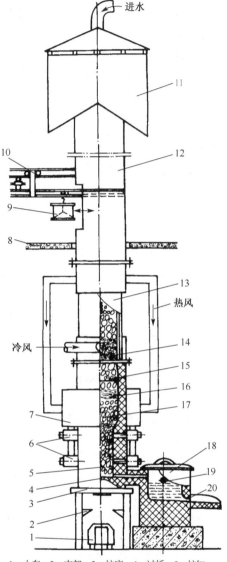

1—小车；2—支架；3—炉底；4—过桥；5—炉缸；
6—风口；7—风带；8—加料台；9—加料桶；
10—加料车；11—火花除尘装置；12—烟囱；
13—炉身；14—层焦；15—金属料；16—熔剂；
17—过桥；18—前炉；19—出渣口；20—出铁口

图2-2　冲天炉结构示意图

冲天炉工作时，通过风口鼓入空气，使炉内的底焦燃烧，燃烧产生的高温炉气沿炉膛上升并和炉料接触，炉料自加料口进入炉内，被高温炉气加热，随着炉料下降，温度愈来愈高，当下降到炉焦顶面时，金属炉料达到熔化温度而熔化成铁液，铁液在下滴流经底焦过程中，不断与灼热的底焦和高温炉气接触而过热成高温铁液，高温铁液经过桥流至前炉储存，待前炉储存一定量铁液后，则打开出铁口出铁。

（2）灰铸铁的孕育处理

孕育处理是向铁水中冲入硅铁合金孕育剂，然后浇注的处理方法。孕育处理时，由于铁水中均匀地悬浮着外来弥散质点增加了石墨的结晶核心，使石墨细小且分布均匀并获得细珠光体基体组织，使孕育铸铁的强度、硬度比普通灰铸铁明显提高，且降低了壁厚敏感性。

（3）球墨铸铁的球化处理

球化处理的作用是使石墨呈球状析出，我国广泛采用的球化剂是稀土镁合金。

球化处理的工艺方法有多种，其中以冲入法最为普遍，如图 2-3 所示。它是将球化剂放在铁液包的堤坝内，上面铺以硅铁粉和稻草灰，以防球化剂上浮，并使其缓慢作用。开始时，先将铁液包容量 2/3 左右的铁液冲入包内，使球化剂与铁液充分反应，尔后，将孕育剂放在冲天炉出铁槽内，用剩余的 1/3 包铁液将其冲入包内，进行孕育处理。

球化处理后的铁液应及时浇注，以防孕育和球化作用的衰退。

2．铸钢件生产

（1）铸钢的熔炼

铸钢熔炼是把固体炉料（废钢、生铁）熔化成钢液，并通过一系列物理、化学反应使钢液的化学成分、纯净度和温度达到要求。铸钢熔炼的设备有电弧炉、平炉和感应电炉等，其中电弧炉用得最多。

电弧炉（见图 2-4）是利用电极与金属炉料间电弧产生的热量来熔炼金属的，其容量为 1～15t，电弧炉炼出的钢质量较高，适合浇注各种类型的铸钢件。

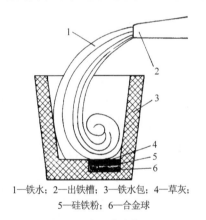

1—铁水；2—出铁槽；3—铁水包；4—草灰；
5—硅铁粉；6—合金球

图 2-3　冲入法球化处理

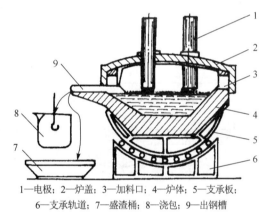

1—电极；2—炉盖；3—加料口；4—炉体；5—支承板；
6—支承轨道；7—盛渣桶；8—浇包；9—出钢槽

图 2-4　电弧炉

（2）铸钢的铸造工艺特点

铸钢与铸铁相比，其铸造性能较差，表现为流动性差、收缩量大、熔点高、钢液易氧化，需采取更为复杂的工艺措施，才能保证铸件质量。应选择强度和耐火度高、透气性好的型砂并提高砂型的紧实度；浇注系统的设计要保证正确引导钢液入型并使铸件顺序凝固；浇注温度应适当，不能过高或过低；铸后必须对铸钢件进行退火或正火处理。

3．铸造铝合金

（1）铝合金的熔炼

熔炼铝合金最常用的设备为电阻坩埚炉，如图 2-5 所示。

铝合金的炉料常由铝锭、中间合金（铝硅合金、铝铜合金、铝镁合金及铝锰合金等）及回炉料等组成；辅助材料有熔剂、变质剂、除气精炼剂等。常用熔剂为 50%KCl+50%NaCl 的混合物，可以熔解和吸附铝液中的氧化物，使铝液与炉气隔开，减少合金吸气和氧化作用；常用变质剂为 NaF、NaCl、KCl 等盐类的混合物，对含硅较高的铝合金进行变质处理，以细化组织提高合金的力学性能；常用的除气精炼剂有 $ZnCl_2$、$MnCl_2$、$TiCl_4$、C_2Cl_6（六氯乙烷），除气精炼的目的在于去除铝合金中处于悬浮状态的非金属夹杂物、金属氧化物和溶解于合金中的气体。

铝合金的熔点为 550℃～690℃，浇注温度为 650℃～750℃。随着温度的升高，合金的吸气及氧化也不断增加。因此在熔炼过程中，铝液温度不宜过高，同时要避免经常搅动以减少金属的氧化、吸气。

（2）铝合金的铸造工艺特点

铝合金的浇注温度低，流动性较好，具有较大的

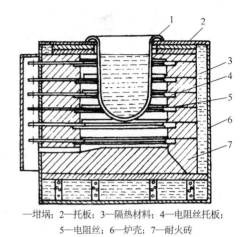

1—坩埚；2—托板；3—隔热材料；4—电阻丝托板；
5—电阻丝；6—炉壳；7—耐火砖

图 2-5 电阻坩埚炉

收缩性和热脆性，应选用塑性好、粒度细的型砂以保证铸件轮廓清晰，表面光洁；同时要求型砂具有足够的强度、退让性、透气性及导热性，以保证铸件质量。浇注系统的设计上应保证铝液平稳充型及铸件能实现定向凝固。

2.1.3 铸件常见缺陷

由于铸件生产过程工序多，生产的铸件可能会存在各种各样的缺陷。常见铸件缺陷的特征、产生原因及防止方法见表 2-1。

表 2-1 常见铸件缺陷

缺陷名称	缺陷特征		产生原因	防止方法
冷隔		铸件存有未完全融合的接缝	液态合金充型能力不足或充型条件差	提高浇注温度、浇注速度
浇不足		铸件形状不完整		
气孔	气孔	内壁光滑、明亮或带有轻微的氧化色的孔洞	气体在金属液结壳之前未及时逸出	降低金属液中的含气量；采用颗粒较大的粗砂以增大型砂的透气性以及在型腔的最高处增设出气冒口等
缩孔	缩孔	铸件最后凝固部位存在的形状不规则的孔洞，孔壁粗糙	铸件凝固时得不到足够的金属液补缩	设置冒口或冷铁；使铸件实现顺序凝固；提高铸型刚度；改进铸件结构；减小壁厚差

续表

缺陷名称	缺陷特征		产生原因	防止方法
砂眼	砂眼	铸件内部或表面充塞着型砂的孔洞	在造型、合箱和浇注过程中砂粒或砂块剥落或冲落，滞留在铸件内	提高砂型的表面强度；在造型工艺上要保证模样的起模斜度，必要时应加固铸型中细薄的突出部分；浇注系统的开设应避免冲毁铸型；合箱操作时防止砂粒掉入型腔
黏砂	粘砂	铸件表面上粘附有一层难以清除的砂粒	型砂或芯砂耐火度不高；砂型紧实度不够；浇注温度过高	在型砂中加入煤粉以及在铸型表面涂刷防黏砂涂料等
夹砂		铸件表面形成的沟槽和疤痕	型腔上表面受金属液辐射热的作用，容易拱起和翘曲，当翘起的砂层受金属液流不断冲刷时可能断裂破碎，留在原处或被带入其他部位	减少砂型的膨胀力；选用粒度粗的型砂；紧实度力求均匀；适当降低浇注温度并尽量缩短浇注时间
裂缝	裂缝	铸件局部开裂	某些部位的铸造内应力超过金属材料本身的强度极限	设计合理的铸件结构；改善型砂和芯砂的退让性；严格限制钢和铁中硫、磷的含量
错箱		铸件的一部分与另一部分在分型面处相互错开	模样的上、下半模或合箱时上下半型对位不准	合型标记要明显，注意合型的准确

2.2 铸造方法

铸造按造型方法的不同，分为砂型铸造和特种铸造两大类，其中用砂型铸造生产的铸件占铸件总产量的 80%以上。

2.2.1 砂型铸造

1. 砂型铸造工艺过程

砂型铸造的工艺过程如图 2-6 所示。

2. 砂型的组成

用型砂、金属或其他耐火材料制成的包括形成铸件形状的空腔、芯和浇冒口系统的组合整体称为铸型。用型砂制成的铸型称为砂型，砂型铸造工艺流程图如图 2-7 所示。当砂型用砂箱支撑时，砂箱也是铸型的组成部分。

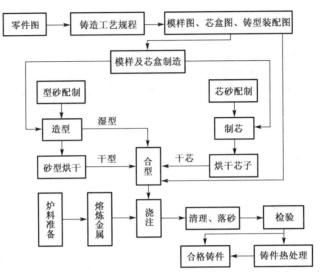

图 2-6　砂型铸造工艺流程图

3．型砂和芯砂

型（芯）砂是指按一定比例配合的造型材料，经过混制而成为符合造型（芯）要求的混合料。由于铸件的质量在很大程度上取决于型（芯）砂性能的好坏，如铸件表面质量以及气孔、砂眼、夹砂、裂纹等缺陷的形成都与它有关，因此需对型砂的性能进行控制。

（1）型（芯）砂的组成

型（芯）砂通常由原砂、黏结剂和水配制而成，有时还加入煤粉、木屑等附加物。

① 原砂。即新砂，主要成分是石英（SiO_2），SiO_2含量要求 85%～97%，砂的颗粒以圆形、大小均匀为好。

② 黏结剂。指能使砂粒相互黏结的物质。常用的黏结剂是黏土，用黏土作为黏结剂的型（芯）砂称为黏土砂（见图 2-8）。这是用得最多的一种铸造用砂。对型（芯）砂有特殊要求时，可以利用水玻璃、桐油、合脂等作为黏结剂。

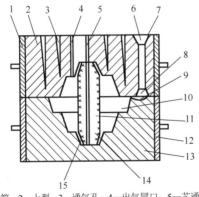

1—上砂箱；2—上型；3—通气孔；4—出气冒口；5—芯通气孔；
6—浇口杯；7—直浇道；8—横浇道；9—内浇道；10—型腔；
11—芯；12—下砂箱；13—下型；14—芯头；15—芯座

图 2-7　砂型的组成

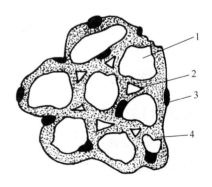

1—砂粒；2—空隙；3—附加物；4—黏结剂

图 2-8　黏土砂的结构

③ 附加物。指为改善型（芯）砂性能而加的物质。例如，加入煤粉能防止铸铁件黏砂，使铸件表面光洁；加入木屑可改善铸型和芯的退让性、透气性。

④ 水。水与黏土、原砂等混成一体，在砂粒表面形成黏土膜，使型（芯）砂具有一定的强度、可塑性和透气性。

（2）型（芯）砂的性能要求

① 强度。指型（芯）砂抵抗外力破坏的能力。如果型砂强度不足，铸型在搬运、合箱和浇注过程中易被损坏，使铸件产生砂眼、胀砂等缺陷。型（芯）砂强度也不宜过高，否则使退让性降低，铸件容易产生裂纹缺陷。

对于常用的黏土砂，其强度随黏土含量和砂型紧实度的增加而增大。砂子的粒度愈细，强度愈高，含水量对强度也有影响，过多或过少都会使强度降低。

② 透气性。指紧实的型（芯）砂允许气体透过的能力，即紧实砂样的孔隙度。透气性不好，易在铸件内部形成气孔等缺陷。

透气性与型（芯）砂中原砂的颗粒特性、水分、黏土加入量、附加物、混砂工艺及紧实度有关。一般砂粒直径愈大、水分适中、黏土量少、混砂均匀性好、紧实度不过高时，砂粒之间孔隙度大，气体通过的阻力减小，透气性就愈好。

③ 可塑性。指型（芯）砂在外力作用下变形，外力去除后仍保持所赋予形状的能力。可塑性好，造型、起模、修型方便，铸件表面质量高。型砂中黏土含量愈多，砂粒愈细，可塑性愈好。

④ 耐火性。指型（芯）砂抵抗高温热作用的性能。耐火性差易使铸件产生黏砂等缺陷。耐火性主要与原砂的矿物组成、颗粒特性和黏土种类及加入量有关。原砂的石英含量高，颗粒粗，黏土加入量少，耐火性好。

⑤ 退让性。指在金属凝固、冷却过程中型（芯）砂能相应地变形、退让而不阻碍铸件及收缩的性能。它主要取决于型（芯）砂的高温强度。高温强度大，退让性差，对铸件的收缩阻碍大，造成较大的内应力，易使铸件产生变形，甚至开裂。

此外，还有流动性、发气性、不粘模性、溃散性、复用性等性能。

（3）型（芯）砂的制备

根据工艺要求对型（芯）砂进行配料和混合的过程称为型（芯）砂制备。目前一般采用图 2-9 所示的辗轮式混砂机混制。其工艺过程是先将新砂、黏土、附加物和经过磁选、筛分后的旧砂依次加入混砂机中，干混 2～3 分钟，混拌均匀后加一定量的水，湿混 6～12 分钟后出砂。混好的砂应堆放一段时间，使黏土膜中水分均匀后供造型（芯）使用。

4. 模样与芯盒

模样和芯盒是造型和造芯用的模具。模样用于造型以形成铸件外形，芯盒用于造芯以形成铸件内腔或孔洞。在单件小批量生产时，模样与芯盒常用木材制成，在大批量生产中则用铸造铝合金等金属材料或塑料制成。

模样与芯盒的制造是以铸造工艺图为依据的。铸造工艺图是依据零件图，考虑铸造工艺特点，用规定的工艺符号而绘制的图形。绘制时需要考虑以下问题。

① 分型面的选择。分型面是指铸型组元间的结合面。选择时必须考虑使造型、起模方便并保证铸件质量，多数情况下以铸件的最大截面为分型面。分型面最好是平直面。分型面的位置在铸造工艺图上用细实线标出并加上箭头表示上型和下型。

② 浇注位置的选择。浇注位置是浇注时，铸件在铸型中所处的位置。选择时必须考虑使铸件的重要受力面、主要加工面和较薄的部位在浇注时朝下；使芯安放稳固。浇注位置在铸造工艺图上用文字表示（见图 2-10）。

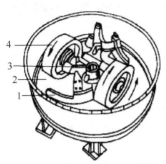

1—刮板；2—辗盘；3—主轴；4—辗轮

图 2-9　辗轮式混砂机

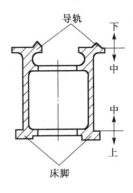

图 2-10　浇注位置

③ 加工余量。为保证铸件加工面尺寸和零件精度，在铸件上增加而在机械加工时切去的金属层厚度。铸件上需要切削加工的部位，模样上都要留出加工余量，即：铸件尺寸 = 零件尺寸 + 加工余量，其大小应根据铸件尺寸、铸造合金种类、造型方法、生产批量、加工面在浇注时的位置等因素来确定，对于小型灰铁件一般为 3～5mm，对于铸件上较小的孔一般不铸出。

④ 起模斜度。为使模样容易从铸型中取出或型芯从芯盒中脱出，平行于起模方向在模样或芯盒壁上的斜度。对于木模一般为 1°～3°。

⑤ 铸造圆角。铸件上各相交壁之间的过渡在制造模样时应做成圆角，以防止应力集中和起模时损坏砂型。

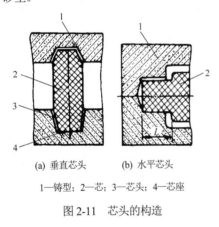

(a) 垂直芯头　　(b) 水平芯头

1—铸型；2—芯；3—芯头；4—芯座

图 2-11　芯头的构造

⑥ 收缩余量。为了补偿铸件收缩，模样比铸件图纸尺寸增大的数值，即：模样尺寸 = 铸件尺寸 + 收缩余量。主要依据合金种类来确定，对灰铁件约为 1%。

⑦ 芯头。芯头分为垂直芯头和水平芯头两大类（见图 2-11）。垂直芯一般都有上、下芯头，如图 2-11(a)所示，但短而粗的芯也可省去上芯头。垂直芯头必须留有一定的斜度，其高度主要取决于芯头直径。下芯头的斜度应小些(5°～10°)，高度应大些，以便增强芯在铸型中的稳定性；上芯头的斜度应大些（6°～15°），高度应小些，以便于合箱。水平芯头的长度 L 主要取决于芯头直径和芯的长度[见图2-11(b)]。为便于下芯及合箱，铸型上的芯座端部应留出一定斜度。

5. 造型

用型砂及模样等工艺装备制造铸型的过程称为造型。其过程包括填砂、紧实、起模、合型等四个基本工序。造型方法分为手工造型和机器造型两大类。

（1）手工造型

用手工或借助手动工具完成的造型工序称为手工造型。其优点是造型操作灵活，无论铸件大小，结构复杂程度如何，都能采用。不足之处是劳动强度大，生产效率低，铸件质量主要取决于操作者的技术水平和熟练程度。因此，主要用于单件、小批量生产，特别是不能用机器造型的重型复杂的大铸件。

手工造型常用的工具及附具见图 2-12。

砂箱常用铝合金或灰铸铁制成，其作用是在造型、运输和浇注时支承砂型，防止砂型变形或损坏；底板用于放置模样；砂舂用于紧实，用尖头舂砂，用平头打紧砂箱顶部的砂；手风箱（又称皮老虎）用于吹去模样上的分型砂及散落在型腔中的散砂；镘刀用于修平面及挖沟槽；双头铜勺（又称秋叶）

用于修凹的曲面；提钩（又称砂钩）用于修深而窄的底面以及勾出砂型中的散砂；压勺用于修砂型或芯的较小平面及开设较小的浇口等。

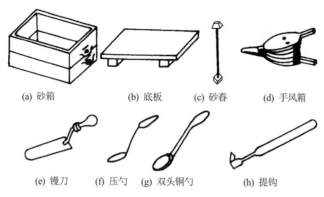

(a) 砂箱　　　(b) 底板　　(c) 砂舂　　(d) 手风箱

(e) 镘刀　　(f) 压勺　(g) 双头铜勺　　(h) 提钩

图 2-12　手工造型常用的工具及附具

常用的手工造型方法的特点及适用范围见表 2-2。

表 2-2　常用的手工造型方法

	造型方法	主要特点	适用范围
按砂箱特征区分	两箱造型	铸型由上型和下型组成，造型、起模、修型等操作方便	适用于各种生产批量，各种大、中、小铸件
	三箱造型	铸型由上、中、下三部分组成，中型的高度须与铸件两个分型面的间距相适应。三箱造型费工，应尽量避免使用	主要用于单件或小批量生产具有两个分型面的铸件
	地坑造型	在车间地坑内造型，用地坑代替下砂箱，只要一个上砂箱，可减少砂箱的投资。但造型费工，而且要求操作者的技术水平较高	常用于砂箱数量不足，制造批量不大的大、中型铸件
	脱箱造型	铸型合型后，将砂箱脱出，重新用于造型。浇注前，须用型砂将脱箱后的砂型周围填紧，也可在砂型上加套箱	主要用于生产小铸件
按模样特征区分	整模造型	模样是整体的，多数情况下，型腔全部在下型内，上型无型腔。造型简单，铸件不会产生错型缺陷	适用于一端为最大截面，且为平面的铸件
	挖砂造型	模样是整体的，但铸件的分型面是曲面。为了起模方便，造型时用手工挖去阻碍起模的型砂。每造一件，就挖砂一次，费工、生产率低	用于单件或小批量生产分型面不是平面的铸件
	假箱造型	为了克服挖砂造型的缺点，先将模样放在一个预先做好的假箱上，然后放在假箱上造下型，省去挖砂操作。操作简便，分型面整齐	用于成批生产分型面不是平面的铸件
	分模造型	将模样沿最大截面处分为两半，型腔分别位于上、下型内。造型简单，节省工时	常用于最大截面在中部的铸件
	活块造型	铸件上有妨碍起模的小凸台、筋条等。制模时将此部分做成活块。在主体模样起模后，从侧面取出活块。造型费工，要求操作者的技术水平较高	主要用于单件或小批量生产带有突出部分、难以起模的铸件
	刮板造型	用刮板代替模样造型。可大大降低模样成本，节约木材，缩短生产周期。但生产率低，要求操作者的技术水平较高	主要用于有等截面的或回转体的大、中型铸件的单件或小批量生产

① 整模造型。以轴承座铸件为例，整模造型的过程如图 2-13 所示。（a）将模样放在底板上。（b）套上下砂箱，使模样与砂箱内壁之间留有合适的吃砂量，在模样的表面筛上或铲上一层面砂。（c）向砂箱中铲入一层背砂。（d）用砂舂扁头将分批填入的背砂逐层紧实，填上最后一层背砂后用砂舂平头紧实。（e）用刮板刮去多余的背砂，使砂型表面和砂箱边缘平齐。（f）用通气针扎出通气孔。（g）翻转下砂型，用镘刀将模样四周砂型表面（分型面）光平，撒上一层分型砂。（h）用手风箱吹去模样上的分型砂。（i）将上砂箱套放在下砂箱上，放好浇口棒，加入面砂；铲入背砂，用砂舂扁头将分层填入的背砂逐

层紧实，最后一层用砂舂平头紧实；用刮板刮去多余的背砂，使砂型表面和砂箱边缘平齐，用镘刀光平浇口处型砂，用通气针扎出通气孔，取出浇口棒并在直浇道上端开挖漏斗形外浇口。(j) 划合型线，取出上型，翻转放好。(k) 扫除分型砂，用水笔润湿模样四周的型砂（刷水）。(l) 使模样向四周松动，然后用起模钉将模样从砂型中小心取出。(m) 开挖内浇道，修整砂型。(n) 按合型线合好上箱，放上压铁，准备浇注。(o) 落砂后带浇注系统的铸件。

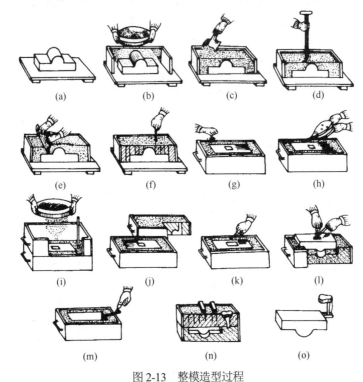

图 2-13　整模造型过程

② 分模造型。分模二箱、三箱造型的过程分别如图 2-14 和图 2-15 所示。

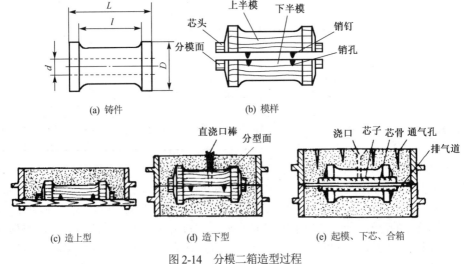

图 2-14　分模二箱造型过程

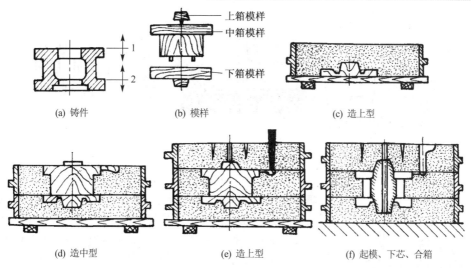

(a) 铸件　　　　　(b) 模样　　　　　(c) 造上型

(d) 造中型　　　　(e) 造上型　　　　(f) 起模、下芯、合箱

图 2-15　分模三箱造型过程

③ 活块造型。活块造型的过程如图 2-16 所示。

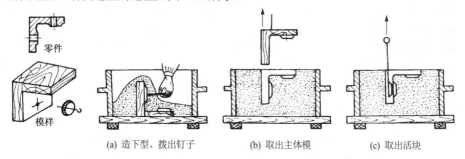

(a) 造下型、拨出钉子　　(b) 取出主体模　　(c) 取出活块

图 2-16　活块造型过程

④ 挖砂造型。挖砂造型的过程如图 2-17 所示。

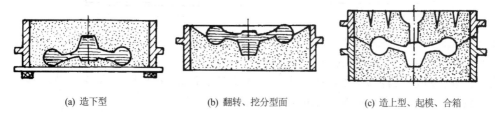

(a) 造下型　　　(b) 翻转、挖分型面　　(c) 造上型、起模、合箱

图 2-17　挖砂造型过程

⑤ 假箱造型。假箱造型的过程如图 2-18 所示。

⑥ 刮板造型。刮板造型的过程如图 2-19 所示。

⑦ 手工造型操作技术要点。

模样安放。（a）注意铸件结构斜度或起模斜度方向，以方便起模。（b）铸件的加工面，特别是重要的加工面应朝下或处于侧面，以减少该部位出现缺陷的可能性。（c）留有浇冒口的位置，模样至砂箱内壁间须留有 30～100mm 的吃砂量，砂箱选用如图 2-20 所示。

1—模样；2—假箱

图 2-18　假箱造型过程

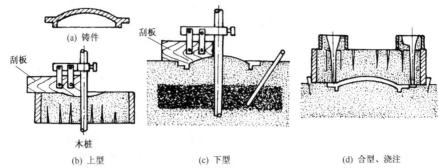

(a) 铸件

(b) 上型

(c) 下型

(d) 合型、浇注

图 2-19 刮板造型过程

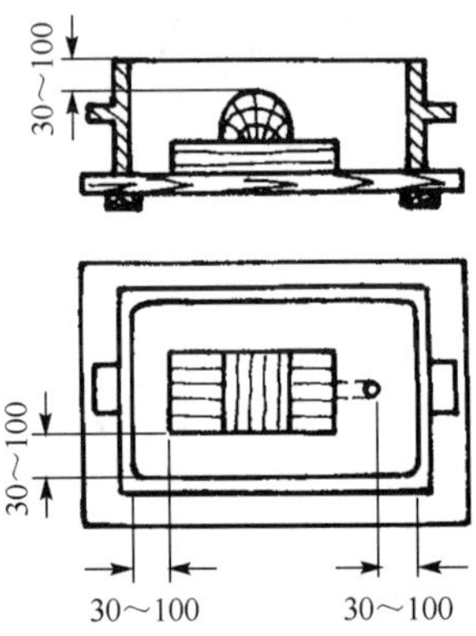

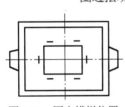

图 2-20 砂箱选用

填砂紧实。(a)分层加砂。先加面砂，面砂紧实后厚度为20～60mm，然后填入背砂。为防止小铸件模样移动，第一次往砂箱中填砂时，先用手按住模样并用手将模样周围的砂按实。每次填砂厚度为100mm左右，过厚下层型砂不易紧实。(b)用砂舂紧实时，为防止模样和浇冒口偏移，应用砂舂扁头将模样和浇口棒四周的砂紧实，使之固定（见图2-21）。紧实路线应先从近砂箱内壁处开始，逐渐靠近模样（见图2-22），同时注意舂头与模样保持一定距离，以防撞坏模样。(c)紧实时用力要适当，过大使型砂紧实度太高，透气性变差。过小，易产生塌箱。对于同一砂型，砂箱下部比上部、下型比上型紧实度要大些。

撒分型砂。造上型时为防止上、下型粘连，在分型面处应均匀地撒上一层分型砂（细粒无黏土的干砂）。撒砂时，手稍高于砂箱，边转圈边摆动，使砂均匀，并将模样上的分型砂用手风箱吹掉。

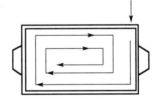

图 2-21 固定模样位置

图 2-22 紧实路线

扎出气孔。上下砂型紧实刮平后均应扎出出气孔，出气孔数量为4～5个/dm²，并分布均匀，出气孔深度离模样应保持4～10mm的距离。

划合型线。为防止错箱缺陷的出现，对没有定位装置的砂箱，在打开上下砂箱之前，要在箱壁上划出合型线。方法是用粉笔或砂泥涂敷在砂箱的三个侧面，然后用划针或镘刀划出细而直的线条。

起模。起模前用毛笔蘸些水刷在模样四周的型砂上，以增加其强度。刷水时要一刷而过，不能在某处停留过久造成水分过多，使铸件产生气孔。起模时先将起模针垂直扎在模样的重心上，再用小锤向四面横敲起模针的下部使模样松动，然后慢慢将起模针垂直向上提起，待模样将要全部起出时，要快速取出且不能偏斜和摆动。

开设浇注系统。浇注系统是为熔融金属填充型腔和冒口而开设于铸型中的一系列通道。通常由浇口杯、直浇道、横浇道和内浇道组成（见图2-23）。

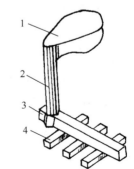

1—浇口杯；2—直浇道；3—横浇道；4—内浇道

图 2-23 浇注系统

浇口杯是漏斗形外浇口，其作用是承接浇注时的液态金属，减少对铸型的直接冲击，并具有挡渣和防止气体卷入浇道的作用。

直浇道是浇注系统中的垂直通道，一般呈上大下小的圆锥形，其作用是利用其高度产生一定的静压力，以改善充型能力。

横浇道一般为梯形截面的水平通道，其作用是阻挡熔渣流入型腔并分配液态合金流入内浇道。

内浇道是浇注系统中与型腔直接相连的部分。其截面多为扁梯形、矩形。其作用主要是引导液态合金平稳地进入型腔。内浇道控制熔融金属流入型腔的方向和速度，调节铸件各个部分的冷却速度。它的形状、位置和数目以及导入液流的方向是决定铸件质量的关键因素之一。因此，在开设内浇道时应注意：（a）不能正对着型芯或砂型的薄弱部位开设，以免冲坏砂型和芯。（b）不要开设在铸件的重要部位。因为内浇道一般为最后凝固的部位，力学性能较差。（c）不能开设在横浇道的尽头、上面和直浇道的下面，以保证能让熔融金属中的熔渣等杂质不进入铸件而留在横浇道中。（d）内浇道的数量应根据铸件的大小、形状和壁厚而定。对于壁厚较均匀，面积较大的盖、罩、盘类铸件，应增加内浇道的尺寸和数量，使金属液均匀、分散地引入型腔，而简单的小铸件可只开一个内浇道。（e）能通过内浇道的位置来改变铸件的凝固顺序，获得无缩孔的铸件。对于壁厚相差不大，收缩不大的铸件，可开在薄壁处，使铸件各处冷却均匀减小内应力；而对于壁厚相差较大，特别是收缩大的铸件则应开在厚壁处，以利于对铸件的补缩。（f）与铸型接合处应带有缩颈，以防清除浇口时撕裂铸件。

修型。对于起模时被损坏的型腔，可根据型腔形状和损坏程度用各种修型工具进行修补。修补操作应自上而下地进行，避免下部修好后又被上部的落砂弄脏；对要修补的地方可用水湿润一下，但水不宜太多。

合型。这是一项重要而细致的操作。合型前应仔细检查砂型各个部分，确认无损坏后，用手风箱吹去撒落在型腔中的灰和落砂，按图样检查芯的安装位置是否正确。合型时应使上型保持水平下降并按合型线定位。

冒口与冷铁的设置。为防止大铸件或收缩率大的合金铸件出现缩孔或缩松，需在铸件的适当部位设置冒口或冷铁。冒口是指在铸型内储存供补缩铸件用液态合金的空腔，一般设置在铸件的最高部位或厚大部位，它同时还起排气和集渣的作用。对于处于铸件下部难以用冒口补缩的厚大截面处，可在此处设置用钢或铸铁制成的冷铁以加大其冷却速度。冒口与冷铁的应用实例如图 2-24 所示。

（2）机器造型

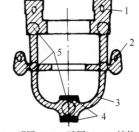

1—明冒口；2—暗冒口；3—铸件；
4—外冷铁；5—热节

图 2-24　冒口与冷铁的应用实例

机器造型是将填砂、紧实和起模等工序用造型机来完成的造型方法，是大批量生产砂型的主要方法。如果配以机械化的型砂处理、浇注、落砂等工序，可以组成现代化的铸造生产流水线。与手工造型相比，机器造型可大大提高劳动生产率，如普通震压式造型机的生产率为每小时 30～80 箱，高效率造型机每小时可达数百箱。机器造型制出的铸件尺寸精确、表面光洁、加工余量小，还可改善工人劳动条件。但机器造型对厂房结构要求高，机器设备、模具、砂箱的一次性投资大，生产准备周期长，还必须使其他工序（如配砂、运输、浇注、落砂等）全面实现机械化才便于生产协调，因此，只有在大批量生产时才经济。

6. 造芯

造芯方法通常有手工造芯和机器造芯两大类。在单件、小批量生产中，大多采用手工造芯。在成批、大量生产中，则用机器造芯。

手工造芯一般用芯盒或刮板进行。用芯盒造芯的过程如图2-25所示。用刮板造芯的过程如图2-26所示。

芯在浇注过程中受到熔融金属的冲击，浇注后大部分被熔融金属包围，因此要求芯具有高的强度、耐火性、透气性和退让性并便于清理。为满足这些性能要求，在造芯过程中应采取以下措施。

① 放置芯骨以提高其强度。小芯芯骨可用铁丝、铁钉制成，中大芯芯骨用铸铁浇注而成。

② 开设排气道，以提高排气能力。对于形状简单的芯多用通气针扎出排气道。

③ 在芯的表面涂刷耐火涂料以防止铸件黏砂。

④ 烘干芯以提高其强度和透气性并减少在浇注时的发气量。

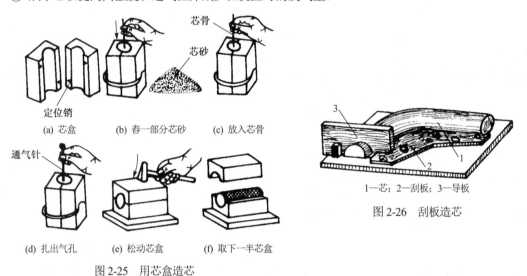

(a) 芯盒　　(b) 舂一部分芯砂　　(c) 放入芯骨

(d) 扎出气孔　　(e) 松动芯盒　　(f) 取下一半芯盒

图2-25　用芯盒造芯

1—芯；2—刮板；3—导板

图2-26　刮板造芯

7. 浇注、落砂与清理

将熔融金属从浇包中注入铸型的操作称为浇注。浇注前要准备足够数量的浇包（用来盛放、输送和浇注熔融金属用的容器）。对于小型铸件一般用容量为15～20kg的手提浇包。浇注时要注意控制好浇注温度和浇注速度。一般中小型灰铁件的浇注温度为1250～1350℃；形状复杂和薄壁铸件为1350～1400℃；铸钢为1500～1550℃；铝合金为700℃左右。

浇注速度应根据铸件形状和壁厚来确定。浇注速度太快，金属液对铸型的冲击力大，易冲坏铸型，产生砂眼或使型腔中的气体来不及溢出而形成气孔。浇注速度太慢，易产生夹砂或冷隔等缺陷。对于形状复杂和薄壁铸件，浇注速度可快些。浇注速度是靠控制浇注时间来调节的。

落砂是用手工或机械使铸件和型砂、砂箱分开的操作。一般对形状简单、小于10kg的铸件，浇注后0.5～1h就可以落砂。

清理是落砂后从铸件上清除表面黏砂、型砂、多余金属（包括浇口、冒口、飞翅和氧化皮）等过程的总称。一般对于有色金属铸件的浇口、冒口可用锯子锯掉，中小型铸铁件的浇口、冒口，可用手锤或大锤敲掉，铸钢件的浇口、冒口用氧气切割。根据浇口、冒口的断面，可以用肉眼区分铸铁件和铸钢件。清理后检查合格的铸件，必要时还需进行去应力退火或时效处理。

2.2.2　特种铸造

特种铸造是指砂型铸造以外的其他铸造方法。常用特种铸造方法的工艺过程、工艺特点及适用范围见表2-3。

表2-3 常用特种铸造方法的工艺过程、工艺特点及适用范围

名称	工艺过程	工艺特点	适用范围
熔模铸造	制造蜡模；在蜡模上涂敷数层耐火材料；待耐火材料层固化后，熔去蜡模制成型壳；经高温焙烧后，浇入金属液而获得铸件	可生产出尺寸精度高、表面质量好、形状复杂的铸件，尺寸精度可达 IT11～IT14，表面粗糙度 Ra 为 12.5～1.6μm，最小壁厚为 0.3mm，最小孔径为 0.5mm；铸造合金基本不受限制，用于高熔点和难切削合金，更具显著的优越性；铸件生产批量不受限制；工序繁杂，生产周期长，生产成本较高	有特殊要求的工件及某些高合金钢铸件，尤其是形状复杂、难以切削加工的零件，或生产数个零件的组装件，铸件质量≤25kg
金属型铸造	将液态金属在重力作用下浇入金属铸型，以获得铸件	有较高的尺寸精度（IT12～IT16）和较小的表面粗糙度（Ra 为 12.5～6.3μm），机械加工余量小；铸件晶粒较细，力学性能高；可实现一型多铸，生产率高，劳动条件好；节约造型材料，环境污染小；制造成本高，不宜生产大型、形状复杂和薄壁铸件，铸铁件表面易产生白口，切削加工困难；不适宜于铸造熔点高的合金	铜、铝合金铸件的大批量生产，如活塞、连杆、汽缸盖等；铸铁的金属型铸造目前也有所发展，但其尺寸限制为 ≤300mm，质量为 ≤8kg
离心铸造	熔融金属浇入旋转的铸型中，使液态金属在离心力作用下充填铸型并凝固成型	金属液能在铸型中形成中空的自由表面，不用型芯即可铸出中空铸件，大大简化了套筒、管类铸件的生产过程；由于旋转时金属液所产生的离心作用，可提高金属充型的能力，可生产一些流动性较差的合金和薄壁铸件；改善了补缩条件，气体和非金属夹杂物易于自金属液中排出，产生缩孔、缩松、气孔和夹杂等缺陷的概率较小；无浇注系统和冒口，节约金属；内孔尺寸不精确，质量也较差，必须增加机械加工余量；铸件易产生成分偏析和密度偏析	广泛用于制造铸铁管、汽缸套、铜套、双金属轴承、特殊钢的无缝管坯、造纸机滚筒等铸件的生产
压力铸造	将熔融合金在高压、高速条件下充型，并在高压下冷却凝固成型	铸件尺寸精度高（IT11～IT13），表面粗糙度 Ra 为 6.3～1.6μm；可以压铸壁薄、形状复杂以及具有很小的孔和螺纹的铸件；铸件可得到极细密的内部组织；由于压铸件精度高，故互换性好；能制作镶嵌件；生产率高；由于充型速度快，型腔中的气体难以排出，在压铸件皮下易产生气孔；金属液凝固快，厚壁处来不及补缩，易产生缩孔和缩松；因铸件中往往存在有微小气孔，为防高温下空气膨胀使铸件开裂，铸件不能进行热处理，也不宜在高温下工作；设备投资大，铸型制造周期长、造价高	大批量生产的锌合金、铝合金、镁合金和铜合金等铸件
低压铸造	液体金属在压力作用下由下而上充填型腔并形成铸件	浇注时的压力和速度可以调节，故可适用于各种不同铸型的铸造；充型平稳，金属液无飞溅现象；铸件在压力下结晶，铸件组织致密；采用底注式充型，浇注系统兼冒口，节省金属，铸件合格率高；设备投资少，劳动条件好	铝合金铸件的生产（如汽车发动机缸体、缸盖、活塞、叶轮等）及铜合金（如螺旋桨等）及球墨铸铁曲轴等

2.2.3 铸造方法的选择

各种铸造方法都有其优点，各有其适用的范围。在选择铸造方法时，要在了解各种铸造方法基本特点的基础上结合生产实际情况，根据铸件的大小、形状、合金种类、生产批量、精度和质量要求以及车间设备条件、成本、环保要求等方面进行综合分析比较，确定合理的铸造方法。几种常见铸造方法基本特点的比较见表2-4。

表2-4 常见铸造方法基本特点的比较

比较项目 ＼ 铸造方法	砂型铸造	熔模铸造	金属型铸造	压力铸造	低压铸造	离心铸造
适用合金	各种合金	不限，以铸钢为主	不限，以非铁合金为主	非铁合金	以非铁合金为主	铸钢、铸铁、铜合金
适用铸件大小	不受限制	几十克至几十千克	中、小铸件	中、小件，几克至几十千克	中、小件，有时达数百千克	零点几千克至十多吨

铸造方法 比较项目	砂型铸造	熔模铸造	金属型铸造	压力铸造	低压铸造	离心铸造
铸件最小壁厚/mm	铸铁>3～4	0.5～0.7； 孔ϕ0.5～2.0	铸铝>3； 铸铁>5	铝合金0.5； 铜合金2	2	优于同类铸型的常压铸造
铸件加工余量	大	小或不加工	小	小或不加工	较小	外表面小，内表面较大
表面粗糙度Ra/μm	50～12.5	12.5～1.6	12.5～6.3	6.3～1.6	12.5～3.2	决定于铸型材料
铸件尺寸公差/mm	100±1.0	100±0.3	100±0.4	100±0.3	100±0.4	决定于铸型材料
工艺出品率*（%）	30～50	60	40～50	60	50～60	85～95
毛坯利用率**（%）	70	90	70	95	80	70～90
投产的最小批量（件）	单件	1000	700～1000	1000	1000	100～1000
生产率（一般机械化程度）	低中	低中	中高	最高	中	中高
应用举例	床身、箱体、支座、轴承盖、曲轴、缸体、缸盖、水轮机转子等	刀具、叶片、自行车零件、刀杆、风动工具等	铝活塞、水暖器材、水轮机叶片、一般非铁合金铸件等	汽车化油器、缸体、仪表和照相机的壳体和支架等	发动机缸体、缸盖、壳体、箱体、船用螺旋桨、纺织机零件等	各种铸铁管、套筒、环叶轮、滑动轴承等

注：* 工艺出品率 $= \dfrac{\text{铸件质量}}{\text{铸件质量}+\text{浇冒口质量}} \times 100\%$；** 毛坯利用率 $= \dfrac{\text{零件质量}}{\text{铸件质量}} \times 100\%$。

第3章 锻压

锻压是指在加压设备及工（模）具的作用下使坯料产生局部或全部的塑性变形，以获得一定形状、尺寸和质量的工件或毛坯的加工方法。它是锻造与冲压的统称，通常是指自由锻造、模型锻造和板料冲压。具有同样特征的生产方法还有轧制、挤压和拉拔等，它们的产品多是原材料。这些加工方法统称为压力加工。

由于在外力作用下金属材料铸态组织中的孔洞、裂纹能被压合，因而，金属材料经过锻造后，其内部组织更加致密、均匀，使同一种金属材料的锻件具有比铸件更高的力学性能。因此，各种承受重载荷及冲击载荷的重要零件，多以锻件作为毛坯，但由于锻造的固态塑性成型的特点，无法获得形状（特别是内腔）复杂的锻件。

金属材料经塑性变形会使其内部组织随之发生变化并使力学性能有较大提高，因而，常用的冲压生产可提高产品的强度和硬度，得到质量轻、刚度好的冲压件。

3.1 锻压工艺基础

3.1.1 金属的塑性变形

1. 金属的塑性变形过程

通常情况下，金属的塑性变形是以滑移的方式进行的，所谓滑移是指在切应力的作用下，金属晶体的一部分相对于另一部分沿一定的晶面（原子平面）发生的相对滑动。实际使用的金属晶体中，由于外力或其他因素的作用，会产生沿着某个晶面的有规律的原子错排现象，晶体中这种有规律的原子错排现象称为位错。在切应力的作用下，当一条位错从左至右移动到晶体表面时，便在晶体表面留下一个原子间距的滑移台阶，造成晶体的塑性变形，当大量的位错按此方式滑过晶体时，晶体便产生宏观上的塑性变形，如图3-1所示。

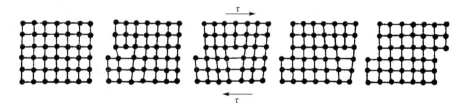

图 3-1 金属塑性变形过程

2. 塑性变形对金属组织和性能的影响

根据加工条件的不同，金属的塑性变形分为冷变形和热变形。通常锻造加工属于热变形。金属经热锻后，可使铸态组织中的缺陷如气孔、疏松等得到焊合而减少，使金属组织致密，力学性能提高；锻造时，金属的脆性杂质被打碎，顺着金属主要伸长方向呈碎粒状或链状分布，塑性杂质随着金属变形沿主要伸长方向呈带状分布，使锻造后的金属组织具有一定的方向性，通常称为锻造流线，使金属出现各向异性。合理地利用这种各向异性可使金属的力学性能得到更好的发挥。

加工后金属的组织和性能与其变形程度有关。锻造加工时，金属的变形程度用锻造比表示，锻造比的计算方法与变形加工工艺有关。拔长时的锻造比 $Y_锻 = S_0/S$（S_0、S 分别表示拔长前、后金属坯料的横截面积）；镦粗时的锻造比 $Y_锻 = H_0/H$（H_0、H 分别表示镦粗前、后金属坯料的高度）。生产中以铸锭为坯料锻造时，碳素结构钢的锻造比一般为 2～3；合金结构钢的锻造比为 3～4；高合金工具钢（如高速钢）组织中有大量碳化物，需要较大锻造比（$Y_锻 = 5～12$），采用交叉锻，才能使钢中的碳化物分散细化；以钢材为坯料锻造时，因材料轧制时组织和力学性能已经得到改善，锻造比一般取 1.1～1.3。

3.1.2　锻坯的加热和锻件的冷却

1. 加热的目的

锻坯加热是为了提高塑性和降低变形抗力。

2. 锻造温度范围

锻造温度范围是指锻坯开始锻造时的温度（始锻温度）到锻造终止时的温度（终锻温度）之间的间隔。一般说来，始锻温度应使锻坯在不产生过热、过烧缺陷的前提下尽量高些。终锻温度应使锻坯在不产生冷变形强化的前提下尽量低些。这样便扩大了锻造温度范围，从而减少了锻造加热火次、提高了生产率。常用金属材料的锻造温度范围见表 3-1。

表 3-1　常用金属材料的锻造温度范围

材料种类	始锻温度（℃）	终锻温度（℃）	锻造温度范围（℃）
低碳钢	1200～1250	800	400～450
中碳钢	1150～1200	800	350～400
合金结构钢	1100～1150	850	250～300
铝合金	450～500	350～380	100～120
铜合金	800～900	650～700	150～200

实际生产中，锻坯的加热温度可以通过仪表来测定，也可以通过观察锻坯的颜色（火色）来判断。碳钢火色对应的加热温度见表 3-2。

表 3-2　碳钢火色对应的加热温度

加热温度（℃）	1300	1200	1100	900	800	700	600 以下
火色	黄白	淡黄	黄	淡红	桔红	暗红	赤褐

3. 锻件的冷却

锻件常用的冷却方法有空冷、坑冷和炉冷三种。空冷适用于塑性较好的中小型锻件的冷却；坑冷适用于塑性较差的中型锻件的冷却；炉冷适用于塑性较差的大型锻件、重要锻件和形状复杂锻件的冷却。

3.2　锻造方法

常用的锻造方法有自由锻、胎模锻和模锻。

3.2.1　自由锻

只用简单的通用性工具或在锻造设备的上、下砧之间直接使坯料变形而获得所需的几何形状、尺寸及内部质量的锻件的加工方法称为自由锻。分为手工自由锻和机器自由锻两类。

自由锻使用的工具简单、操作灵活，但锻件精度低、生产率不高，只适用于单件、小批量生产。

1. 自由锻的设备与工具

（1）加热设备

锻造前要对金属坯料加热，其目的是提高金属的塑性成型性。按所采用的热源不同，常用的锻造加热设备分为火焰加热和电加热两类。

火焰加热是利用燃料燃烧时产生的含有大量热能的高温火焰将金属加热。常用的火焰加热设备为反射炉，其结构如图 3-2 所示。

电加热是通过把电能转变为热能来加热金属的，是先进的加热方法，有电阻加热、电接触加热和感应加热等几种方式。

（2）机锻设备

机器自由锻设备有空气锤、蒸汽－空气锤和水压机。

空气锤是锻造实习常用的设备，其结构和工作原理如图 3-3 所示。它由锤身、压缩缸、工作缸、传动机构、操纵机构、锤杆和砧座等几部分组成。工作时，电机通过减速装置带动曲柄连杆

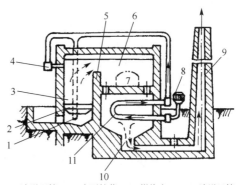

1—一次送风管；2—水平炉蓖；3—燃烧室；4—二次送风管；
5—火墙；6—加热室；7—装出料炉门；8—鼓风机；
9—烟囱；10—烟道；11—换热器

图 3-2 反射炉结构

机构运动使压缩缸中的压缩活塞做上下往复运动，产生压缩空气，再通过踏杆或手柄操纵上下旋阀，利用上下旋阀的配气作用，控制压缩空气进入工作缸的上部或下部或直接与大气连通，使工作活塞连同锤杆和锤头一起实现空转、上悬、下压、单击和连击等动作，对置于上下砧铁间的坯料完成锻造过程。

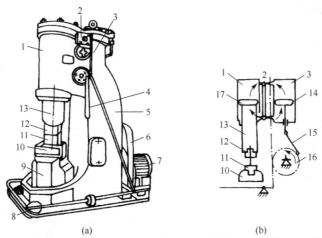

1—工作缸；2—上旋阀；3—压缩缸；4—手柄；5—锤身；6—减速机构；7—电动机；8—踏杆；9—砧座；
10—砧垫；11—下砧铁；12—上砧铁；13—锤杆；14—压缩活塞；15—连杆；16—曲柄；17—工作活塞

图 3-3 空气锤结构和工作原理图

空气锤的吨位用其工作活塞、锤杆和上砧铁等落下部分的质量表示，常用的空气锤吨位为 65～750kg，它们的锤击力较小，只能锻造质量不大于 100kg 的小型锻件。

蒸汽－空气锤与空气锤的主要区别是以滑阀气缸代替压缩缸，以锅炉提供的蒸汽或由压缩机提供的压缩空气为动力，其落下部分的质量为 630～5000kg，适合锻造质量为 70～700kg 的中、小型锻件。

水压机是以静压力替代锻锤的冲击力进行锻造的设备。由于水压机能产生很大的压力，故适用于大型锻件的生产。

（3）手锻工具

常用的手锻工具有铁砧、大锤、手锤、夹钳等。

手锻时支撑锻造毛坯用的工具称为铁砧，用铸钢或铸铁制成；在手工锻造时，需两手握紧进行锻打的锤称为大锤；在手工锻造时，一只手使用的锤称为手锤；操作时，掌钳工左手握钳，用以夹持、移动和翻转工件，右手握手锤，用以指挥打锤工的锻打；锻造时夹持坯料所用的工具称为夹钳，它由钳口和钳把组成，夹持工件时，用左手拇指和虎口处夹住夹钳的一个钳把，用其余四指控制另一钳把，不能将手指放在钳把之间，以防夹伤手指。

2．自由锻工序

（1）基本工序

自由锻基本工序是实现锻件变形的基本成型工序。自由锻基本工序见表 3-3，有镦粗、拔长、冲孔、弯曲、错移、扭转和切割等，以前三种工序的应用最广。

表 3-3　自由锻基本工序

工序名称及工序简图		定义	操作技术要点	适用范围
镦粗	全镦粗	使毛坯高度减小，横截面积增大的锻造工序	坯料的高度与直径之比应小于 2.5，以防镦弯；镦粗部分的加热要均匀，以防锻件畸形或镦裂；锻件端面应平整并与轴线垂直，每击一次应绕其轴线旋转一次锻件，以防镦歪、镦偏；坯料高度应不大于锤头最大行程的 0.7～0.8 倍，且锻打力要重，以防锻成细腰形，使锻件出现夹层	制造齿轮、圆盘等高度小、截面大的工件；作为冲孔的准备工序；增加后续拔长时的锻造比
	局部镦粗	在坯料上某一部位进行的镦粗		
	垫环镦粗	坯料在垫环上或两垫环间进行的镦粗		
拔长	拔长	使毛坯横截面积减小，长度增大的锻造工序	每次送进量应为砧铁宽度的 0.3～0.7 倍；坯料在拔长过程中应作 90° 翻转以保证各部分温度均匀；圆形截面坯料拔长时应先锻成方形截面，在拔长至方形边长接近工件要求的直径时，将方形锻成八角形再倒棱滚打成圆形；拔长后，表面必须修整	制造轴类等长而截面小的工件；制造长轴类空心件
	芯棒拔长	减小空心毛坯外径（壁厚）而增加其长度的锻造工序		
	马杠扩孔	利用上砧和马杠对空心坯料沿圆周依次连续压缩而实现扩孔的方法		

续表

工序名称及工序简图		定义	操作技术要点	适用范围
冲孔	冲孔 上垫 冲子 *h*	在坯料上冲出通孔或不通孔的锻造方法	冲孔前一般需将坯料镦粗； 冲子必须与孔端面相垂直； 翻转冲孔时须找正孔的中心； 冲子头部要经常浸水冷却，以防受热变软	制造圆环类空心件； 芯轴拔长前的准备工序； 去除质量要求高的大型空心锻件的质量较差的中心部分
	扩孔	减小空心毛坯的壁厚而增加其内、外径的锻造工序		
弯曲	弯曲	将毛坯弯成所规定的外形的锻造工序	弯曲前将弯曲部分局部镦粗并修出凸肩； 仅需将被弯部分加热	吊钩等各种弯曲类锻件的生产
	胎模中弯曲	在胎模中改变坯料曲线成为所需外形的锻造工序		
错移		将坯料的一部分相对于另一部分错移开，但仍保持轴心平行的锻造工序	锻前先在错移部位压肩，然后锻打错开，最后修正	曲轴类锻件的生产
扭转		将坯料的一部分相对于另一部分绕其轴线旋转一定角度的锻造工序	受扭部分应沿全长截面均匀且表面光滑无缺陷； 受扭部位应加热到较高温度并均匀热透； 锻后缓冷	曲轴、麻花钻等类锻件的生产
切割		分割坯料或切除锻件余料的锻造工序	切断后应在较低温度下去除端面毛刺	分割毛坯、切去锻件端头

（2）辅助工序

为使基本工序操作方便而进行的预变形工序称为辅助工序。例如，为方便挟持工件而进行的压钳口、局部拔长时先进行的切肩等工序都属于辅助工序。

（3）修整工序

用以减少锻件表面缺陷而进行的工序，如校正、滚圆、平整等。修整工序的变形量一般很小，而且为了不影响锻件的内部质量，一般多在终锻温度或接近终锻温度下进行。

（4）实习件的锻造

螺母锻造过程如表3-4所示。

表 3-4　螺母锻造过程

锻件名称	螺母	工艺类别	手工锻
材料	低碳钢	始锻温度	1250℃
加热火次	1~2 次	终锻温度	800℃

锻件图	毛坯图

序号	工序名称	工序图	所用工具
1	镦粗		尖嘴夹钳
2	冲孔		尖嘴夹钳、圆冲子、漏盘、抱钳
3	打六方		圆嘴夹钳、圆冲子、六角槽垫、方或窄平锤、样板
4	倒锥面		尖嘴夹钳、窝子

3. 锻件常见缺陷

锻件常见缺陷及其产生原因见表 3-5。

表 3-5　锻件常见缺陷及其产生原因

锻件类型	缺陷名称	产生原因
自由锻件	过热或过烧	① 加热温度过高、保温时间过长；② 变形不均匀，局部变形度过小
	裂纹	① 坯料芯部未热透或温度偏低；② 坯料存在皮下气泡等冶金缺陷； ③ 加热速度过快或锻后冷速过大；④ 变形量过大
	折叠	① 砧子圆角半径过小；② 送进量过小
	歪斜、偏心	① 加热或变形度不均匀；② 操作不当
	弯曲、变形	① 锻后修正、校直不到位；② 冷却、热处理不规范
	力学性能偏低	① 坯料化学成分不合要求或杂质过多、冶金质量差； ② 锻后热处理不规范；③ 锻造比小
模锻件	凹坑	① 加热时间过长或粘上炉底熔渣；② 氧化皮清除未净
	形状不完整	① 原材料尺寸偏小；② 加热时间过长，烧损过多； ③ 加热温度过低，金属流动性差，模膛内润滑剂未吹掉； ④ 锤击力过小或锤击轻重掌握不当； ⑤ 制坯模膛设计不当或终锻模膛磨损严重
	厚度超差	① 毛坯质量超差；② 加热温度过低； ③ 锤击力过小；④ 制坯模膛设计不当

锻件类型	缺陷名称	产生原因
模锻件	尺寸偏小	① 终锻温度过高或终锻模膛设计时收缩考虑不足； ② 终锻模膛变形；③ 切边模安装不当
	上、下错移	① 锻锤导轨设计不当或间隙过大；② 锻模紧固部分磨损或锤击时错位； ③ 上、下模调整不当；④ 模膛中心与锤打中心相对位置不当
	局部压伤	① 坯料未放正或锤击时跳出模膛被击伤；② 设备故障，产生误动作
	翘曲	从模膛中撬出时或切边时变形
	残余毛边	切边模尺寸不符或有磨损
	轴向细裂纹	坯料存在皮下气泡
	端部裂纹	坯料冷剪下料时剪切不当
	夹渣	坯料带入
	夹层	① 锻模设计不当或坯料在模膛中的位置不当； ② 操作不当使坯料产生毛刺并将毛刺压入锻件

3.2.2 胎模锻

胎模锻是在自由锻设备上使用可移动模具生产模锻件的一种锻造方法，通常是用自由锻方法使坯料初步成型，然后在胎模中终锻成型。胎模不固定在锤头或砧座上，只是在使用时才放上去。

胎模锻与自由锻相比，具有生产率高、锻件质量好且能锻造复杂形状锻件的优点；与模锻相比，它不需要昂贵的设备，模具制造简单，成本低。胎模锻主要适用于中小批量小型锻件的生产。

常用胎模锻的种类、结构及适用范围见表 3-6。

表 3-6 常用胎模锻的种类、结构及适用范围

序号	名称	结构简图	结构及使用特点	适用范围
1	摔模		模具由上摔、下摔及摔把组成，锻造时，锻件在上、下摔中不断旋转，使其产生径向锻造，锻件无毛刺、无飞边	轴类锻件的成型或精整，或为合模锻造制坯
2	扣模		模具由上扣和下扣组成，有时仅有下扣，锻造时，锻件在扣模中不作转动，只做前后移动	非回转体锻件的整体或局部成型，或为合模锻造制坯
3	套模		模具由模套、模冲和模垫组成，这是一种闭式模具，锻造时不产生飞边	齿轮、法兰等盘类锻件的成型
4	垫模		模具只有下模，锻造时有横向飞边产生	圆轴及带法兰盘类锻件的成型
5	合模		模具由上、下及导向装置组成，锻造时沿分模面横向产生飞边	连杆、拔叉等形状较复杂的非回转体类锻件的终锻成型

序号	名称	结构简图	结构及使用特点	适用范围
6	漏模	上冲 飞边 锻件 凹模	模具由冲头、凹模及定位导向装置组成	主要用于切除锻件的飞边、连皮或冲孔

3.2.3 模锻

利用模具使坯料变形而获得锻件的锻造方法称为模锻。与自由锻相比，模锻能锻出形状复杂、精度较高、表面粗糙度低的锻件；且生产率高，劳动条件好；但模锻设备及模具投资大、费用高。模锻适用于大批量生产的中小型锻件（质量≤150kg）。根据设备不同，模锻分为锤上模锻和压力机上模锻两大类。

1. 锤上模锻

锤上模锻的常用设备是蒸汽－空气模锻锤［见图 3-4(a)］，其工作原理与蒸汽－空气自由锻锤基本相同，主要区别是砧座与锤身连成一体，砧座的质量比自由锻的砧座质量大得多，锤头与导轨间的间隙比自由锻锤小，配合面长。因而锤头的上下运动精确，在锤击过程中能保证上、下模具有良好的对中性。

工作时将加热好的锻坯利用锻锤的锤击力在上下模膛里成型，取出锻坯切除毛边和连皮后即得锻件［见图 3-4(b)］。

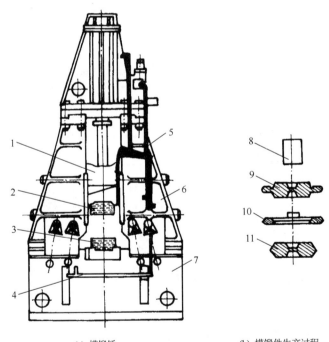

(a) 模锻锤   (b) 模锻件生产过程

1—锤头；2—上模；3—下模；4—踏杆；5—操纵机构；6—锤身；7—砧座；
8—坯料；9—带飞边和连皮的锻件；10—飞边和连皮；11—锻件

图 3-4　蒸汽－空气模锻锤及模锻件生产过程

2. 压力机上模锻

常用压力机上模锻方法的设备、工艺特点及适用范围见表 3-7。

表 3-7　常用压力机上模锻方法的设备、工艺特点及适用范围

锻造方法	设备结构特点	工艺特点	适用范围
摩擦压力机上模锻	滑块行程可控，速度为（0.5～1.0）m/s，带有顶料装置，机架受力，形成封闭力系，每分钟行程次数少，传动效率低	简化了模具设计与制造，同时可锻造更复杂的锻件；承受偏心载荷能力差；可实现轻、重打，能进行多次锻打，还可进行弯曲、精压、切飞边、冲连皮、校正等工序	特别适合于低塑性合金钢和非铁金属的中、小型锻件的小批量和中批量生产
曲柄压力机上模锻	工作时，滑块行程固定，无震动，噪音小，合模准确，有顶杆装置，设备刚度好	金属在模膛中一次成型，氧化皮不易除掉，终锻前常采用预成型及预锻工序，不宜拔长、滚挤，可进行局部镦粗，锻件精度较高，模锻斜度小，生产率高	短轴类锻件的大批量生产
平锻机上模锻	滑块水平运动，行程固定，具有互相垂直的两组分模面，无顶出装置，合模准确，设备刚度好	扩大了模锻适用范围，金属在模膛中一次成型，锻件精度较高，生产率高，材料利用率高，对非回转体及中心不对称的锻件较难锻造	带头的杆类和有孔的各种合金锻件的大批量生产
水压机上模锻	行程不固定，工作速度为（0.1～0.3）m/s，无震动，有顶杆装置	模锻时一次压成，不宜多膛模锻，不太适合于锻造小尺寸锻件	镁铝合金大锻件，深孔锻件的大批量生产

3.3　板料冲压

板料冲压是利用冲模在压力机上使板料分离或变形，从而获得冲压件的成型工艺。板料冲压的坯料厚度一般不大于 4mm，通常在常温（低于板料的再结晶温度）下冲压，故又称为冷冲压。只有当坯料厚度在 8mm 以上时，才采用热冲压。板料冲压在工业及民用生产各部门都有广泛应用。

3.3.1　冲压设备及模具

1. 冲压设备

冲压生产中常用的设备有剪板机、机械压力机和油压机。剪板机的作用是将板料按冲压件的实际需要剪切成供冲压生产用的条形坯料；机械压力机和油压机则用来完成冲压工作，油压机造价较高，使用和维修要求高，一般中、小型企业多用机械压力机。机械压力机俗称冲床。剪板机和冲床的工作原理图如图 3-5 所示。

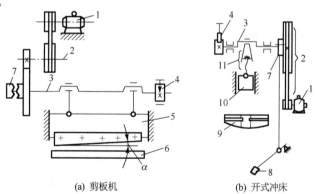

(a) 剪板机　　　　　　　(b) 开式冲床

1—电动机；2—带轮及带传动；3—曲轴；4—制动器；5—上刀架、滑块；6—下刀架；
7—离合器；8—踏板；9—工作台；10—滑块；11—连杆；α—刀口角度

图 3-5　剪板机和冲床的工作原理图

剪板机和冲床都是利用曲柄（或偏心）连杆机构将由电动机经带轮传来的回转运动转换给滑块变成往复直线运动，并带动安装在滑块上的刀口或冲模完成冲压工作。工作时电动机不停地转动，操作者通过离合器控制滑块的运动。当离合器结合时，滑块连同刀口或冲模下行，完成冲压工作；离合器脱开时，制动器使滑块停留在最高位置，以便于取料、送料并进行下次操作。

2．冲模

冲压模具零部件按功能一般分为以下几部分。

① 工作零件。使板料成型的零件，有凸模、凹模、凸凹模等。

② 定位、送料零件。使条料或半成品在模具上定位、沿工作方向送进的零部件。主要有挡料销、导正销、导料销、导料板等。

③ 卸料及压料零件。防止工件变形，压住模具上的板料及将工件或废料从模具上卸下或推出的零件。主要有卸料板、顶件器、压边圈、推板、推杆等。

④ 结构零件。在模具的制造和使用中起装配、固定作用的零件，以及在使用中起导向作用的零件。主要有上、下模座，模柄，凸、凹模固定板，垫板，导柱，导套，导筒，导板，螺钉，销钉等。

常用的冷冲模按工序组合可分为简单冲模、连续冲模和复合冲模三类。

（1）简单冲模

简单冲模是在一个冲压行程只完成一道工序的冲模，如图 3-6 所示。凹模 2 用压板 7 固定在下模板 4 上，下模板用螺栓固定在冲床的工作台上。凸模 1 用压板 6 固定在上模板 3 上，上模板则通过模柄 5 与冲床的滑块连接，使凸模可随滑块作上下运动。为了使凸模向下运动时能对准凹模孔，并在凸凹模之间保持均匀间隙，通常用导柱 12 和套筒 11 的结构，条料在凹模上沿两个导板 9 之间送进，碰到定位销 10 为止。凸模向下冲压时，冲下的零件（或废料）进入凹模孔，而条料则夹住凸模并随凸模一起回程向上运动。条料碰到固定在凹模上的卸料板 8 时被推下，这样，条料继续在导板间送进。重复上述动作，冲下所需数量的零件。

简单冲模结构简单，容易制造，适用于冲压件的小批量生产。

（2）连续冲模

在冲床的一次冲程中，在模具的不同部位上同时完成数道冲压工序的模具，称为连续冲模，如图 3-7 所示。工作时定位销 2 对准预先冲出的定位孔，上模向下运动，凸模 1 进行落料，凸模 4 进行冲孔。当上模回程时，卸料板 6 从凸模上推下残料。这时再将坯料 7 向前送进，执行第二次冲裁。如此循环进行，每次送进距离由挡料销控制。

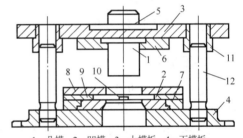

1—凸模；2—凹模；3—上模板；4—下模板；
5—模柄；6—压板；7—压板；8—卸料板；
9—导板；10—定位销；11—套筒；12—导柱

图 3-6　简单冲模

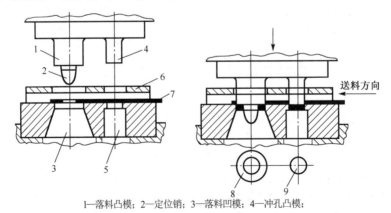

1—落料凸模；2—定位销；3—落料凹模；4—冲孔凸模；
5—冲孔凹模；6—卸料板；7—坯料；8—成品；9—废料

图 3-7　连续冲模

连续冲模生产效率高，易于实现自动化，但要求定位精度高，制造复杂，成本较高。

（3）复合冲模

在冲床的一次冲程中，模具同一部位上同时完成数道冲压工序的模具，称为复合冲模，如图 3-8 所示。复合模的最大特点是模具中有一个凸凹模。凸凹模的外圆是落料凸模刃口，内孔则成为拉伸凹模。当滑块带着凸凹模向下运动时，条料首先在落料凹模中落料。落料件被下模当中的拉伸凸模顶住，滑块继续向下运动时，凸凹模随之向下运动进行拉伸。顶出器在滑块的回程中将拉伸件推出模具。

复合模适用于产量高、精度高的冲压件，但模具制造复杂，成本高。

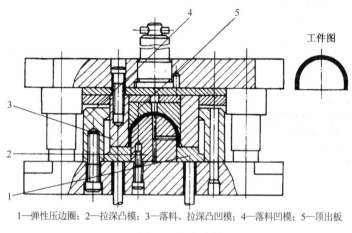

1—弹性压边圈；2—拉深凸模；3—落料、拉深凸凹模；4—落料凹模；5—顶出板

图 3-8　复合冲模

3.3.2　冲压基本工序

冲压的工序较多，各种工序的区别主要表现在坯料的受力状况和变形特征上。冲压生产过程中，对于各种不同形状的冲压件，应根据其具体的形状和尺寸，参考各种工序的定义和应用，选择合适的冲压工序并注意各工序的先后顺序及相互间的配合，才能得到较好的冲压效果。冲压生产常用工序及应用见表 3-8。

表 3-8　冲压生产常用工序及应用

<table>
<tr><th colspan="3">工序名称及工序简图</th><th>定义</th><th>应用</th></tr>
<tr><td>剪切</td><td colspan="2">(a) 斜刃剪切　　(b) 圆盘剪切</td><td>用剪床或冲模使坯料沿不封闭轮廓分离的工序</td><td>将板料剪成条料、块料，作为其他工序的毛坯</td></tr>
<tr><td>冲裁</td><td colspan="2">1—工件；2—冲头；3—凹模；4—冲下部分；
5—成品；6—废料</td><td>使板料沿模具的封闭轮廓产生分离的工序</td><td>制造各种具有一定平面形状的产品，或为后续变形工序准备毛坯</td></tr>
</table>

工序名称及工序简图		定义	应用
弯曲	 1—坯料；2—凸模；3—凹模	将金属材料弯曲成一定角度和形状的成型方法	制造各种形状的弯曲件
拉深	 1—凸模；2—压边圈；3—坯料；4—凹模	使平面板料成型为开口或中空形状零件的冲压工序	制造各种形状的中空件
翻边	 1—坯料；2—成品；3—凸模；4—凹模	用扩孔的方法使带孔件在孔口周围冲制出凸缘的成型工序	制造带凸缘的环类或套筒类零件
压筋	 1—硬橡胶；2—工件	使坯料通过变薄形成局部凸起、凹下的部分的成型工序	制造刚性筋条，增加制件刚性
胀形	 1—凸模；2—分块凹模；3—硬橡胶；4—工件	使空心件局部直径增大的成型工序	制造局部有凸起的冲压件

第4章 焊接

焊接是通过加热或加压，或者两者并用，并且用或不用填充材料，使金属材料达到原子结合的一种加工方法。与其他连接方法相比，焊接具有节省金属材料、接头密封性好、经济性好等优点。目前在机械制造、造船工业、电力设备生产、航空及航天工业中得到了广泛应用。

4.1 焊接工艺基础

4.1.1 熔焊冶金过程

以电弧焊为代表的熔焊是常用的焊接方法。在这种焊接过程中，焊件接头处将被加热到熔化状态。其实质是局部金属的一次再熔炼过程，类似于普通的冶金过程，但由于焊接条件的特殊性，又具有不同于普通的冶金过程的特点：一是焊接冶金温度高，反应速度快，受焊接区周围氧、氮、氢等元素的作用，液态金属会发生剧烈的氧化、氮化反应，大量的有益元素被烧损，使焊缝区的力学性能下降；二是焊接熔池小，冷却快，使各种冶金反应难以达到平衡状态，使焊缝化学成分不均匀，且熔池中的气体、氧化物等杂质来不及上浮，容易形成气孔、夹渣等缺陷。

4.1.2 焊接接头的组织与性能

焊接接头由焊缝区和焊接热影响区组成。

1. 焊缝区

焊缝金属是由母材和焊条（丝）熔化形成的熔池冷却结晶而成的。焊缝金属在结晶时，是以熔池和母材金属的交界处的半熔化金属晶粒为晶核，沿着垂直于散热面方向反向生长为柱状晶，最后这些柱状晶在焊缝中心相接触而停止生长。由于焊缝组织是铸态组织，故晶粒粗大、组织不致密。但由于焊丝本身的杂质含量低及合金化作用，使焊缝化学成分优于母材，所以焊缝金属的力学性能一般不低于母材。

2. 热影响区

焊接过程中，除焊缝金属达到熔化状态外，靠近焊缝金属的母材由于热传导作用也有不同程度的温度升高，其中一部分区域还会发生组织和性能的变化。这一区域称为焊接热影响区。热影响区的加热温度是不均匀的，越靠近焊缝，加热温度越高。现以低碳钢为例，根据焊接接头的温度分布曲线，讨论热影响区的组织性能变化。

低碳钢焊接接头的组织变化如图4-1所示，按照加热温度的不同，热影响区可划分为以下4个区域。

① 熔合区。该区受热温度处于液相线与固相线之间，是焊缝金属到母材金属的过渡区域，宽度只有0.1～0.4mm。焊接时，该区内液态金属与未熔化的母材金属共存，冷却后，其组织为部分铸态组织和部分过热组织，化学成分和组织极不均匀，是焊接接头中力学性能最差的薄弱部位，严重影响焊接接头质量。

② 过热区。加热温度在固相线至1100℃之间，宽度为1～3mm。焊接时，该区域内奥氏体晶粒

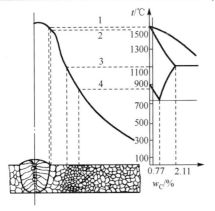

1—熔合区；2—过热区；3—正火区；4—部分相变区

图 4-1　低碳钢焊接接头的组织变化

严重长大，冷却后得到晶粒粗大的过热组织，塑性和韧性明显下降。

③ 正火区。加热温度在 $1100℃\sim Ac_3$ 之间，宽度约 $1.2\sim4.0mm$。焊后空冷使该区内的金属相当于进行了正火处理，故其组织为均匀而细小的铁素体和珠光体，力学性能优于母材。

④ 部分相变区。也称部分正火区，加热温度在 $Ac_3\sim Ac_1$ 之间。焊接时，只有部分组织转变为奥氏体，冷却后获得细小的铁素体和珠光体，其余部分仍为原始组织，因此晶粒大小不均匀，力学性能也较差。

根据焊接热影响区的组织和宽度，可以间接判断焊缝质量好坏。一般焊接热影响区宽度愈小，焊接接头的力学性能愈好。

4.1.3　焊接应力与变形

焊接应力与变形是焊接后焊件内产生的应力和焊件产生的变形。

1. 焊接应力和变形产生的原因

产生焊接应力和变形的根本原因是在焊接过程中对焊件进行了不均匀加热和冷却。下面以低碳钢平板对焊为例，说明焊接应力和变形的形成过程（见图 4-2）。

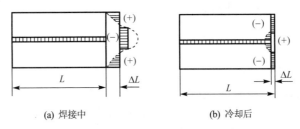

(a) 焊接中　　　　　　　　(b) 冷却后

图 4-2　焊接应力和变形的形成

在焊接过程中，平板上各部位的温度是不均匀的。焊缝区温度最高，离焊缝愈远，温度愈低〔见图 4-2(a)〕。图中虚线表示接头横截面的温度分布，也表示金属若能自由膨胀的伸长量分布。实际上接头是个整体，无法进行自由膨胀，平板只能在宽度方向上整体伸长 ΔL，造成焊缝及邻近区域的伸长受到远离焊缝区域的限制而产生压应力，而远离焊缝区的部位则产生拉应力，当焊缝及邻近区域的压应力超过材料的屈服强度时，便会产生压缩塑性变形，变形量为图 4-2(a)中虚线包围的空白部分。焊后冷却时，金属若能自由收缩，由于焊缝及邻近区域高温时已产生的压缩塑性变形会保留下来，不能再恢复，故会缩至图 4-2(b)中的虚线位置，两侧则恢复到焊接前的原长，但这种自由收缩同样无法实现。由于整体作用，平板的端面将共同缩短至比原始长度短 $\Delta L'$ 的位置。这样焊缝及邻近区域受拉应力作用，而其两侧受到压应力作用。所以低碳钢平板对焊后的焊缝区产生拉应力，两侧产生压应力，平板整体缩短了 ΔL。

焊接应力和变形是同时存在的。当母材塑性较好且结构刚度较小时，则焊接结构在焊接应力的作用下会产生较大的变形而残余应力较小；反之则变形较小而残余应力较大。常见焊接变形的基本形式见表 4-1。

表4-1　常见焊接变形的基本形式

变形形式	示意图	产生原因
收缩变形		由焊接后焊缝的纵向（沿焊缝长度方向）和横向（沿焊缝宽度方向）收缩引起
角变形		由于焊缝横截面形状上下不对称，焊缝横向收缩不均引起
弯曲变形		T形梁焊接时，焊缝布置不对称，由焊缝纵向收缩引起
扭曲变形		工字形梁焊接时，由于焊接顺序和焊接方向不合理，引起结构上出现扭曲
波浪形变形		薄板焊接时，焊接应力使薄板局部失稳而引起

2．减小焊接应力和变形的工艺措施

（1）焊前预热、焊后热处理

预热的目的是减小焊件上各部分的温差，降低焊缝区的冷却速度，从而减小焊接应力和变形，预热温度一般为400℃以下。焊后对焊件进行去应力退火，对于消除焊接应力具有良好效果。碳钢或低合金结构钢焊件整体加热到580～680℃，保温一定时间后，空冷或随炉冷却，一般可消除80%～90%的残余应力。

（2）选择合理的焊接顺序

① 尽量使焊缝能自由收缩，这样产生的残余应力较

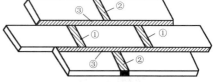

图4-3　大型容器底板的焊接顺序

小。图 4-3 所示为一个大型容器底板的焊接顺序。若先焊纵向焊缝3，再焊横向焊缝1和2，则焊缝1和2在横向和纵向的收缩都会受到阻碍，焊接应力增大，焊缝交叉处和焊缝上都极易产生裂纹。因此应按图中1、2、3的顺序施焊。

② 采用分散对称焊工艺（见图4-4），长焊缝尽可能采用分段退焊或跳焊的方法（见图4-5）进行焊接，这样加热时间短、温度低且分布均匀，可减小焊接应力和变形。

（3）加热减应区

铸铁补焊时，在补焊前可对铸件上的适当部位进行加热，以减少焊接时对焊接部位伸长的约束，焊后冷却时，加热部位与焊接处一起收缩，从而减小焊接应力。被加热的部位称为减应区，这种方法叫做加热减应区法（见图4-6）。利用这个原理也可以焊接一些刚度比较大的焊缝。

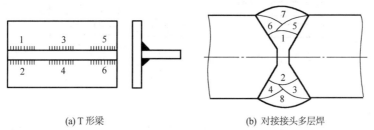

(a) T形梁　　　　　　　　　　　(b) 对接接头多层焊

图4-4　分散对称的焊接顺序

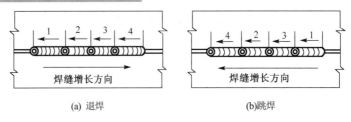

(a) 退焊　　　　　　　　　　　(b)跳焊

图 4-5　长焊缝的分段焊

（4）反变形法

焊接前预测焊接变形量和变形方向，在焊前组装时将被焊工件向焊接变形相反的方向进行人为的变形，以达到抵消焊接变形的目的（见图 4-7）。

（5）锤击焊缝

焊后用圆头小锤对红热状态下的焊缝进行锤击，可以延展焊缝，从而使焊接应力得到一定的释放。

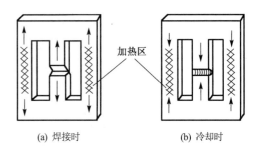

(a) 焊接时　　　　　(b) 冷却时

图 4-6　加热减应区法

（6）机械拉伸法

对焊件进行加载，使焊缝区产生微量塑性拉伸，可以使残余应力降低。例如，压力容器在进行水压试验时，将试验压力加到工作压力的 1.2～1.5 倍，这时焊缝区发生微量塑性变形，应力被释放。

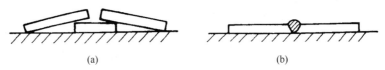

(a)　　　　　　　　　　　　　　(b)

图 4-7　反变形法

4.1.4　焊缝标示方法

1. 焊缝的图示法标示

如图 4-8 所示，焊缝正面用细实线短划表示［见图 4-8(a)］或用比轮廓粗 2～3 倍的粗实线标示［见图 4-8(b)］。在同一图样中，上述两种方法只能用一种。焊缝端面用粗实线划出焊缝的轮廓，必要时用细实线画出坡口形状［见图 4-8(c)］。剖面图上焊缝区应涂黑［见图 4-8(d)］。用图示法标示的焊缝还应该有相应的标注，或另有说明［见图 4-8(e)］。

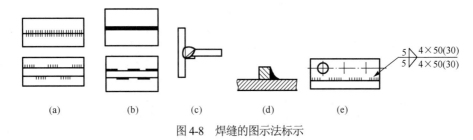

(a)　　　　(b)　　　　(c)　　　　(d)　　　　(e)

图 4-8　焊缝的图示法标示

2. 焊缝的符号标示

焊接结构图上常采用一些符号对焊缝进行标注，GB/T324–2008、GB/T12212–1990、GB/T5185–2005

中分别对焊缝符号和标注方法作了明确规定。

焊缝符号共有三组：①基本符号，用以表明焊缝横截面的形状；②辅助符号，用以表明焊缝表面形状特征，如焊缝表面是否齐平等；③补充符号，用以补充说明焊缝的某些特征，如是否带有垫板等。

焊缝符号通过指引线标示在图样的焊缝位置，标注方法如图4-9所示。指引线一般由箭头线和两条基准线（一条为实线、另一条为虚线）组成，箭头指在焊缝处。标示对称焊缝或双面焊缝时，可免去基准线中的虚线。必要时，焊缝符号可附带有尺寸符号和数据（如焊缝截面、长度、数量、坡口等），还可以画焊缝的局部放大图，并标明有关尺寸。

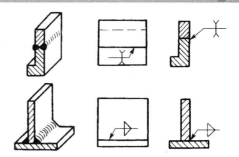

(a) 焊缝　(b) 焊缝正面标注方法　(c) 焊缝剖面标注方法

图 4-9　焊缝标注方法

4.1.5　焊件常见缺陷

在焊接生产过程中，由于设计、工艺、操作中的多方面因素的影响，往往会产生各种焊接缺陷。焊接缺陷不仅会影响焊缝的美观，还可能影响焊接结构使用的可靠性。常见的焊接缺陷特征及其产生的原因见表4-2。

表 4-2　常见焊接缺陷

缺陷名称	示意图	特征	产生原因
气 孔		焊接时，熔池中的过饱和氢、氮以及冶金反应产生的 CO，在熔池凝固时未能逸出，在焊缝中形成的空穴	焊接材料不清洁；电弧太长，保护效果差；焊接规范不恰当，冷速太快；焊前清理不当
裂 纹		热裂纹：沿晶开裂，具有氧化色泽，多在焊缝上，焊后立即开裂	热裂纹：母材硫、磷含量高；焊缝冷速太快，焊接应力大；焊接材料选择不当
		冷裂纹：穿晶开裂，具有金属光泽，多在热影响区，有延时性，可发生在焊后任何时刻	冷裂纹：母材淬硬倾向大；焊缝含氢量高；焊接残余应力较大
夹 渣		焊后残留在焊缝中的非金属夹杂物	焊道间的熔渣未清理干净；焊接电流小、焊接速度太快；操作不当
咬 边		在焊缝和母材的交界处产生的沟槽和凹陷	焊条角度和摆动不正确；焊接电流太大、电弧过长
焊 瘤		焊接时，熔化金属流淌到焊缝区之外的母材上所形成的金属瘤	焊接电流太大、电弧过长、焊接速度太慢；焊接位置和运条不当
未焊透		焊接接头的根部未完全熔透	焊接电流太小、焊接速度太快；坡口角度太小、间隙过窄、钝边太厚

4.2　焊接方法

根据焊接过程中加热程度和工艺特点的不同，焊接方法可以分为以下三大类。

① 熔焊。焊接过程中，将焊件接头处加热至熔化状态，不加压力完成焊接的方法。常见的熔焊方法有气焊、手工电弧焊、埋弧自动焊、电渣焊、等离子弧焊、电子束焊、激光焊等。

② 压焊。焊接过程中，必须对焊件施加压力（加热或不加热），以完成焊接的方法。常见的压焊有电阻焊、摩擦焊、冷压焊、扩散焊、爆炸焊等。

③ 钎焊。采用比母材熔点低的金属材料作钎料，将焊件和钎料加热到高于钎料熔点，低于母材熔点的温度，利用液态钎料润湿母材，填充接头间隙并与母材相互扩散实现连接焊件的方法。钎焊过程中被焊工件不熔化，且一般没有塑性变形。

4.2.1 手工电弧焊

手工操纵焊条进行焊接的电弧焊称为手工电弧焊。

1. 焊机与焊条

（1）焊机

手弧焊用焊机分为交流弧焊机（见图 4-10）和直流弧焊机（见图 4-11）。

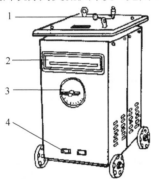 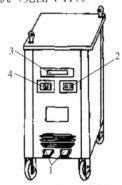

1—调节手柄；2—电流指示器；3—转换开关；4—焊接电源两极　　1—焊接电源两极；2—电源开关；3—电流指示表；4—电流调节

图 4-10　BX3—300 型交流弧焊机　　　　图 4-11　整流式直流弧焊机

交流弧焊机又称弧焊变压器，它实际上是符合焊接要求的降压变压器，它可将工频 220V 或 380V 电压降至 60～90V，以满足引弧要求。焊接时，随着焊接电流的增加，电压自动下降至电弧工作所需的 20～40V，而在引弧开始，焊条与工件接触形成短路时，焊机的电压会自动降到趋于零，使短路电流不致过大。

交流弧焊机的电流可以根据焊接要求分粗调和细调两级进行调节。粗调是通过改变线圈抽头的接法来实现电流的大范围调节；细调是通过旋转调节手柄改变电焊机内可动铁芯或可动线圈的位置使电流调节到焊接所需的数值。

交流弧焊机的优点是结构简单，价格便宜，使用可靠，维修方便，工作噪声小；缺点是焊接时电弧不够稳定。

目前使用的直流弧焊机主要是整流式直流弧焊机。整流式直流弧焊机的结构相当于在交流弧焊机上加上整流器，通过整流器把交流电转变为直流电，从而弥补了交流弧焊机电弧稳定性不好的不足，同时又具有结构简单，造价低廉，效率高，噪声小，维修方便等优点。但引弧电流大，受网络电流影响大，易引起磁偏吹。

直流弧焊机的输出端有正、负极之分。焊接时，焊件接电源正极、焊条接电源负极称为正接法，适用于焊接厚板和熔点较高的金属。反之，称为反接法，适用于焊接薄板和熔点较低的金属。

（2）焊条

焊条由焊芯和药皮组成（见图 4-12）。

焊芯在焊接时，一是起电极作用产生电弧；二是作为填充金属与熔化的母材一起形成焊缝，故焊芯的质量将直接影响焊缝的质量。焊条的规

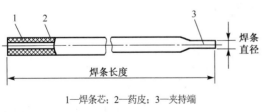

1—焊条芯；2—药皮；3—夹持端

图 4-12　焊条结构

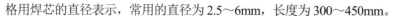

格用焊芯的直径表示，常用的直径为 2.5～6mm，长度为 300～450mm。

药皮是涂在焊条表面的涂料层，由各种矿物质、有机物、铁合金和黏结剂配制而成。其作用是使电弧容易引燃并稳定燃烧、保护熔池金属不被氧化、去除熔池金属中的杂质并添加有益的合金元素。

根据熔渣化学性质的不同，焊条可分为酸性焊条和碱性焊条。酸性焊条熔渣中以酸性氧化物为主，氧化性强，合金元素烧损大，故焊缝的塑性和韧度不高，且焊缝中氢含量高，抗裂性差，但酸性焊条具有良好的工艺性，对油、水、锈不敏感，交直流电源均可用，广泛用于一般结构件的焊接。碱性焊条（又称低氢焊条）的药皮中以碱性氧化物与荧石为主，并含较多铁合金，脱氧、除氢、渗金属作用强，与酸性焊条相比，其焊缝金属的含氢量较低，有益元素较多，有害元素较少，因此焊缝力学性能与抗裂性好，但碱性焊条工艺性较差，电弧稳定性差，对油污、水、锈较敏感，抗气孔性能差，一般要求采用直流焊接电源，主要用于焊接重要的钢结构或合金钢结构。

国家标准将焊条按化学成分划分为若干大类，焊条行业统一将焊条按用途分为十类。表 4-3 列出了两种分类有关内容的对应关系。

表 4-3　两种焊条分类的对应关系

焊条按用途分类（行业标准）			焊条按成分分类（国家标准）		
类别	名称	代号	国家标准编号	名称	型号
一	结构钢焊条	J（结）	GB/T5117—1995	碳钢焊条	
一	结构钢焊条	J（结）	GB/T 5118—1995	低合金钢焊条	E
二	钼和铬钼耐热钢焊条	R（热）			
三	低温钢焊条	W（温）			
四	不锈钢焊条	G（铬）A（奥）	GB/T 983—1995	不锈钢焊条	
五	堆焊焊条	D（堆）	GB/T 984—2001	堆焊焊条	ED
六	铸铁焊条	Z（铸）	GB/T 10044—2006	铸铁焊条及焊丝	EZ
七	镍及镍合金焊条	Ni（镍）	GB/T 13814—2008	镍及镍合金焊条	ENi
八	铜及铜合金焊条	T（铜）	GB/T 3670—1995	铜及铜合金焊条	E
九	铝及铝合金焊条	L（铝）	GB/T 3669—2001	铝及铝合金焊条	E
十	特殊用途焊条	TS（特）	—	—	—

焊条的型号与牌号。焊条型号是国家标准中的焊条代号。碳钢焊条型号见国家标准 GB/T5117—1995，如 E4303、E5015、E5016 等，其编制方法是："E"表示焊条，前两位数字表示熔敷金属的最小抗拉强度值的 1/10（MPa）；第三位数字表示焊条使用的焊接位置："0"、"1"均表示适用于全位置焊接，"2"表示适用于平焊和平角焊，"4"表示适用于向下立焊；第三、第四位数字组合表示焊接电流的种类和焊条药皮类型，如"03"表示交直流电源均可用钛钙型药皮。

焊条牌号是焊条行业统一的焊条代号，由于其发布较早，目前仍在使用。其表示方法为：以大写拼音字母或汉字表示焊条的类别，后面跟三位数字，前两位表示焊缝金属的性能，如强度、化学成分、工作温度等；第三位数字表示焊条药皮的类型和焊接电源。焊条牌号举例如下：

J422："J"表示结构钢焊条，"42"表示熔敷金属的抗拉强度（R_m）不低于 42 kgf/mm^2，"2"表示氧化钛钙型药皮，交流、直流电源均可使用。

Z248："Z"表示铸铁焊条，"2"表示熔敷金属主要化学成分的组成类型（铸铁），"4"是牌号编号，"8"表示石墨型药皮，交流、直流电源均可使用。

焊条药皮类型及焊接电源种类见表 4-4。

焊条的选用。焊条种类很多，各有其应用范围，选用是否恰当，对焊接质量、生产率、生产成本均有直接影响。选择焊条时，应遵循以下原则。

① 考虑母材的力学性能和化学成分。焊接低碳钢和低合金结构钢时，应根据焊件的抗拉强度选

择相应强度等级的焊条，即等强度原则；焊接耐热钢、不锈钢等材料时，则应选择与焊接件化学成分相同或相近的焊条，即同成分原则。

表 4-4　焊条药皮类型及焊接电源种类编号

编号	0	1	2	3	4	5	6	7	8	9
药皮类型	不规定酸性	氧化钛型酸性	氧化钛钙型酸性	钛铁矿型酸性	氧化铁型酸性	纤维素型酸性	低氢钾型碱性	低氢钠型碱性	石墨型	盐基型
电源种类	—	交直流	交直流	交直流	交直流	交直流	交流/直流反接	直流反接	交直流	直流反接

② 考虑结构的使用条件和特点。对于承受动载荷或冲击载荷的焊件，或结构复杂、大厚度的焊件，为保证焊缝具有较高的塑性和韧度，应选择碱性焊条。

③ 考虑焊条的工艺性。对于焊前清理困难，且容易产生气孔的焊件，应当选择酸性焊条；如果母材中含碳、硫、磷量较高，则应选择抗裂性较好的碱性焊条。

④ 考虑焊接设备条件。如果没有直流焊机，则只能选择交直流两用的焊条。

2. 焊接电弧与焊接过程

电弧是一种强烈而持久的气体放电现象。焊接电弧由阴极区、阳极区、弧柱区三个部分组成（见图 4-13）。阴极区发射电子，因而要消耗一定的能量，所产生的热量占电弧热的36%左右；在阳极区，由于高速电子撞击阳极表面并进入阳极区而释放能量，阳极区产生的热量较多，占电弧热的43%左右。用钢焊条焊接钢材时阴极区平均温度为 2400℃，阳极区平均温度为 2600℃。弧柱区的长度几乎等于电弧长度，热量仅占电弧热的21%，而弧柱区中心的温度可达 6000～8000℃。

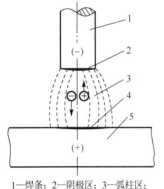

1—焊条；2—阴极区；3—弧柱区；
4—阳极区；5—工件

图 4-13　电弧的构成

焊接前，先将焊件和焊钳分别接到焊机输出端的两极并用焊钳夹持焊条；焊接时利用电弧热将焊件接头处的金属和焊条端部熔化而形成熔池。随着焊条的移动，新的熔池不断产生，原先的熔池则不断地冷却、结晶而形成焊缝，使原先分离的金属连成焊件。

3. 焊接工艺

（1）焊接接头与坡口形式

手工电弧焊焊接碳钢和低合金钢的基本焊接接头形式有对接接头、角接接头、搭接接头和 T 形接头四种（见图 4-14）。其中对接接头是焊接结构中使用最多的一种形式。接头上应力分布比较均匀，焊接质量容易保证，但对焊前准备和装配质量要求相对较高。角接接头便于组装，能获得美观的外形，但其承载能力较差，通常只起连接作用，不能用来传递工作载荷。T 形接头也是一种应用非常广泛的接头形式，在船体结构中约有 70%的焊缝采用 T 形接头，在机床焊接结构中的应用也十分广泛。搭接接头便于组装，常用于对焊前准备和装配要求简单的结构，但焊缝受剪切力作用，应力分布不均，承载能力较低，且结构重量大，不经济。

为保证厚度较大的焊件能够焊透，手工电弧焊板厚 6mm 以上对接时，一般要开设坡口。坡口除保证焊透外，还能起到调节母材金属和填充金属比例的作用，由此可以调整焊缝的性能。坡口形式有不开坡口（I 形坡口）、V 形坡口、双 V 形坡口、U 形坡口等（见图 4-14）。

（2）焊缝的空间位置

按施焊时焊缝所处的位置不同，焊缝可分为平焊缝、横焊缝、立焊缝和仰焊缝四种形式（见

图 4-15）。其中平焊缝是施焊操作最方便、焊接质量最容易保证的，因此在布置焊缝时应尽量使焊缝能在水平位置进行焊接。

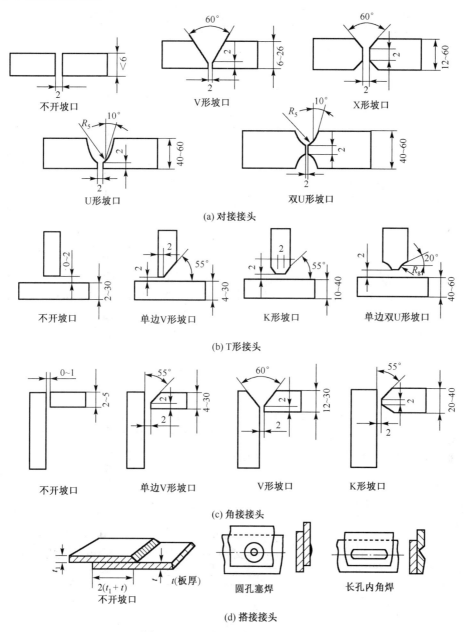

图 4-14　手工电弧焊接头及坡口形式

（3）焊接规范

焊接规范包括焊条直径、焊接电流、焊接速度、电弧长度等。

焊条直径主要取决于焊件的厚度，一般可按表 4-5 选择。

焊接电流根据焊条直径选取，平焊低碳钢时可根据焊条直径 d（mm），按下式：$I = (30 \sim 60)d$，初步确定焊接电流 I（A）后试焊调整。

焊接速度是指单位时间内完成的焊缝长度，一般在保证焊透的前提下尽可能增大焊接速度。

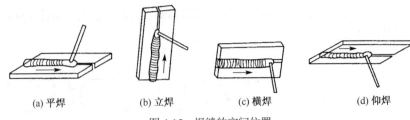

(a) 平焊　　　(b) 立焊　　　(c) 横焊　　　(d) 仰焊

图 4-15　焊缝的空间位置

表 4-5　焊条直径的选择　　　　　　　　　单位：mm

焊件厚度	2	3	4～7	8～12	>12
焊条直径	1.6，2.0	2.5，3.2	3.2，4.0	4.0，5.0	4.0～5.8

电弧长度是指焊芯端部与熔池之间的距离。电弧过长，燃烧不稳定且易产生缺陷。因此，操作时应尽量用短弧，一般电弧长度不能超过所选焊条直径。

4. 焊接操作技术

① 焊前清理。焊前应清除接头处的铁锈、油污，以便于引弧、稳弧和保证焊件质量。

② 引弧。引弧就是使焊条和工件之间产生稳定的电弧。引弧方法有敲击法和划擦法两种（见图 4-16）。焊接时，将焊条端部与焊件表面划擦或轻敲后迅速将焊条提起 2～4mm，电弧即被引燃。引弧时，焊条提启动作要快，以防粘在工件上。如发生粘条，可将焊条左右摇动后拉开，如拉不开，则需用焊钳松开焊条，切断电流再作处理；有时不能引弧，需检查工件接触（导电）是否良好、焊条端部是否包有药皮妨碍导电，如有则敲掉药皮。

③ 运条。焊接时须掌握好焊条与焊件之间的角度［见图 4-17(a)］并使焊条完成三个基本运动［见图 4-17(b)］：焊条以其熔化速度向下送进，以使弧长维持不变；焊条沿焊接方向前移；横向摆动，即焊条以一定的运动轨迹周期性向焊缝左右摆动，以获得一定宽度的焊缝。

④ 焊缝收尾。焊缝收尾时，为防出现尾坑，焊条应停止向前移动，而朝一个方向旋转，待弧坑填满后，自下而上慢慢地拉断电弧，以保证结尾处成型良好。

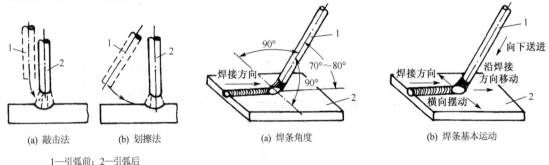

(a) 敲击法　　　(b) 划擦法

1—引弧前；2—引弧后

图 4-16　引弧方法

(a) 焊条角度　　　(b) 焊条基本运动

图 4-17　运条操作要求

4.2.2　气焊与气割

气焊是利用气体火焰作热源的焊接方法，最常用的是利用氧－乙炔火焰进行焊接。

与电弧焊相比，气焊的优点是设备简单，操作灵活方便，无须电源，但气焊火焰温度低、热量较分散，生产率低，工件变形严重，使其应用不如电弧焊广泛。气焊主要用于焊接厚度在 3mm 以下的薄钢板，铜、铝等有色金属，铸铁的补焊及野外作业等。

1. 焊接设备

气焊所用设备及管路连接如图 4-18 所示。

① 乙炔瓶。乙炔瓶是贮存溶解乙炔的装置，其内部装有浸满丙酮的多孔填充物，丙酮对乙炔有良好的溶解能力，可使乙炔安全而稳定地贮存其中。使用时，溶入丙酮中的乙炔不断逸出，压力降低，剩下的丙酮可供再次灌气使用。瓶体涂成白色并用红漆写上"乙炔"字样。乙炔瓶在搬运、使用时都应竖放，严禁卧放。

② 氧气瓶。氧气瓶是贮运高压氧气的容器，容积为 40L，最高压力为 14.7MPa，瓶体漆成天蓝色并用黑漆写上"氧气"字样。

③ 焊炬。焊炬是气焊时用于控制气体的混合比、流量及火焰并进行焊接的工具（见图 4-19）。工作时，先打开氧气阀门，后打开乙炔阀门，使两种气体在管内均匀混合，从焊嘴喷出点火燃烧。常用的焊炬型号有 H01－2 和 H01－6 等，型号中 H 表示焊炬，"0"表示手工，"1"表示射吸式，"2"和"6"分别表示可焊接低碳钢板的最大厚度为 2mm 和 6mm。一般各型号焊炬均配有 3～5 个直径不同的焊嘴，以便焊接不同厚度的焊件时选用。

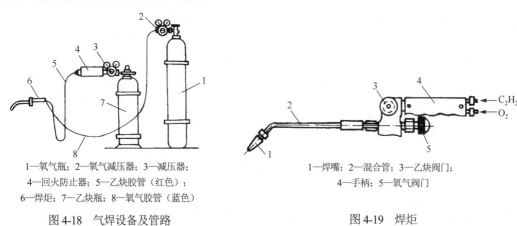

1—氧气瓶；2—氧气减压器；3—减压器；
4—回火防止器；5—乙炔胶管（红色）；
6—焊炬；7—乙炔瓶；8—氧气胶管（蓝色）

图 4-18　气焊设备及管路

1—焊嘴；2—混合管；3—乙炔阀门；
4—手柄；5—氧气阀门

图 4-19　焊炬

2. 焊接材料

① 焊丝。气焊焊丝主要起填充金属的作用，使用时需根据焊件厚度来选择，一般为 2～4mm。

② 焊剂。除低碳钢外，在气焊其他材料时要使用气焊焊剂，其作用是保护熔池金属并去除焊接过程中产生的氧化物。

3. 气焊火焰

通过改变乙炔和氧气的混合比例，可以得到三种不同的气焊火焰（见图 4-20）。

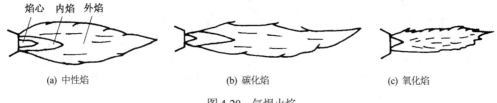

(a) 中性焰　　　　　　　　　(b) 碳化焰　　　　　　　　　(c) 氧化焰

图 4-20　气焊火焰

① 中性焰。氧与乙炔的混合比为 1.1～1.2 时燃烧所形成的火焰，称为中性焰，又称正常焰。它由焰心、内焰和外焰组成，靠近喷嘴处为白亮色的焰心，其次为蓝紫色内焰，最外层为橘红色外焰。

火焰在焰心前端约2～4mm处的内焰区温度最高，可达3150℃，焊接时应以此处来加热工件。中性焰适用于焊接低、中碳钢和合金钢、纯铜、铝合金等材料，是应用最为广泛的一种气焊火焰。

② 碳化焰。氧与乙炔的混合比小于1.1时的火焰称为碳化焰。由于氧气较少，燃烧不完全，整个火焰比中性焰长，火焰中含有游离碳，具有较强的还原作用和一定的渗碳作用。碳化焰用于焊接高碳钢、铸铁和硬质合金等材料。

③ 氧化焰。氧与乙炔的混合比大于1.2时的火焰称为氧化焰。由于氧气较多，燃烧剧烈，火焰明显缩短，焰心呈锥形，内焰几乎消失并伴有较强的嘶嘶声。氧化焰易使金属氧化，用途不广，仅用于焊接黄铜，以防止锌在高温时蒸发。

4．气焊操作技术

① 点火及调节火焰。点火时先把氧气阀门稍打开一点，然后打开乙炔阀门点燃火焰，再逐渐开大氧气阀门调节至所需火焰。点火时如有放炮声或者火焰点燃后即熄灭，应减少氧气或放掉不纯的乙炔后再点火。

② 平焊焊接。焊接时，右手握焊炬，左手拿焊丝。在焊接开始时，为尽快加热和熔化工件而形成熔池，焊炬倾角应大些，接近于垂直工件；正常焊接时，焊炬倾角 α 根据工件厚度决定，工件薄，倾角小；焊接结束时，倾角应小一些以便填满弧坑和避免烧穿（见图4-21）。

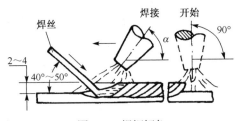

图4-21　焊炬倾角

焊炬向前移动的速度应能保证工件熔化并使熔池能保持一定的大小，工件熔化形成熔池后再将焊丝适量地点入熔池内熔化。

③ 熄火。焊完熄火时应先关乙炔阀门，再关氧气阀门以免发生回火。

5．气割

气割是利用气体火焰的热能将工件切割处预热到一定温度后，喷出高速切割氧流使其燃烧并放出热量实现切割的方法（见图4-22）。在切割过程中金属不熔化。

气割时用割炬（见图4-23）代替焊炬，与焊炬相比，割炬增加了输送切割氧气的管道和阀门。

气割操作不当易产生回火，回火时应立即关闭乙炔阀。

与其他切割方法相比，气割的优点是灵活方便，适应性强，生产率高，切口质量也相当好，但对材料的适用性有一定限制，广泛用于低碳钢和低合金钢的切割。

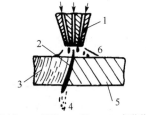

1—割嘴；2—氧流；3—割口；4—氧化物；
5—待切割金属；6—预热火焰

图4-22　气割

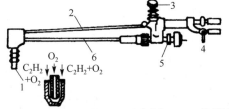

1—割嘴；2—切割氧气管；3—切割氧阀门；4—乙炔阀门；
5—预热氧阀门；6—混合气体管

图4-23　割炬

4.2.3　其他焊接方法

其他常用焊接方法的工艺过程、工艺特点及适用范围见表4-6。

表 4-6 其他常用焊接方法

焊接方法			焊接过程	工艺特点	适用范围
熔焊	埋弧自动焊		焊剂从漏斗中流出,均匀堆敷在焊件表面,焊丝由送丝机构自动送进,经导电嘴进入电弧区,电弧在颗粒状焊剂层下燃烧,焊剂熔化形成熔渣,工件与焊丝熔化成较大体积的熔池并被熔渣覆盖,熔渣起隔绝空气保护熔池的作用及阻挡弧光对外辐射和金属飞溅,焊机带着焊丝匀速前移(或焊机不动,工件匀速运动),熔池金属被电弧气体排挤向后堆积形成焊缝	生产率比手弧焊高 5~20 倍,焊接质量好,劳动条件好	水平位置的长直焊缝和直径>250mm 的环焊缝,焊接的钢板厚度一般为6~60mm,适宜焊接钢、镍合金、铜合金等,不能焊接铝、钛等活泼金属及其合金
	钨极氩弧焊		以高熔点的钍(或铈)钨棒作电极,利用电弧热熔化金属,氩气经喷嘴进入电弧区将电极、焊件、焊丝端部与空气隔开。因钨的熔点高达 3410℃,焊接时钨棒基本不熔化,仅起电极导电作用	焊缝金属纯净,焊接过程稳定,明弧操作,易实现机械化、自动化,焊缝成型好	焊接非铁合金、不锈钢、钛及钛合金等材料的3mm 以下薄板
	熔化极氩弧焊		用焊丝作电极及填充金属,焊丝与焊件之间产生电弧,并不断熔化,形成很细小的熔滴,以喷射形式进入熔池,与熔化的母材一起形成焊缝	与钨极氩弧焊相比,没有电极烧损问题,焊接电流的范围大大增加,可以焊接中厚板	高合金钢、化学性质活泼的金属如铝、铜、钛、锆它们的合金等
	CO_2 气体保护焊		与熔化极氩弧焊相近,只是通入的保护气为 CO_2	成本低,生产率高,焊缝氢含量低,焊接接头的抗裂性好	低碳钢和低合金结构钢
	电渣焊		接头处于垂直位置,将颗粒状焊剂装入接头空间,焊丝在引弧板上引燃电弧,焊剂熔化形成渣池,当渣达到一定深度时,电弧被淹没而熄灭,电流通过渣池产生电阻热,使渣池温度达 1700~2000℃,焊丝和焊件边缘迅速熔化而形成熔池。随着熔池液面的升高,底部结晶形成焊缝	生产率高,成本低,熔池保护严密,不易产生气孔、夹渣等缺陷,但在焊缝及热影响区容易过热形成粗大组织,须焊后用正火消除;只能以立焊方式进行	重型机械制造业中,制造锻—焊结构件和铸—焊结构件,焊件厚度为40~450mm,材料为碳钢、低合金钢、不锈钢等
压焊	点焊		工件搭接后置于柱状电极间,通电加压,由于工件接触处电阻较大而迅速加热并局部熔化形成熔核,熔核周围为塑性状态,然后在压力的作用下熔核结晶形成焊点	生产率高,焊接变形小,无须填充金属和焊剂,成本低,操作简单,劳动条件好	4mm 以下的薄板冲压壳体结构及钢筋结构的焊接,尤其是汽车和飞机制造
	缝焊		采用滚盘作电极,边焊边滚,相邻两个焊点部分重合,形成一条密封性的连续焊缝		3mm 以下有气密性要求的薄板结构
	对焊	电阻对焊	先加预压,使两焊件的端面紧密接触,再通电加热,接触处升温至塑性状态,然后断电同时施加顶力,使接触处产生一定的塑性变形而焊合	操作简单,接头外观光滑、毛刺小,但对焊件端面加工和清理要求较高	碳钢、纯铝等断面简单、截面积小于 250mm² 和强度要求不高的杆件对接
		闪光对焊	接通电源,使焊件端面接触,利用电阻热使接触点迅速熔化,产生闪光,至端面达到均匀半熔化状态,并在一定范围内形成一塑性层,而且多次闪光将端面的氧化物清除干净时,断电并加压顶锻,挤出熔化层,并产生大量塑性变形而使焊件焊合	工件端面氧化物与杂质会被闪光火花带出或随液体金属挤出,接头中夹杂少,质量高,且焊前对端面清理要求不高	重要杆状件对接
	摩擦焊		利用焊件接触端面相互摩擦所产生的热,使端面达到热塑性状态,然后迅速加顶锻力,实现焊接	焊接质量稳定,焊件尺寸精度高,生产率高,加工费用低,易实现机械化和自动化	异种金属、圆形截面工件的对接
钎焊	软钎焊		用熔点低于母材的合金作钎料,加热时钎料熔化,并靠润湿作用和毛细作用填满并保持在接头间隙内,而母材处于固态,依靠液态钎料和固态母材间的相互扩散形成钎焊接头。钎料熔点低于 450℃时为软钎焊;钎料熔点高于 450℃时称为硬钎焊	对母材性能影响小,焊接应力和变形小,可焊接异种金属,能同时完成多条焊缝,接头外形好,设备投资少。但接头强度较低,耐热性差	电子产品、电机、电器和汽车配件
	硬钎焊				受力较大的钢和铜合金工件,以及工具

第5章 机械加工

5.1 机械切削加工基础知识

切削加工是指用刀具从毛坯表面切去多余金属，以获得符合图样规定的尺寸精度、形状精度、位置精度及表面粗糙度的合格零件。机械加工主要由操作者操纵机床对工件进行切削加工。机械加工主要有车削、铣削、刨削、磨削等。

5.1.1 切削运动与切削用量

1. 切削运动

在切削过程中，为完成各类零件的加工，刀具和工件之间必定有相对运动，即切削运动。切削运动包括主运动和进给运动。

主运动是指由机床或人力提供的主要运动。它促使刀具和工件之间产生相对运动，从而使刀具（前面）接近工件。通常，主运动的速度最高，消耗机床的动力也最多。各种机床必须有且只有一个主运动。

进给运动是指由机床或人力提供的运动。它使刀具和工件之间产生附加的相对运动，加上主运动，即可间断地或连续地切除工件上多余的金属并得到具有所需几何特征的已加工表面。通常，进给运动的速度较低，消耗机床的动力也较少。各种机床可以有一个或几个进给运动，也可以没有进给运动。

2. 切削用量

（1）切削用量的概念

切削速度（v_c）、进给量（f）和背吃刀量（a_p）总称为切削用量。车削加工时的切削用量如图 5-1 所示。

切削速度指主运动的线速度。即在单位时间内，工件和刀具沿主运动方向上移动的距离。当主运动是旋转运动时：

$$v_c = \frac{\pi Dn}{1000}(\text{m/min}) = \frac{\pi Dn}{1000 \times 60}(\text{m/s})$$

式中，D 为工件待加工面直径（mm）；n 为工件每分钟的转速（r/min）。

当主运动是往复直线运动时：

$$v_c = \frac{2Ln_r}{1000 \times 60}(\text{m/s})$$

式中，L 为往复运动的行程长度（mm）；n_r 为每分钟的往复次数（次/min）。

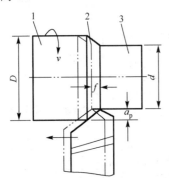

1—待加工表面；2—过渡表面；3—已加工表面

图 5-1 切削用量示意图

进给量是指刀具在进给运动方向上相对工件的位移量（mm/r 或 mm/次）。

背吃刀量（切削深度）是指工件待加工面与加工面之间的垂直距离（mm），车外圆时：

$$a_p = \frac{D - d}{2}(\text{mm})$$

式中，*D*、*d* 分别为工件待加工表面和已加工表面的直径（mm）。

（2）切削用量的选择

合理选择切削用量与提高生产率和加工质量有着密切关系。切削用量选择的基本原则如下。

粗加工时，应当在单位时间内切除尽量多的加工余量，使工件接近于最终的形状和尺寸。所以，在机床刚度及功率允许时，首先选择大的背吃刀量 a_p，尽量在一次走刀过程中切去大部分多余金属，其次是取较大的进给量 *f*，最后选取适当的切削速度 v_c。

精加工时，应当保证工件的加工精度和表面粗糙度。此时加工余量小，一般先选取小的 a_p 和 *f*，以降低表面粗糙度值，然后再选取较高或较低的切削速度 v_c。

5.1.2　常用量具及其使用方法

量具是用来测量加工出的零件是否符合图样要求的工具。由于被测量零件的尺寸、形状各异，需测量的项目较多，量具的种类相应也很多，此处介绍几种常用量具及其用法。

1. 游标卡尺

游标卡尺可以直接测量出工件的外径、内径、宽度、深度等。它是一种精密的量具，按测量读数精度分有 0.1mm、0.05mm 和 0.02mm 等规格，按测量范围分有 0～125mm、0～300mm 等规格。图 5-2 所示为测量读数值为 0.02mm 的游标卡尺，图 5-3 所示为用游标卡尺测量的操作方法。

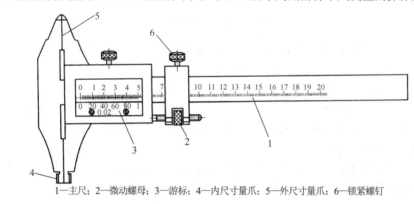

1—主尺；2—微动螺母；3—游标；4—内尺寸量爪；5—外尺寸量爪；6—锁紧螺钉

图 5-2　游标卡尺

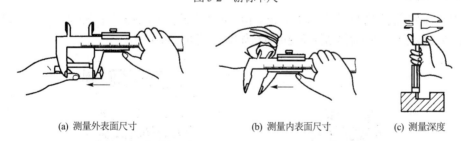

(a) 测量外表面尺寸　　　(b) 测量内表面尺寸　　　(c) 测量深度

图 5-3　用游标卡尺测量的操作方法

游标卡尺的测量尺寸由整毫米数和小数两部分组成，具体读数方法如下。

① 整毫米数。尺身上游标 0 位以左的整数。

② 小数。游标上与主尺刻度线对准的刻度数乘以数值（如测量数值为 0.1mm、0.05mm、0.02mm 的游标卡尺对应乘以 0.1、0.05、0.02）。

使用游标卡尺的注意事项如下。

① 使用前先擦净内外尺寸量爪，再将两量爪贴紧，检查尺身和游标的零线是否重合，若不重合，应在测量后修正读数。

② 测量时量爪逐渐靠近工件表面，直至轻微接触，若量爪用力夹紧工件会使量爪变形或磨损。测量时还应使尺框和内外量爪放正，否则测量不准。

③ 被测工件表面应光滑，若工件表面粗糙或测量时工件仍在运动，会加速量爪的磨损。

2. 千分尺

千分尺分为外径千分尺、内径千分尺及深度千分尺等，测量值为 0.01mm。千分尺及其组成部分如图 5-4 所示。

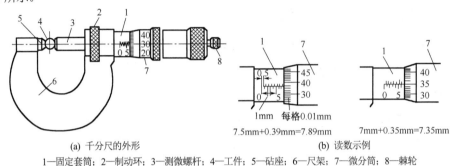

(a) 千分尺的外形　　　　　　　　　　　　　(b) 读数示例

1—固定套筒；2—制动环；3—测微螺杆；4—工件；5—砧座；6—尺架；7—微分筒；8—棘轮

图 5-4　千分尺及其组成

千分尺的测量尺寸由 0.5mm 的整数倍和小于 0.5mm 的小数两部分组成。

① 0.5mm 的整数倍。固定套筒上距离微分筒边线最近的刻度数。

② 小于 0.5mm 的小数。微分筒上与固定套筒中线重合的圆周刻度数乘以 0.01。

使用千分尺的注意事项如下。

① 使用前将千分尺砧座和测微螺杆擦净，再将两者接触，看圆周刻度零线是否与中线零点对齐，若不对齐，在测量后修正读数。

② 测量时，先旋转微分筒使螺杆快接触上工件，再改用端部棘轮，当听到"喀喀"的打滑声时，停止拧动。否则会使螺杆弯曲或测量面磨损。另外，工件一定要放正。

3. 卡规与塞规

卡规是测量外径或厚度的量具，塞规是测量内径或槽宽的量具。成批大量生产时使用卡规和塞规，测量准确、方便。卡规和塞规的结构及使用方法如图 5-5 和图 5-6 所示。

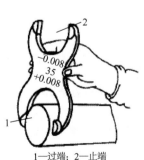

1—过端；2—止端

图 5-5　卡规及其使用

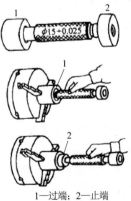

1—过端；2—止端

图 5-6　塞规及其使用

卡规和塞规都有过端和止端。如测量时，能通过过端，不能通过止端，则工件在公差范围内，工件合格。卡规的过端尺寸等于工件的最大极限尺寸，而止端尺寸等于工件的最小极限尺寸。塞规的过端尺寸等于工件的最小极限尺寸，而止端尺寸等于工件的最大极限尺寸。

4．百分表

百分表是将测量杆的直线位移转变为角位移的高精度的量具，主要用于检验零件的形状、位置误差，校正工件的安装位置。如图 5-7 所示为百分表及其安装示意图。

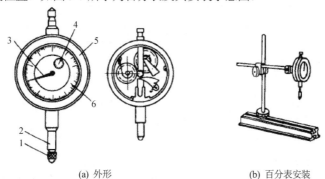

(a) 外形　　　　　　　　　　　(b) 百分表安装

1—测量头；2—测量杆；3—长指针；4—短指针；5—表壳；6—刻度盘

图 5-7　百分表及其安装示意图

百分表的测量尺寸由整毫米数和小数两部分组成，具体读数方法如下。

① 整毫米数。短指针转过的刻度数。

② 小数。长指针转过的刻度数乘以 0.01mm。

使用百分表的注意事项如下。

① 使用前应检验测量杆活动是否灵活。

② 使用时常装于专用的百分表尺架上，保证测量杆与被测的平面或圆的轴线垂直。

③ 被测工件表面应光滑，测量杆的行程应小于测量范围。

5.1.3　零件加工质量及检测

零件的加工质量包括零件几何精度和零件表面层的物理力学性能。

1．零件几何精度

零件几何精度是指零件加工后的实际几何参数（尺寸、形状和位置）和理想几何参数相符合的程度。精度等级的高低用公差值的大小来表示。

（1）尺寸精度及其检验

尺寸精度是指实际零件的尺寸和理想零件的尺寸相符合的程度，即尺寸准确的程度。尺寸精度是由尺寸公差（简称公差）控制的。同一基本尺寸的零件，公差值的大小就决定了零件的精确程度，公差值小的，精度高；公差值大的，精度低。

尺寸精度常用游标卡尺、百分尺等来检验。若测得尺寸在最大极限尺寸与最小极限尺寸之间，零件合格。若测得尺寸大于最大实体尺寸，零件不合格，需进一步加工。若测得尺寸小于最小实体尺寸，零件报废。

（2）形位精度及其检验

零件的形状精度是指一表面的实际形状与理想形状相符合的程度。位置精度是指零件点、线、面的实际位置与理想位置相符合的程度。表面形状和位置的精度用形位公差来控制。形位公差的项目及其符号见表 5-1。

表 5-1　形位公差项目及其符号

形状公差项目	直线度	平面度	圆度	圆柱度	线轮廓度	面轮廓度
符号	—	▱	○	⌭	⌒	⌓

位置公差项目	平行度	垂直度	倾斜度	同轴度	对称度	位置度	圆跳动	全跳动
符号	//	⊥	∠	◎	≡	⊕	↗	↗↗

常用形位精度的检验方法如下。

① 直线度。在平面上给定方向的直线度公差带是在该方向上距离为公差值的两平行直线之间的区域。直线度检测方法如图 5-8 所示，将刀口形直尺沿给定方向与被测平面接触，并使两者之间的最大缝隙为最小，测得的最大缝隙即为此平面在该素线方向的直线度误差。当缝隙很小时，可根据光隙估计；当缝隙较大时可用塞尺测量。

② 平面度。距离为公差值的两平行平面之间的区域为平面度公差带。平面度检测方法如图 5-9 所示，将刀口形直尺与被测平面接触，在各个方向检测，其中最大缝隙的读数值即为平面度误差。

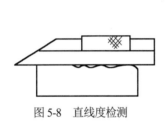

图 5-8　直线度检测

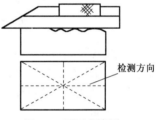

图 5-9　平面度检测

③ 平行度。当给定一个方向时，平行度公差带是距离为公差值，且平行于基准面（或线）的两平行面（或线）之间的区域。平行度检测方法如图 5-10 所示，将被测零件放置在平板上，移动百分表，在被测表面上按规定测量线进行测量，百分表最大与最小读数之差值，即为平行度误差。

④ 垂直度。当给定一个方向时，垂直度公差的公差带是距离为公差值，且垂直于基准面（或线）的两平行平面（或线）之间的区域。垂直度检测方法如图 5-11 所示，将 90°角尺宽边贴靠基准 A，测量被测平面与 90°角尺窄边之间的缝隙，方法同直线度误差的测量，最大缝隙即垂直度误差。

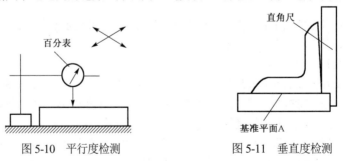

图 5-10　平行度检测　　　　　图 5-11　垂直度检测

2. 表面结构

零件的表面结构用表面粗糙度来评定。任何方法加工，由于刀痕及振动、摩擦等原因，都会在工件表面留下凹凸不平的波峰波谷现象。这些微小峰谷的高低程度和间距状况就是零件的表面粗糙度。

最常用的评定表面粗糙度的参数是轮廓算术平均偏差 Ra，其单位为 μm。

检验粗糙度的方法主要有标准样板比较法（不同的加工法有不同的标准样板）、显微镜测量计算法等。在实际生产中，最常用的检测方法是标准样板比较法。比较法是将被测表面对照粗糙度样板，用肉眼判断或借助于放大镜、比较显微镜进行比较；也可以用手摸、指甲划动的感觉来判断表面粗糙度。选择表面粗糙度样板时，样板材料、表面形状及制造工艺应尽可能与被测工件相同。

5.2　车削加工

5.2.1　车削加工概述

在车床上用车刀进行的切削加工称为车削加工（见图 5-12）。车削通过使工件做旋转运动（主运动），刀具作直线移动（进给运动），对工件进行切削加工。车床可以加工各种零件的回转表面，还可以绕制弹簧等。车削加工零件的尺寸公差等级为 IT11～IT7，表面粗糙度 Ra 为 12.5～0.8μm。车工是机械加工中最常用、最基本的工种。

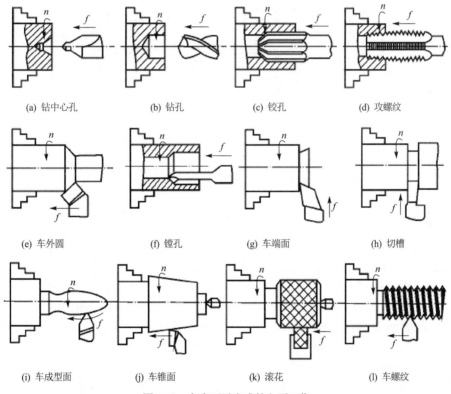

(a) 钻中心孔	(b) 钻孔	(c) 铰孔	(d) 攻螺纹
(e) 车外圆	(f) 镗孔	(g) 车端面	(h) 切槽
(i) 车成型面	(j) 车锥面	(k) 滚花	(l) 车螺纹

图 5-12　车床可以完成的主要工作

5.2.2　车床与车刀

车床的种类有很多，按其结构特点和用途可分为：普通车床、立式车床、转塔车床、仪表车床、数控车床及自动、半自动车床等多种类型。本章以应用最广泛的卧式车床为重点，介绍车床的结构及车削加工方法。

1．车床

（1）车床的编号

车床均用汉语拼音字母和数字，按一定的规律进行编号，以表示车床的类型和主要规格。例如车床编号 C6132 中，字母和数字的含义为：C（车床类）、6（落地及卧式车床组）、1（卧式车床系）、32（最大车削直径为 320mm）。

（2）车床的各组成部分及其作用

C6132 型卧式车床的结构如图 5-13 所示。它由以下主要部件组成。

床身：用来支承和连接车床上各个部件。床身上有 4 条精确的导轨，床鞍和尾座可沿导轨移动。床身由床脚支承并用螺栓固定在地基上。

变速箱：用于改变主轴的转速。有的机床（如 CA6140）主轴变速机构都放在主轴箱内。

主轴箱（床头箱）：用于支承主轴，由主轴带动工件旋转。通过主轴箱内的变速机构，可改变主轴的转速和转向。主轴的右端有外螺纹和锥孔，可安装卡盘、花盘和顶尖等夹具，用来夹持工件。

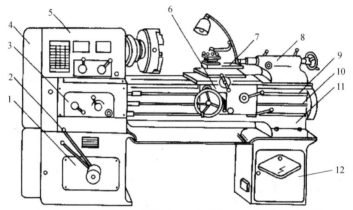

1—变速箱；2—变速手柄；3—进给箱；4—挂轮箱；5—主轴箱；6—溜板箱；
7—刀架；8—尾座；9—丝杠；10—光杠；11—床身；12—床腿

图 5-13　C6132 型卧式车床

进给箱（走刀箱）：将主轴的旋转运动经过挂轮架上的齿轮传给光杠或丝杠。通过其内部的齿轮变速机构可改变光杠和丝杠的转速，使刀具获得不同的进给量。

溜板箱（托板箱）：把光杠或丝杠的运动传给刀架。接通光杠时，可使刀架作纵向或横向进给。接通丝杠和闭合对开螺母可车削螺纹。溜板箱中设有互锁机构，使两者不能同时使用。

刀架：用来夹持车刀和实现进给运动。它由大刀架、横刀架、转盘、小刀架和方刀架组成（见图 5-14）。

大刀架（纵溜板）：与溜板箱连接，带动车刀沿床身导轨作纵向移动。

横刀架（横溜板）：沿纵溜板上的导轨作横向移动。

转盘：与横溜板用螺钉固定。松开螺钉，转盘可在水平面内扳转任意角度。

小刀架（小滑板）：可沿转盘上面的导轨作短距离手动进给。将转盘扳转一定角度后，可利用小刀架作斜向进给车短锥面。

方刀架：固定在小刀架上，可同时装夹四把车刀。换刀时只需将方刀架旋转 90°，固定后即可继续切削。

尾座（尾架）（见图 5-15）：用来安装顶尖、钻头和铰刀等。松开固定螺钉 7，它可沿床身导轨作纵向移动。通过尾座体上的调节螺钉，可使尾座体做少量横向移动（偏离导轨中心线），用此法可车削小角度长锥面。

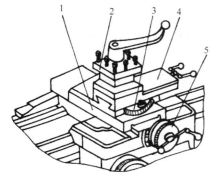

1—横刀架；2—方刀架；3—转盘；4—小刀架；5—大刀架

图 5-14　刀架的组成

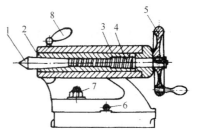

1—顶尖；2—套筒；3—尾座体；4—螺杆；5—手轮；
6—调节螺钉；7—固定螺钉；8—套筒锁紧手柄

图 5-15　尾座的构造

松开尾座上的套筒锁紧手柄 8，转动手轮 5，可使尾座体内的套筒 2 做轴向移动。在车床上钻孔或攻螺纹时，转动手轮 5 即可实现刀具的手动进给。若将套筒退缩到尾座体内，螺杆 4 即可把装入尾座套筒锥孔内的顶尖 1 顶出。

（3）C6132 车床的主要技术规格及用途

C6132 车床是一种转速高、通用性好、结构合理的普通车床。主轴箱结构采用分离驱动，把主轴和变速系统分开，可减小主轴的振动，减小主轴箱的热变形，有利于提高机床的精度。进给系统有安全互锁装置，变速采用联动操纵机构，因而使用方便而且安全可靠。

C6132 车床车削工件的最大直径为 320mm，两顶尖最大距离为 750mm，主轴转速有 12 级（最高为 1980r/min，最低为 45r/min），纵向进给量为 0.06～3.34mm/r，横向进给量为 0.04～2.47mm/r，可车削 17 种公制螺纹（螺距为 0.5～9mm）和 32 种英制螺纹（38～2 牙/英寸），电动机功率为 4.5kW，转速为 1440r/min。

（4）C6132 车床的传动系统

C6132 型卧式车床传动系统图如图 5-16 所示。

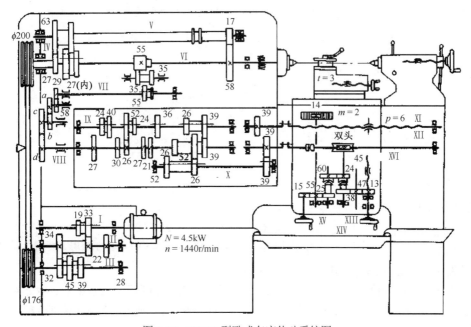

图 5-16　C6132 型卧式车床传动系统图

① 主运动传动系统。

主运动是由电动机至主轴之间的传动系统来实现的。其传动线路为：电动机→变速箱→带轮→主轴箱→主轴。主运动传动路线表达式可写成：

$$\text{电动机-I-}\begin{Bmatrix}33/22\\19/34\end{Bmatrix}\underbrace{\text{-II-}\begin{Bmatrix}34/32\\28/39\\22/45\end{Bmatrix}}_{\text{变 速 箱}}\underbrace{\text{-III-}\phi176/\phi200\text{-IV-}}_{\text{V 带 轮}}\underbrace{\begin{Bmatrix}27/63\text{-V-}17/58\\27/27\end{Bmatrix}}_{\text{主 轴 箱}}\text{-VI（主轴）}$$

电动机将输出的转速传入变速箱中的轴 I，轴 I 和轴 III 上的滑移齿轮与轴 II 上的齿轮啮合，可输出 6 种不同的转速；再经过 V 形带轮 $\phi176$mm 和 $\phi200$mm 把运动传至主轴箱内。当主轴箱内的内齿轮离合器向右时（如图 5-16 所示位置），IV 轴上的齿轮 27 与 V 轴上的齿轮 63 啮合，V 轴上齿轮 27 与轴 VI（主轴）上齿轮 58 啮合，主轴可获得 6 种低转速。若将轴 VI 上的内齿轮 27 向左移动与轴 IV 上的齿轮 27 啮合（此时轴 V 上的齿轮 63 与轴 IV 上的齿轮 27 自动脱开），就可把 IV 轴的运动直接传给主轴 VI，使主轴获得 6 种高转速。这 12 种转速均可根据电动机的转速和不同传动路线上相啮合的齿轮齿数计算求得。按图 5-16 所示的情况，主轴的转速为：

$$n_{\text{主}}=1440\times\frac{33}{22}\times\frac{34}{32}\times\frac{176}{200}\times0.98\times\frac{27}{63}\times\frac{17}{58}\text{r/min}=248\text{r/min}$$

同理可算出主轴的最高转速为：

$$n_{\text{主max}}=1440\times\frac{33}{22}\times\frac{34}{32}\times\frac{176}{200}\times0.98\text{r/min}=1980\text{r/min}$$

车削加工时，可把切削速度换算成主轴的转速，按车床上标出的转速指示牌调整变速手柄和主轴箱内齿轮离合器手柄的位置，直接获得需要的转速。

通过电动机换向手柄还可以使主轴反向旋转。

② 进给运动传动系统。

进给运动是由主轴至刀架之间的传动系统来实现的。其传动路线为：

$$\text{主轴}\longrightarrow\text{挂轮箱}\longrightarrow\text{进给箱}\begin{Bmatrix}\text{丝杠}\\\text{光杠}\end{Bmatrix}\longrightarrow\text{溜板箱}\longrightarrow\text{刀架}$$

进给运动传动路线表达式可写成：

$$\text{主轴VI}\underbrace{\begin{Bmatrix}55/55\\55/35\text{-}35/55\end{Bmatrix}}_{\text{（变向机构）}}\text{-VII-}\frac{29}{58}\text{-}\frac{z_1z_3}{z_2z_4}\text{-XIII-}\begin{Bmatrix}27/24\\30/40\\26/52\\27/24\\21/36\end{Bmatrix}\text{-IX-}\underbrace{\begin{Bmatrix}26/52\times26/52\\39/39\times52/26\\26/52\times52/26\\39/39\times26/52\end{Bmatrix}}_{\text{（倍增机构）}}\text{-}$$

$$\text{X-}\begin{Bmatrix}39/39\text{-XI（丝杠}P=6\text{）车螺纹}\\39\Big/39\text{-XII（光杠）-}2\Big/45\text{-XIII-}\begin{cases}24/60\text{-XIV-离合器（左）-}25/55\text{-XV（齿轮齿条）-纵向自动进给}\\\text{离合器（右）-}38/47\times47/13\text{-XVI（丝杠螺母）-横向自动进给}\end{cases}\end{Bmatrix}$$

操纵左边和右边的手轮，可以实现纵向和横向的手动进给。

采用车床自动进给时，靠调整进给箱上的两个手柄的位置而得到所需的进给量。当交换齿轮一定时，两手柄配合使用，可得到 20 种进给量。改用不同的交换齿轮，则可得到更多种进给量，详见进给量标牌。

（5）车床上工件的安装

在车床上安装工件应使被加工表面的轴线与车床的主轴回转轴线重合，保证工件处于正确的位置；同时夹紧工件，以保证加工质量和工作安全。

① 用三爪卡盘（见图 5-17）装夹工件。

用卡盘扳手插入任何一个方孔内，顺时针转动小伞齿轮，与它啮合的大伞齿轮将随之转动，大伞齿轮背面的方牙平面螺纹即带动三个卡爪同时移向中心，卡紧工件。扳手反转，卡爪即松开。由于三爪卡盘的三个卡爪是同时移动自行对中的，故适宜夹持圆形和正六边形截面的工件。反三爪用以夹持直径较大的工件。由于制造误差和卡盘零件的磨损以及屑末堵塞等原因，三爪卡盘对中的准确度为 0.05～0.15mm。

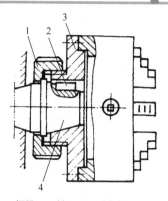

1—螺母；2—键；3—三爪卡盘；4—主轴

图 5-17　三爪卡盘的结构

三爪卡盘与 C6132 车床主轴连接的结构如图 5-18 所示。主轴前端的外锥面与卡盘后盘的锥孔相配合起对中作用，键用以传递扭矩，螺母对卡盘进行轴向锁紧。

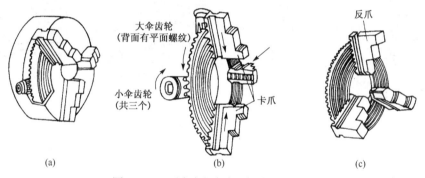

(a)　　　　　　　(b)　　　　　　　(c)

图 5-18　三爪卡盘与车床主轴连接的结构

三爪卡盘安装工件的形式如图 5-19 所示。夹持圆钢棒料 ［见图 5-19(a)］ 比较稳定牢固，一般也无须找正。利用卡爪反撑内孔 ［见图 5-19(b)］ 以及反爪夹持工件大外圆 ［见图 5-19(e)］ 时，一般应使端面贴紧卡爪端面。当夹持工件外圆而左端又不能贴紧卡盘时 ［见图 5-19(d)］，应对工件进行找正。一般先轻轻夹紧工件，用手扳动卡盘，靠目测或划针盘找正，用小锤轻击，直至工件径向和端面跳动符合加工要求时，再进一步夹紧。件数较多时，为了减少找正时间，可在工件与卡盘之间加一平行垫块，用小锤轻击，使之贴平即可。

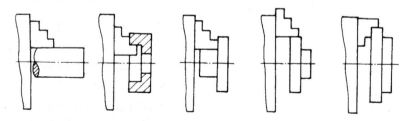

(a) 夹持棒料　(b) 用卡爪反撑内孔　(c) 夹持小外圆　(d) 夹持大外圆　(e) 用反爪夹持工件大外圆

图 5-19　三爪卡盘安装工件

卡盘安装工件的注意事项如下。

（a）毛坯上的飞边、凸台应避开卡爪的位置。

（b）卡盘夹持的毛坯外圆面长度一般不要小于 10mm，不宜夹持长度较短又有明显锥度的毛坯外圆。

（c）工件找正后必须夹牢。

（d）夹持棒料和圆筒形工件，悬伸长度一般不宜超过直径的 3～4 倍，以防止工件弯曲变形过大；防止工件被车刀顶弯、顶落，造成打刀等事故。

（e）安装工件后，卡盘扳手必须随即取下，以防开车后扳手撞击床面后"飞出"，造成事故。

② 用四爪卡盘装夹工件。

四爪卡盘具有四个对称分布的卡爪（见图 5-20），每个卡爪均可独立移动。工件的旋转中心可通过分别调整四个卡爪来确定。四爪卡盘的夹紧力比三爪卡盘大，适用于装夹截面为方形、长方形、椭圆形或其他不规则形状的工件，也可将圆形截面工件偏心安装来加工出偏心轴或偏心孔。有时也用四爪卡盘装夹工件来加工外圆、内孔和端面。

用四爪卡盘装夹工件时，一般可用划针按工件上划出的加工线或基准线（如外圆、内孔等）找正工件的旋转中心 [见图 5-21(a)]。当工件安装精度要求较高时，可用百分表找正 [见图 5-21(b)]。

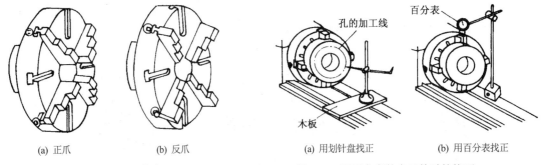

（a）正爪　　　　（b）反爪　　　　　　　（a）用划针盘找正　　（b）用百分表找正

图 5-20　四爪卡盘　　　　　　图 5-21　四爪卡盘装夹工件时的找正

③ 用顶尖装夹工件。

顶尖的种类和形状如图 5-22 所示。

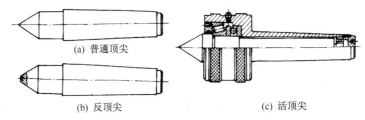

（a）普通顶尖

（b）反顶尖　　　　　　　（c）活顶尖

图 5-22　顶尖的种类和形状

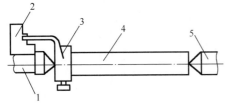

1—前顶尖；2—卡爪；3—卡箍；4—工件；5—后顶尖

图 5-23　用顶尖安装轴类工件

在车床上用顶尖安装轴类工件的方法如图 5-23 所示。

用顶尖安装工件前，应用中心钻在工件两端加工出中心孔（见图 5-24）。中心钻的 60°锥面是和顶尖相配合的，前面的小圆柱孔是为了保证顶尖与锥面能紧密接触，并可储存润滑油。双锥面中心孔的 120°锥面称为保护锥面，用于防止 60°锥面被碰坏。

安装工件时，先把前顶尖（用死顶尖）安装在主轴锥孔或三爪卡盘中，把后顶尖（多用活顶尖，以减小顶尖孔的磨损）安装在尾座套筒中，然后移动尾座，使前后顶尖靠拢，调整尾座两侧的调节螺钉使两顶尖轴线重合（见图 5-25）。

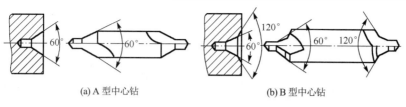

(a) A 型中心钻　　　　　　　　　　　(b) B 型中心钻

图 5-24　中心孔及其所用的中心钻

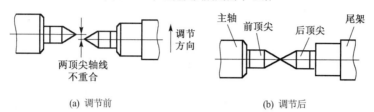

(a) 调节前　　　　　　　　　　　(b) 调节后

图 5-25　顶尖的调节校正方法

　　若两顶尖轴线不重合，安装在顶尖上的工件与车刀进给方向不平行，加工后的工件会出现锥度（见图 5-26）。生产中有时也用这种方法来加工带锥度的零件。

　　调整好顶尖后，应在工件靠主轴的一端装上卡箍（又称鸡心夹头），并用螺钉固定，再把工件置于两顶尖之间，使卡箍的弯尾插入拨盘或卡盘的凹槽或孔内，由拨盘或卡盘通过卡箍的弯尾带动工件随主轴旋转。用顶尖安装工件可省去定位找正等工作，且装卸方便，重复安装精度高。

　　④ 中心架和跟刀架的应用。

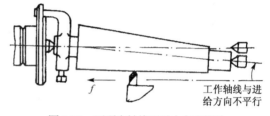

图 5-26　两顶尖轴线不重合车出锥体

　　车削细长轴类零件（长径比大于 10）时，为了防止车刀顶弯工件和避免振动，常用中心架和跟刀架来增加工件的刚性。

　　车削时，中心架固定在床身导轨上，起固定支承作用（见图 5-27）；跟刀架则是装在横溜板上随刀架一起移动的，起活动支承作用（见图 5-28）。由于中心架和跟刀架一般都以已加工表面作为支承面，所以为防止磨损，应加机油进行润滑。

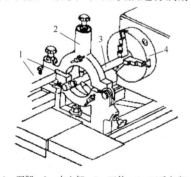

1—刀架；2—中心架；3—工件；4—三爪卡盘

图 5-27　中心架及其应用

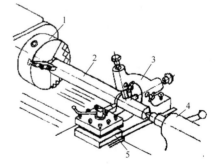

1—三爪卡盘；2—工件；3—跟刀架；4—尾架；5—刀架

图 5-28　跟刀架及其应用

　　⑤ 用心轴安装工件。

　　对某些同轴度要求较高的盘套类零件，可采用心轴安装进行加工。这有利于保证零件外圆与内孔的同轴度和端面与孔的垂直度。如图 5-29 所示为心轴安装工件的示例。

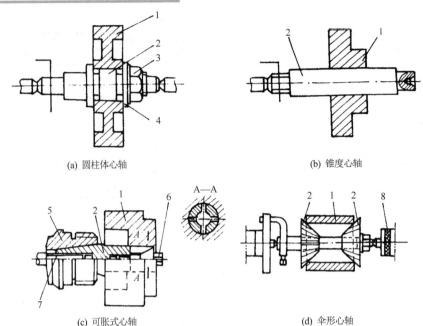

(a) 圆柱体心轴　　　　　　　　　　　　　(b) 锥度心轴

(c) 可胀式心轴　　　　　　　　　　　　　(d) 伞形心轴

1—工件；2—心轴；3—螺母；4—垫圈；5—车床主轴；6—锥形螺杆；7—拉紧螺杆；8—活顶尖

图 5-29　心轴安装工件

用心轴安装工件时，应先对工件的孔进行精加工（IT9～IT7），然后以孔定位，把零件安装在心轴上，再把心轴安装在前、后顶尖之间以加工端面和外圆。

当工件上孔的深度小于其孔径时，可采用带压紧螺母的圆柱体心轴安装［见图 5-29(a)］。这种心轴可承受较大的切削力，但对中准确度比锥度心轴差。当工件的深度大于孔径时，应采用锥度心轴（锥度一般为 1∶2000～1∶5000）安装［见图 5-29(b)］。这种心轴对中性好，拆卸方便。但由于切削力是靠心轴锥面与工件孔壁压紧后的摩擦力传递的，故背吃刀量不宜过大，主要用于精加工。图 5-29(c) 所示为可胀式心轴，是通过调整锥形螺杆使心轴一端作微量的径向扩张，以将工件孔胀紧的一种可快速装拆的心轴。它适用于中小型工件。图 5-29(d)所示为伞形心轴，适用于安装以毛坯孔为基准车外圆的工件。其特点是装拆迅速、装夹牢固，以及能装夹一定尺寸范围内不同孔径的工件。

⑥ 用花盘和弯板安装工件。

花盘的结构如图 5-30 所示。花盘端面上的 T 形槽用来穿压紧螺栓。中心的内螺孔可直接安装在车床主轴上。花盘的端面应平整。安装时，花盘端面应与主轴轴线垂直。花盘适用于装夹待加工孔或外圆与安装基准面垂直的工件。

弯板多为 90° 角铁块，两平面上的槽型孔用于穿紧固螺栓。弯板用螺钉固定在花盘上，再用螺钉把工件固定在弯板上（见图 5-31）。可装夹待加工孔或外圆与安装基准面平行的工件。

用花盘或花盘加弯板装加工件时，应利用平衡铁进行平衡，以防止加工时工件重心偏离旋转中心而引起振动。

2. 车刀

车刀种类很多，图 5-32 为几种常用的车刀。

（1）刀具的组成与结构形式

车刀分为刀头（切削部分）和刀柄（夹持部分）两部分。刀头一般由"三面两刃一尖"组成：前刀面——切屑流经的表面；主后刀面——与工件过渡表面相对的表面；副后刀面——与工件已加工表面相对的表面；主切削刃——前刀面与主后刀面的交线，它负担主要的切削工作；副切削刃——前刀面与副后刀面的交线，负担少量的切削工作，起一定的修光作用；刀尖——主切削刃与副切削刃的相交部分，一般为一小段过渡圆弧（见图 5-33）。

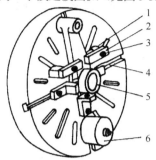 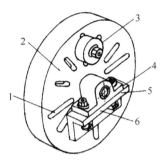

1—垫铁；2—压板；3—螺钉；4—螺钉槽；5—工件；6—平衡块   1—螺钉槽；2—花盘；3—平衡块；4—工件；5—安装基面；6—弯板

图 5-30　花盘的结构　　　　　　　图 5-31　用花盘和弯板安装工件

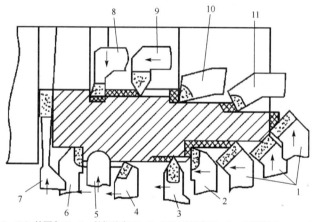

1—弯头车刀；2—90°外圆车刀；3—外螺纹车刀；4—70°外圆车刀；5—成型车刀；6—90°左切外圆刀；7—切断刀；8—内孔车槽车刀；9—内螺纹车刀；10—90°内孔车刀；11—75°内孔车刀

图 5-32　常用车刀及用途

车刀的结构有三种（见图 5-34）。

① 焊接车刀。将硬质合金刀片焊接在刀头部位，不同种类的车刀可使用不同形状的刀片。焊接的硬质合金车刀，可用于高速切削。

② 整体车刀。刀头的切削部分是靠刃磨得到的。整体车刀的材料多用高速钢制成，一般用于低速精车。

③ 机夹不重磨车刀。将多边多刃的硬质合金刀片用机械夹固的方法紧固在刀体上。某一刀刃磨损后，只需将刀片转一个方向并予以紧固，即可重新使用。

（2）车刀的几何角度及其作用

为了确定车刀切削刃及其前后刀面在空间的位置，即确定车刀几何角度，必须要建立如图 5-35 所示的三个互相垂直的坐标平面（辅助平面）：基面、切削平面和正交平面（主剖面）。车刀在静止状态下，基面是过工件轴线的水平面。切削平面是过主切削刃的铅垂面。正交剖面是垂直于基面和切削平面的铅垂剖面。

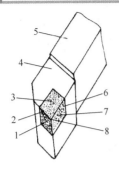

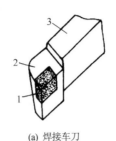

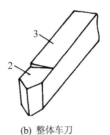

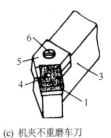

(a) 焊接车刀　　　(b) 整体车刀　　　(c) 机夹不重磨车刀

1—副后刀面；2—副切削刃；3—前刀面；
4—刀头；5—刀柄；6—主切削刃；
7—主后刀面；8—刀尖

图 5-33　外圆车刀的组成

1—刀片；2—刀头；3—刀柄；4—圆柱销；5—楔块；6—压紧螺钉

图 5-34　车刀的结构

车刀切削部分在辅助平面中的位置，形成了车刀的几何角度（标注角度）。主要角度有前角 γ_0、后角 α_0、主偏角 κ_γ、副偏角 κ_γ'、刃倾角 λ_s 等（见图 5-36）。

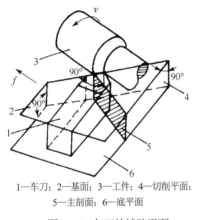

1—车刀；2—基面；3—工件；4—切削平面；
5—主剖面；6—底平面

图 5-35　车刀的辅助平面

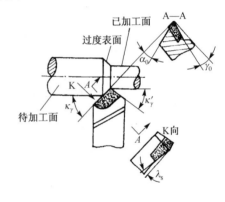

图 5-36　车刀的主要角度

① 前角 γ_0。在正交剖面内基面与前刀面之间的夹角。增大前角会使前刀面倾斜程度增加，切屑易流经前刀面，且变形较小、较省力。但前角也不能太大，否则会削弱刀刃的强度，容易崩坏。一般选取 $\gamma_0 = -5° \sim 20°$。其大小决定于工件材料、刀具材料及粗、精加工等情况。工件材料和刀具材料愈硬，γ_0 取值小；精加工时，γ_0 取值大。

② 主后角 α_0。在主后面内切削平面（铅垂面）与主后刀面之间的夹角。其作用是减小车削时主后刀面与工件间的摩擦，降低切削时的振动，提高工件表面的加工质量。一般选取 $\alpha_0 = 3° \sim 12°$。粗加工或切削较硬材料时取小值，精加工或切削较软材料时取大值。

③ 主偏角 κ_γ。是进给方向与主切削刃在基面上投影之间的夹角。其作用是能改善切削条件和提高刀具寿命。减小主偏角，刀尖强度增加，散热条件改善，提高刀具使用寿命；但会使刀具对工件的径向力加大，使工件变形而影响加工质量，不宜车削细长轴类工件。通常，κ_γ 选取 $45°$、$60°$、$75°$、$90°$ 几种。

④ 副偏角 κ_γ'。是进给反方向与副切削刃在基面（水平面）上投影之间的夹角。其作用是减少切削刃与已加工表面间的摩擦，以提高工件表面质量。一般选取 $\kappa_\gamma' = 5° \sim 15°$。

⑤ 刃倾角 λ_s。在切削平面内主切削刃与基面的夹角。其作用是控制切屑流出的方向（排屑方向）

（见图 5-37）。刀尖处于切削刃最低点，$\lambda_s<0$，刀尖强度大，切屑流向已加工面，用于粗加工；刀尖处于最高点，$\lambda_s>0$，刀尖强度削弱，切屑流向待加工面，用于精加工。一般取 $\lambda_s = -5° \sim +5°$。

副切削刃上的前角、后角分别称为副前角 γ_0'、副后角 α_0'。

车刀各标注角度是通过磨削三个刀面而得到的。磨前刀面：为了磨出车刀的前角 γ_0 及刃倾角 λ_s；磨主后刀面：为了磨出主偏角 κ_γ 及主后角 α_0；磨副后刀面：为了磨出副偏角 κ_γ' 及副后角 α_0'；磨刀尖圆弧：为了提高刀尖强度和散热条件，并为了减小加工面的粗糙度，一般在刀尖处磨出半径为 0.2～0.3mm 的刀尖圆弧。

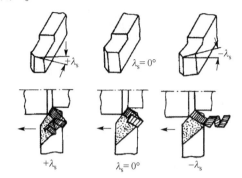

图 5-37 刃倾角对排屑方向的影响

（3）车刀的材料

车刀切削部分要承受很大的压力、摩擦、冲击和很高的温度。因此车刀的材料应具备以下性能。

① 高硬度。刀具材料的硬度一般要求高于被加工材料硬度的 3～4 倍。室温下，刀具材料的硬度一般应为 60～65HRC。

② 高耐磨性。耐磨性是指材料抵抗磨损的能力。为了抵抗切削过程中剧烈摩擦所引起的磨损，刀具材料需有很高的耐磨性。通常刀具材料的硬度越高，耐磨性也越高。

③ 足够的强度和韧性。刀具材料要有足够的强度和韧性，是为了承受切削力以及振动和冲击，防止刀具崩刃和脆性断裂。

④ 高耐热性。耐热性又称热硬性，是指刀具材料在高温下仍能保持足够硬度的性能。它是衡量刀具材料性能的主要指标。高耐热性一般以热硬温度（能保持足够硬度的最高温度）来表示。

⑤ 一定的工艺性能。为了便于刀具的制造和刃磨，刀具材料应具备一定的切削性能、刃磨性能、焊接性能以及热处理性能。

刀具材料有碳素工具钢、合金工具钢、高速钢、硬质合金及陶瓷等。

常用的车刀材料主要有高速钢和硬质合金。

高速钢。是含有钨（W）、铬（Cr）、钒（V）等合金元素较多的高合金工具钢。经热处理后硬度可达 62～65HRC，热硬温度可达 500℃～600℃，在此温度下仍能正常切削。其强度和韧性很好，刃磨后刃口锋利，能承受冲击和振动。但由于热硬温度不是很高，允许的切削速度一般为 25～30m/min。常用于精车，或用来制造整体式成型车刀以及钻头、铣刀、齿轮刀具等。常用高速钢的牌号有 W18Cr4V 和 W6Mo5Cr4V2 等。

硬质合金。是用碳化钨（WC）、碳化钛（TiC）和钴（Co）等材料利用粉末冶金的方法制成的。它具有很高的硬度（可达 89～90HRA，相当于 74～82HRC）。热硬温度高达 850℃～1000℃，即在此温度下仍能保持其正常的切削性能。但它的韧性很差，性脆，不宜承受冲击和振动。由于热硬温度很高，所以允许的切削速度可达 100～300m/min。因此，使用硬质合金车刀，可以加大切削用量，进行高速强力切削，能显著提高生产率。虽然它的韧性较差，不耐冲击，但可以制成各种形式的刀片，将其焊接在 45 钢的刀杆上或采用机械夹固的方式夹持在刀杆上。所以，车刀的主要材料是硬质合金。其他刀具如刨刀、铣刀等的材料也广泛应用硬质合金。

常用的硬质合金牌号有 P01（YT30）、P10（YT15）、P30（YT5）、K01（YG3X）、K20（YG6）和 K30（YG8）等（详见 GB/T 18376.1-2008《硬质合金牌号》，括号内字符为硬质合金旧牌号）。选用时可参见 GB/T 2075—2007《切削加工用硬切削材料的分类和用途》。

（4）车刀的刃磨

车刀用钝后，需要重磨以恢复合理的标注角度。车刀一般在砂轮机上刃磨。磨高速钢车刀用白色的氧化铝（白刚玉）砂轮，磨硬质合金刀片用绿色的碳化硅砂轮。

车刀重磨时往往根据车刀磨损情况，磨削有关的刀面即可。车刀刃磨的一般步骤和方法，如图 5-38 所示。

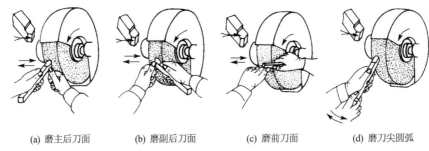

(a) 磨主后刀面　　(b) 磨副后刀面　　(c) 磨前刀面　　(d) 磨刀尖圆弧

图 5-38　车刀刃磨

启动砂轮机和刃磨车刀时，磨刀者必须站在砂轮侧面，以免砂轮万一破碎发生人身事故。刃磨时，双手拿稳车刀，用力均匀，防止车刀猛撞砂轮；车刀各部位倾斜的角度要合适；一般应在砂轮的周边上磨削，并需左右移动，使砂轮磨耗均匀，不出现沟槽。磨高速钢车刀，发热后应置于水中冷却，以免车刀升温过高而退火软化。磨硬质合金车刀时，发热后应将车刀柄置于水中冷却，避免刀片沾水急冷后而产生裂纹。

车刀刃磨后，还应用油石细磨各个刀面。这样，可有效地提高车刀的使用寿命和降低工件的表面粗糙度。

（5）车刀的安装

安装车刀时，要求刀尖与车床主轴轴线等高，刀柄与车床主轴轴线垂直。刀柄伸出长度不大于刀柄厚度的两倍。刀尖的高低可通过增减或调换刀柄下面的垫片来调整。调整垫片应平整对齐，数量尽量少。装刀时常用尾座顶尖的高度来对刀。夹紧车刀的紧固螺栓至少要拧紧两个，拧紧后要及时取下扳手。

5.2.3　车削的基本工序

1. 车端面、钻中心孔

车端面是车削零件的首要工序。因为零件长度方向的所有尺寸都是以端面为基准进行度量的。端面车削方法如图 5-39 所示。

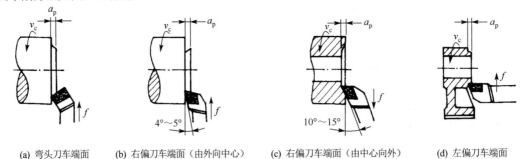

(a) 弯头刀车端面　(b) 右偏刀车端面（由外向中心）　(c) 右偏刀车端面（由中心向外）　(d) 左偏刀车端面

图 5-39　端面车削方法

车端面时，刀尖必须准确对准工件的旋转中心，以免车出的端面中心有凸台。车削较大端面时，为避免刀架作横向移动，应将纵溜板紧固在床身上，用小刀架调整背吃刀量。

若要采用顶尖安装工件，在车端面后应在工件两个端面上钻出中心孔。中心孔安装在尾座套筒内的钻夹头中，松开尾座紧固手柄，将尾座左移至钻头靠近工件端面，再将尾座固定，用手转动尾座上

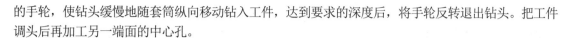

的手轮，使钻头缓慢地随套筒纵向移动钻入工件，达到要求的深度后，将手轮反转退出钻头。把工件调头后再加工另一端面的中心孔。

2. 车外圆和台阶

车外圆一般应分粗车和精车两步进行。

粗车时对工件的加工精度和表面质量要求不高（一般尺寸公差等级为 IT12～IT10，Ra 值为 50～12.5μm），为提高生产率，尽快切除工件上的大部分余量，粗车时的背吃刀量和进给量应选大一些（一般 a_p=1.5～3mm，f = 0.2～0.6mm/r）。切削速度 v_c 应根据背吃刀量、进给量、刀具及工件材料等因素来确定。例如，用高速钢车刀切削时，可取 v_c = 0.2～0.7m/s（切钢材）或 v_c = 0.5～1.3m/s（切铸铁）；用硬质合金车刀切削时，可取 v_c = 0.8～2.0m/s（切钢材）或 v_c = 0.5～1.3m/s（切铸铁）。

由于粗车时，车刀切削部分要承受很大的切削力，故粗车用车刀应选取较小的前角、后角和负的刃倾角，以增加车刀切削部分的强度。

精车的目的是切除粗车时留下的余量（一般为 0.5～1mm），以保证零件的尺寸精度和表面粗糙度要求，故精车刀应选较大的前角、后角和正的刃倾角，刀尖要磨出圆弧过渡刃，切削刃要光洁、锋利。精车时的背吃刀量和进给量应选得小一点（a_p=0.1～0.5mm，f = 0.08～0.2mm/r），切削速度应根据刀具和工件材料及工件尺寸等因素确定。例如，用硬质合金车刀高速精车钢材时，可取 v_c = 1.6～3.3mm/s；切削铸铁时，可取 v_c = 1.0～1.6m/s）。

精车的尺寸公差等级可达 IT7～IT6，表面粗糙度 Ra 值可达 1.6～0.8μm。对于精度要求高的表面或需磨削加工的表面，有时可在粗车以后安排一道半精车的工序作为精车或磨削前的预备加工。对于中等精度（IT10～IT9，Ra 值为 6.3～3.2μm）的外圆表面，通过半精车即可达到其技术要求。

对铜、铝等有色金属或其他低硬度金属材料，当加工精度和表面质量要求很高，而又不能用磨削加工时，可在精车后加一道精细车工序来达到其技术要求。例如，用金刚石车刀精车有色金属外圆表面，尺寸公差等级可达 IT5～IT6，表面粗糙度 Ra 值可达 0.8～0.4μm。

车削开始时应试切，以确定背吃刀量，然后合上纵向自动进给手柄进行切削。背吃刀量可通过溜板箱丝杠上的刻度环进行调整。刻度环每转动一小格，车刀横向移动 0.02mm。若要求背吃刀量 a_p= 0.4 mm，则刻度环应转过的格数为 N = 0.4mm/0.02mm = 20 格。由于丝杠和螺母之间有间隙，当手柄转过了头或试切后发现尺寸太小而需要退刀后重新切入时，应将刻度环手柄反转一圈再顺转至所需刻度值上，这样可消除丝杠螺母的间隙，保证准确的背吃刀量。

车外圆常用的车刀如图 5-12 所示，直头车刀主要用于车无台阶的外圆；45° 弯头车刀用于车外圆、端面、倒角和有 45° 斜面的外圆锥面；偏刀的主偏角为 90°，常用于车有垂直台阶的外圆和细长轴。

车削高台阶时，可分层切削，最后对台阶面进行精车 [见图 5-40(a)]。车削高度小于 5mm 的台阶时，可用偏刀在车外圆时作横向退刀一起车出 [见图 5-40(b)]。

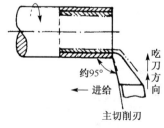

(a) 偏刀主切削刃和工件轴线约成 95°

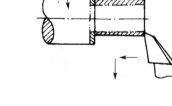

(b) 在末次纵向进给后，车刀横向退出，车出 90° 台阶

图 5-40　车高台阶的方法

台阶的位置，在单件生产时，用钢尺控制由刀尖刻线来确定［见图 5-41(a)］。成批生产时，可用样板来控制［见图 5-41(b)］。

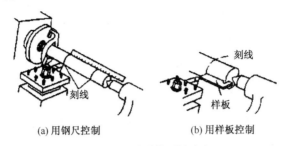

(a) 用钢尺控制　　　　　　　　　　　　(b) 用样板控制

图 5-41　台阶位置的确定

台阶的长度可用卡钳、钢尺测量，用深度游标卡尺作精密测量（见图 5-42）。

(a) 卡钳测量　　　　　(b) 钢尺测量　　　　　(c) 深度尺测量

图 5-42　台阶长度的控制和测量

3．切槽和切断

车床上可切外槽、内槽和端面槽（见图 5-43）。切槽刀可以看成由左偏刀和右偏刀组合而成（见图 5-44）。它有一个主切削刃和一个主偏角 κ_γ 以及两个副切削刃和两个副偏角 κ'_γ。宽度＜5mm 的槽，可用主切削刃与槽等宽的切槽刀一次切出。

(a) 切外槽　　　　　　(b) 切内槽　　　　　(c) 切端面槽

图 5-43　切槽

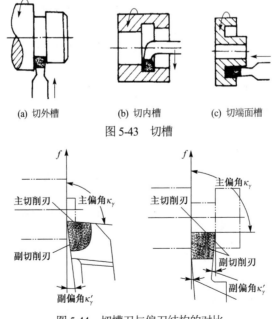

图 5-44　切槽刀与偏刀结构的对比

槽的宽度和深度可用卡钳与钢尺配合测量，也可用游标卡尺和千分尺测量（见图5-45）。

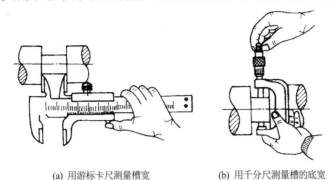

(a) 用游标卡尺测量槽宽　　　　　(b) 用千分尺测量槽的底宽

图 5-45　用游标卡尺和千分尺测量

切断刀与切槽相似，但因刀头窄而长，切削时更容易折断，因此，切断刀头的高度往往很大，以保证其强度（见图5-46）。

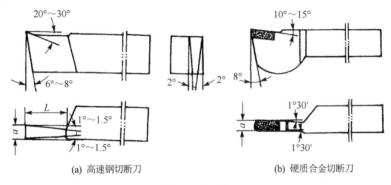

(a) 高速钢切断刀　　　　　　　(b) 硬质合金切断刀

图 5-46　切断刀

切断在卡盘上进行，切断处应尽量靠近卡盘。切断刀主切削刃必须对准工件旋转中心（见图5-47）。切断时进给要均匀，即将切断时需放慢进给速度。

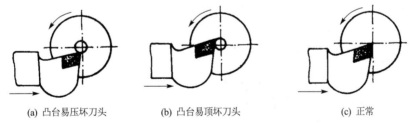

(a) 凸台易压坏刀头　　　(b) 凸台易顶坏刀头　　　(c) 正常

图 5-47　切断刀主切削刃对准工件旋转中心

切断时，外圆处的切削速度取 $v_c = 40 \sim 60\text{m/min}$，进给量 $f = 0.05 \sim 0.15\text{mm/r}$。

4．车锥面

车锥面用以下4种方法。

① 宽刀法（见图5-48）。此方法要求主切削刃平直，其长度应略大于待加工锥面的长度。主切削刃与工件轴线的夹角应等于锥体的半锥角。为避免加工时产生振动，车床和工件应具有较好的刚性。此方法适用于批量生产中加工较短的锥面。

② 转动小托板法（见图5-49）。松开固定小托板的螺母，把小托板绕转盘转动一个被切锥体的半锥角 α，然后把螺母紧固，摇动小刀架的手柄，车刀即沿锥面的母线移动，从而加工出所需的锥面。

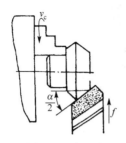

图5-48 宽刀法

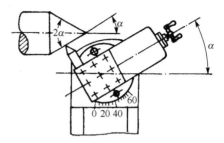

图5-49 转动小托板法

这种方法可加工锥角很大的内、外锥面，操作方便，但因小刀架行程有限，不能加工太长的锥面。它在单件小批量生产中常被采用。

③ 偏置尾座法（见图5-50）。把尾座顶尖偏移一个距离 S，使锥面的母线平行于车刀纵向进给方向，车刀作纵向进给就能车出锥面。

当锥体的半锥角较小时，可用公式计算出尾座的偏移量 S：

$$S = L(D-d)/2l = L\tan\alpha$$

这种方法适合加工半锥角较小（$\alpha < 8°$）、锥面较长的外锥面，并能采用自动进给。为使顶尖在中心孔中接触良好并受力均匀，应采用球形顶尖（如图5-50中放大部分所示）。

④ 靠模法。在大批量生产中小锥度（$\alpha < 12°$）的内、外长锥面，还可采用靠模法进行加工。靠模法车锥面与靠模法车成型面的原理和方法类似。只要将成型面靠模改为斜面靠模即可。

圆锥的角度可以用锥形套规或塞规测量，也可以用万能游标量角器测量。

5. 车成型面

在车床上还可以车削以曲线为母线的回转体表面，常用的车削方法有：

（1）双手控制法。此方法用圆弧刃车刀，双手同时转动横向进给手柄和小刀架手柄，使刀尖运动的轨迹与回转成型面的母线尽量相符。车削时可用成型样板检验（见图5-51），并进行修正。这种方法简单方便，但生产率低、精度低，多用于单件小批生产。

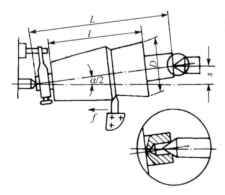

图5-50 偏置尾座法

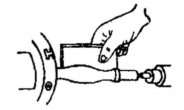

图5-51 用成型样板检验

（2）用成型车刀车成型面（见图5-52）。用切削刃形状与工件表面相吻合的成型刀，通过横向进给直接车出成型面。这种方法多用于成批生产。

（3）用靠模法车成型面（见图 5-53）。这种方法生产率高，工件的互换性好，但制造靠模增加了成本。此法主要用于成批生产。此外，随着数控车床的普及应用，用数控车床车削各种成型面将显示出更大的优越性。

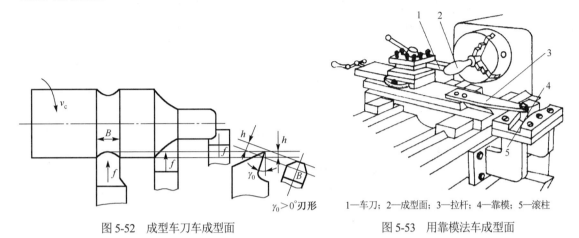

图 5-52　成型车刀车成型面　　　　　　　　　　1—车刀；2—成型面；3—拉杆；4—靠模；5—滚柱

图 5-53　用靠模法车成型面

6. 车床上加工孔

在车床可以用钻头、铰刀、扩孔钻、镗刀分别进行钻孔、铰孔、扩孔和镗孔。

在车床上钻孔与在钻床上钻孔不同：钻床上钻孔时，工件不动，钻头既旋转（主运动）又移动（进给运动）。车床上钻孔时，工件转动（主运动），钻头只移动（进给运动）。而且车床上钻孔不需划线，易保证孔与外圆的同轴度及孔与端面的垂直度。

在车床上钻孔（见图 5-54）的操作步骤是：车端面；钻中心孔；装夹钻头（锥柄钻头直接装在尾座套筒的锥孔内，直柄钻头装在钻夹头内，把钻夹头装在尾座套筒的锥孔内）；调整尾座位置；开车钻削。

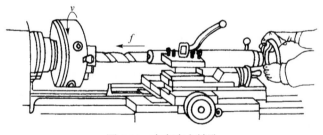

图 5-54　在车床上钻孔

钻孔可达到的尺寸公差等级在 IT10 级以下，表面粗糙度 Ra 值为 6.3μm。

钻削时应注意使用切削液。孔较深时应经常退出钻头以便排屑。

为了控制孔深，可先用粉笔在钻头上做好记号再钻削。还可以用钢尺、深度尺等测量孔深。

扩孔和铰孔是用扩孔钻和铰刀对已钻出的孔扩大孔径或提高孔加工质量的加工。其加工过程与钻孔相似。扩孔可达到的尺寸公差等级为 IT10～IT9。表面粗糙度 Ra 值为 6.3～3.2μm。扩孔的加工余量为 0.5～2mm。铰孔可达到的尺寸公差等级为 IT8～IT7。表面粗糙度 Ra 值为 1.6～0.8μm。加工余量为 0.1～0.3mm。

在车床上镗孔，是用镗刀对已经铸造、锻造出或钻出的孔进一步加工，以扩大孔径，提高孔的加工质量的加工方法。在车床上可以镗通孔、盲孔、台阶孔及孔内环沟槽等（见图 5-55）。镗孔可分为粗镗、半粗镗和精镗。精镗可达到的尺寸公差等级为 IT8～IT7，表面粗糙度 Ra 值为 1.6～0.8μm。

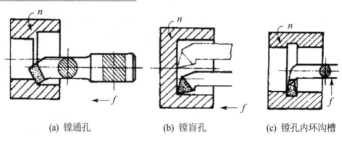

| (a) 镗通孔 | (b) 镗盲孔 | (c) 镗孔内环沟槽 |

图 5-55　在车床上镗孔

通孔镗刀 $\kappa_\gamma = 45° \sim 75°$，$\lambda_s > 0$；台阶孔和盲孔镗刀 $\kappa_\gamma > 90°$，$\lambda_s < 0$。

镗刀尖应对准工件的中心线，但粗镗时可比工件中心线略低一点；精镗时，镗刀尖比工件中心线略高一点。镗刀伸出刀架的长度要尽量短，但要不小于工件孔深 3～5mm。镗刀轴心线应与主轴平行，刀头可略向操作者方向偏斜。开车前先使镗刀在孔内手动试走一遍，确认不妨碍镗刀的正常工作后，再开车切削。镗孔的切削用量一般应比车外圆时小一些，其调整方法与车外圆相同。可用图 5-56 所示的方法来控制镗孔深度。

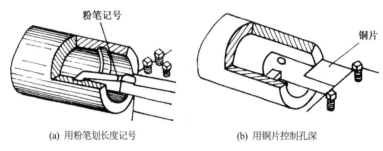

| (a) 用粉笔划长度记号 | (b) 用铜片控制孔深 |

图 5-56　控制镗孔深度的方法

7. 车螺纹

（1）螺纹概述

螺纹的种类很多，应用很广。按牙形分类有三角螺纹、方形螺纹、梯形螺纹等（见图 5-57）。三角螺纹作连接和紧固之用。方形螺纹和梯形螺纹作传动之用。各种螺纹又有右旋和左旋之分及单线和多线螺纹之分。按螺距大小又可以分为公制、英制、模数制及径节制螺纹。其中以单线、右旋的公制三角螺纹（普通螺纹）应用最为广泛。

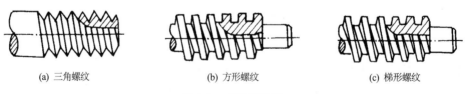

| (a) 三角螺纹 | (b) 方形螺纹 | (c) 梯形螺纹 |

图 5-57　螺纹的种类

普通螺纹各部分的名称及代号如图 5-58 所示。

普通螺纹各参数之间的关系是：

$$d = D$$
$$d_1 = D_1 = d - 1.08p$$
$$d_2 = D_2 = d - 0.65p$$

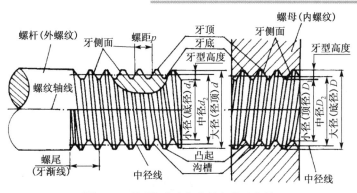

图 5-58　普通螺纹各部分的名称及代号

相配合的螺纹除了旋向与线数需一致外，螺纹的配合质量主要取决于下列三个基本要素的精度：

牙型角 α。它是螺纹轴向剖面内相邻两牙侧面之间的夹角。普通螺纹的牙型角 $\alpha = 60°$。

螺距 p。它是沿轴线方向上相邻两牙对应点的距离。普通螺纹的螺距用 mm 表示。

螺纹中径 D_2 (d_2)。它是平分螺纹理论高度的一个假想圆柱体的直径。在中径处螺纹的牙厚和槽宽相等。只有内外螺纹中径相等时，两者才能很好地配合。

（2）螺纹的车削加工

① 牙型角 α 的大小取决于车刀的刃磨和安装。螺纹车刀的刀尖应等于螺纹牙型 α。车刀的前角 $\gamma_0 = 0°$（见图 5-59）。螺纹车刀安装时，刀尖必须与工件旋转中心等高；刀尖的平分线必须与工件的轴线垂直。因此，要用样板对刀（见图 5-60）。

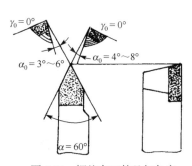

图 5-59　螺纹车刀的几何角度

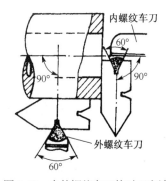

图 5-60　内外螺纹车刀的对刀方法

② 螺距的大小由机床传动系统来保证：工件旋转一周时，车刀准确移动一个螺距（单线螺纹）或导程（多线螺纹，导程 = 螺距 × 线数）。车螺纹时机床的进给系统如图 5-61 所示。调整时，首先通过手柄把丝杠接通，再根据工件的螺距或导程，按进给箱标牌上所示的手柄的位置，来变换配换齿轮（挂轮）的齿数及各进给变速手柄的位置。

车右旋螺纹时，三星轮变向手柄调整在车右旋螺纹的位置上；车左旋螺纹时，变向手柄调整在车左旋螺纹的位置上。目的是改变刀具的移动方向。刀具移向主轴箱时为车右旋螺纹，移向尾座时为车左旋螺纹。

③ 中径是靠控制多次进刀的总背吃刀量来保证的。一般按螺纹牙高由刻度盘进行大致的控制，并用螺纹量规进行检验。单件生产时，可用相配合的螺纹进行试配。

（3）车螺纹的方法与步骤

车螺纹时，应先车好外圆（或内孔）并倒角。然后按表 5-2 的顺序进行加工。这种方法称为正反车法，适用于加工各种螺纹。

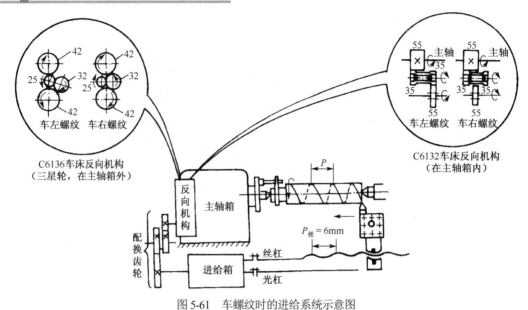

图 5-61　车螺纹时的进给系统示意图

表 5-2　车螺纹的操作

序号	操作内容	示意图	序号	操作内容	示意图
1	开车，使车刀与工件轻微接触，记下刻度盘读数，向右移出车刀		4	利用刻度盘调整吃刀量，开车切削，车钢料时，加机油润滑	
2	合上开合螺母，在工件表面上车出一条螺纹线，横向退出车刀，停车		5	车刀将至行程终了时，应做好退刀停车准备，先快速退出车刀，然后停车，开反车退回刀架	
3	开反车使车刀退到工件右端，停车，用钢直尺检查螺距是否正确		6	再次横向进给，继续切削，其切削过程的路线如右图所示	

　　车螺纹还有其他方法：如抬闸法，就是利用开合螺母手柄的抬起和压下来车削螺纹。这种方法操作简单，但易"乱扣"，只适用于加工机床丝杠螺距是工件螺距整数倍的螺纹。与正反车法的主要不同之处是车刀行到终点时，横向退刀，不用反车纵向退回。压下开合螺母手柄使丝杠与螺母脱开，手动纵向退回，再进刀车削。

　　车内螺纹时用内螺纹车刀。对于小直径的内螺纹，也可以在车床上用丝锥攻出螺纹。

　　车左旋螺纹时，只需调整换向机构，使主轴正转，丝杠反转，车刀从左向右切削。

　　车多线螺纹时，每一条螺纹槽的车削方法与车单线螺纹完全相同。只是在计算挂轮和调整进给箱手柄时，不是按螺距，而是按导程进行调整的。由于多线螺纹在轴向截面内，任意两条相邻螺旋线间的距离等于其螺距值，当车完第一条螺旋槽后，只要转动小刀架手柄使车刀刀尖沿工件轴向移动一个螺距值(移动小刀架前,应先校正小刀架导轨,使之与工件轴线平行),用丝杠自动走刀把车刀退回工件右端(注意:退刀时,小刀架手柄不能动,否则会出现"乱扣"现象),调整好背吃刀量后,即可车第二条螺旋槽。按移动小刀架法可依次车出第三、四条螺旋槽,如图 5-62 所示。

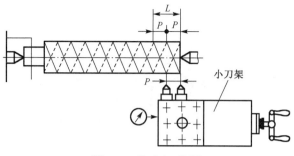

图 5-62　移动小刀架法

(4)螺纹的测量

螺纹的螺距可用钢尺测量,牙型角可用样板测量,也可用螺距规同时测量螺距和牙型角(见图 5-63)。螺纹中径常用螺纹千分尺测量(见图 5-64)。成批大量生产中,多用螺纹量规进行综合测量(见图 5-65)。

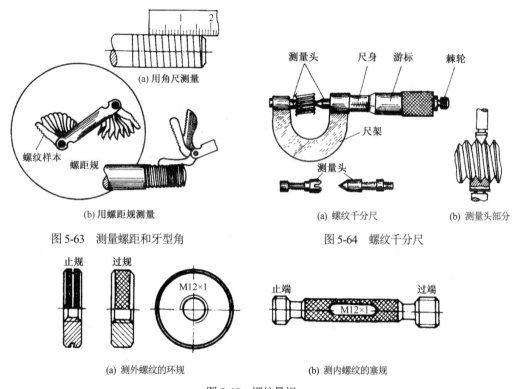

(a) 用角尺测量

(b) 用螺距规测量

图 5-63　测量螺距和牙型角

(a) 螺纹千分尺

(b) 测量头部分

图 5-64　螺纹千分尺

(a) 测外螺纹的环规

(b) 测内螺纹的塞规

图 5-65　螺纹量规

8. 滚花

工具和零件的手柄部分,为了美观和加大摩擦力,常在表面上滚压出花纹。

滚花是在车床上用滚花刀挤压工件,使其表面产生塑性变形而形成花纹(见图 5-66)。滚压时,工件低速旋转,滚压刀径向内挤压后再作纵向进给,同时还要充分供给切削液。

滚花刀按花纹的式样分为直纹和网纹两种。每种又分为粗纹、中纹和细纹。按滚花轮的数量又可分为单轮(滚直纹)、双轮(滚网纹,两轮分别为左旋和右旋斜纹)和六轮(由三组粗细不等的斜纹轮组成,以备选用)滚花刀(见图 5-67)。

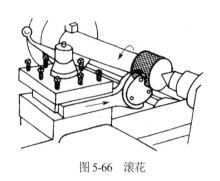

图 5-66 滚花

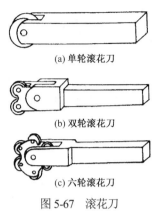

图 5-67 滚花刀

5.2.4 典型零件的加工

车削零件通常由外圆、孔和端面等组成。这些表面往往不能同时加工出来。因此，要合理安排各表面加工的先后顺序，按照一定的工艺过程进行加工。

（1）拉伸试件加工工艺

如图 5-68 所示为材料力学实验用的拉伸试件。在单件、小批量生产时，其加工工艺过程见表 5-3。

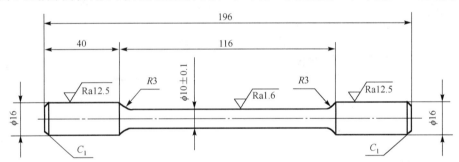

图 5-68 拉伸试件

表 5-3 拉伸试件加工工艺

工序	加工内容	简图	定位	夹具	刀具	量具
1	① 车端面，倒角； ② 钻中心孔		外圆表面	三爪卡盘	弯头粗车刀	
2	① 调头定长 196 车端面，倒角； ② 钻中心孔		同上	同上	同上	钢尺

续表

工序	加工内容	简图	定位	夹具	刀具	量具
3	① 粗车外圆 $\phi16$ ② 倒角	>40 $\phi16$ $\sqrt{Ra12.5}$	中心孔	顶尖、拨盘	弯头粗车刀	钢尺、游标卡尺
4	① 调头粗车另一端 $\phi16$ ② 倒角	$\phi16$ $\sqrt{Ra12.5}$	同上	同上	同上	同上
5	① 定长度 116； ② 粗车中间部分，R_3 处留余量	116 40 $\phi10.20$ $\sqrt{Ra12.5}$	同上	同上	同上	同上
6	① 粗车及精车 R_3； ② 精车或磨 $\phi10$	116 40 $R3$ $R3$ $\phi10-0.1$ $\sqrt{Ra1.6}$	同上	同上	同上	同上

（2）齿轮坯的加工工艺

齿轮（见图 5-69）在单件小批量生产时，除加工齿形和键槽外，齿轮坯都在普通车床上进行加工。制定加工工艺时，应保证齿轮的内孔和外圆的同轴度，以及与一个端面的垂直度。其加工工艺过程见表 5-4。

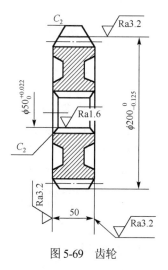

图 5-69 齿轮

表5-4　齿轮坯车削加工工艺

工序	加工内容	简图	定位	夹具	刀具	量具
1	① 粗车外圆、端面； ② 粗镗内孔至 $\phi49$		外圆	三爪卡盘（夹住 5～6mm 处）	弯头粗车刀、粗镗孔刀	游标卡尺
2	① 精车外圆、端面及倒角； ② 精镗内孔及倒角		同上	同上	尖头精车刀、端面精车刀、弯头粗车刀、精镗孔刀	同上
3	① 调头粗车； ② 精车端面及倒角		外圆（已加工端面紧贴卡爪）	同上（外圆卡爪处垫铜皮）	弯头粗车刀、端面精车刀	同上

5.3　铣削

5.3.1　铣削加工概述

铣削加工是在铣床上利用铣刀的旋转（主运动）和工件的移动（进给运动）来加工工件的。铣削加工的范围比较广泛，可加工平面（水平面、垂直面、台阶面、斜面）、沟槽（包括键槽、直槽、角度槽、燕尾槽、T 形槽、V 形槽、圆弧槽、螺旋槽）和凸、凹圆弧面、凸轮轮廓等成型面。此外，还可进行孔加工（钻孔、扩孔、铰孔、镗孔）和齿轮、花键等有分度要求的零件加工。如图 5-70 所示为铣削加工的主要工作示意图。铣削加工的尺寸公差等级一般可达 IT9～IT8，表面粗糙度 Ra 值约为 6.3～3.2μm。

铣削加工具有以下特点。

① 由于铣削的主运动是铣刀旋转，铣刀又是多齿刀具，故铣削的生产率高，刀具的耐用度高。

② 铣床及其附件的通用性广，铣刀的种类很多，铣削的工艺灵活，因此铣削的加工范围较广。

总之，无论是单件小批量生产，还是成批大量生产，铣削都是非常适用的、经济的、多样的加工方法。它在切削加工中得到了较为广泛的应用。

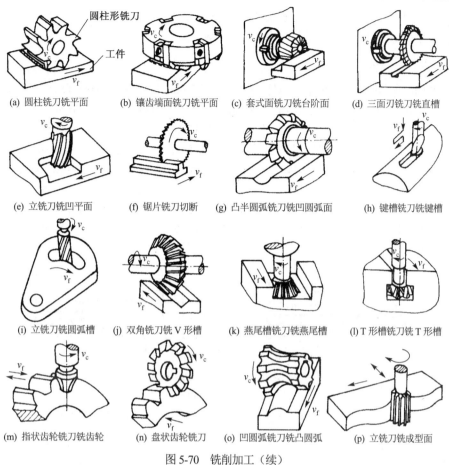

(a) 圆柱铣刀铣平面　(b) 镶齿端面铣刀铣平面　(c) 套式面铣刀铣台阶面　(d) 三面刃铣刀铣直槽

(e) 立铣刀铣凹平面　(f) 锯片铣刀切断　(g) 凸半圆弧铣刀铣凹圆弧面　(h) 键槽铣刀铣键槽

(i) 立铣刀铣圆弧槽　(j) 双角铣刀铣 V 形槽　(k) 燕尾槽铣刀铣燕尾槽　(l) T 形槽铣刀铣 T 形槽

(m) 指状齿轮铣刀铣齿轮　(n) 盘状齿轮铣刀　(o) 凹圆弧铣刀铣凸圆弧　(p) 立铣刀铣成型面

图 5-70　铣削加工（续）

5.3.2　铣床和铣刀

1. 铣床

在切削加工中，铣床的工作量仅次于车床。铣削加工可以在卧式铣床、立式铣床、数控铣床、工具铣床、龙门铣床以及各种专用铣床上进行。生产中以卧式铣床和立式铣床最为常见。

卧式铣床又分为普通卧式铣床和万能卧式铣床，其中万能卧式铣床应用最广。万能卧式铣床主要由床身、横梁、主轴、工作台、转台、横向溜板、升降台等部分组成。万能卧式铣床的转台可使纵向工作台在水平面内转动一定角度（其转角的最大范围为±45°），便于铣削螺旋槽、轴向凸轮槽等。图 5-71 所示为 X6132 万能卧式铣床，编号中字母和数字的含义是：X 表示铣床类，6 表示卧式，1 表示万能升降台铣床，32 表示工作台宽度的 1/10，即工作台的宽度为 320mm。

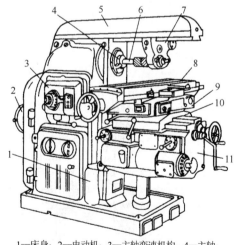

1—床身；2—电动机；3—主轴变速机构；4—主轴；
5—横梁；6—刀杆；7—吊架；8—纵向工作台；
9—转台；10—横向工作台；11—升降台

图 5-71　X6132 万能卧式铣床

立式铣床主轴的轴心线与工作台的台面相垂直，但立铣头可以转动一定角度，以适应斜面的加工。其主要特点是刚性好，可采用较大的切削用量，生产效率高。

2. 铣刀及铣刀的安装

铣刀按结构可分为整体式和镶齿式（见图5-70）。镶齿式铣刀的刀片多为硬质合金刀片，其切削用量大，效率高。常用铣刀有：圆柱形铣刀［见图5-70(a)］、镶齿端面铣刀［见图5-70(b)］、套式面铣刀［见图5-70(c)］、三面刃铣刀［见图5-70(d)］、立铣刀［见图5-70(e)］、图5-70(i)］、图5-70(p)］、锯片铣刀［见图5-70(f)］、凸圆弧铣刀［见图5-70(g)］、键槽铣刀［见图5-70(h)］、双角铣刀［见图5-70(j)］、燕尾槽铣刀［见图5-70(k)］、T形槽铣刀［见图5-70(l)］、指状齿轮铣刀［见图5-70(m)］、盘状齿轮铣刀［见图5-70(n)］、凹圆弧铣刀［见图5-70(o)］等。

三面刃铣刀的安装如图5-72所示，盘形带孔铣刀安装在专用的铣刀刀杆上，刀杆的一端为锥体，装入铣床主轴的锥孔中，并用拉杆螺栓穿过主轴孔将刀杆拉紧。铣刀装在刀杆上应尽量靠近主轴的前端，以减少刀杆的变形。

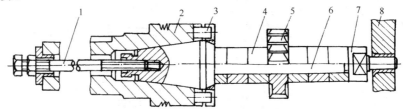

1—拉杆螺栓；2—主轴；3—端面键；4—套筒；5—三面刃铣刀；6—刀杆；7—螺母；8—吊架

图5-72　三面刃铣刀的安装

带柄铣刀中的锥柄铣刀可以直接或通过变锥套安装在铣床主轴的锥孔中［见图5-73(a)］，直径为3～20mm的直柄立铣刀、键槽铣刀可安装在主轴锥孔中的弹性夹头中［见图5-73(b)］。

3. 铣床附件

铣床附件有：万能铣头、回转工作台、平口钳和万能分度头。

万能铣头装在卧式铣床上，其底座用四个螺栓固定在铣床垂直导轨上，铣头的内壳体可绕铣床主轴轴线扳转任意角度，铣头主轴的外壳体还能绕铣头的内壳体扳转任意角度（见图5-74）。因此不仅能完成各种立铣的工作，而且还可以根据铣削的需要，将铣头主轴扳转到任意角度，这样就扩大了卧式铣床的加工范围。

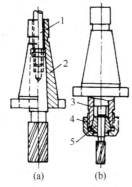

1—拉杆螺栓；2—过渡套；3—夹头体；4—锁紧螺母；5—弹簧套

图5-73　带柄铣刀的安装

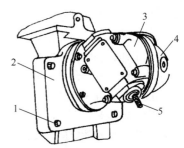

1—螺栓；2—底座；3—外壳体；4—内壳体；5—铣刀

图5-74　万能铣头

回转工作台的主要功能是大工件的分度及带圆弧曲线的外表面和圆弧槽的铣削。它的内部有一蜗杆机构，转动操作手轮通过蜗杆轴带动蜗轮及与其相连的转台转动。离合器手柄可锁紧转台以防止其转动（见图 5-75）。

平口钳是铣床上最常用的夹具，其钳体可绕底盘回转（见图 5-76）。

万能分度头是能对工件在圆周、水平、垂直、倾斜方向上进行等分或不等分的铣削的铣床附件，可铣四方、六方、齿轮、键槽和花键等）。万能分度头由底座、转动体、主轴和分度盘等组成（见图 5-77）。工作时，它的底座用螺钉紧固在工作台上，并利用导向键与工作台中间一条 T 形槽相配合，使分度主轴轴心线平行于工

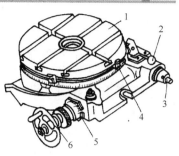

1—转台；2—离合器手柄；3—传动轴；
4—挡铁；5—偏心环；6—操作手轮

图 5-75　回转工作台

作台纵向进给。分度头的前端锥孔内可安放顶尖，用来支承工件；主轴外部有一短定位锥体与卡盘的法兰盘锥孔相连接，以便用卡盘来装夹工件。分度头的侧面有分度盘和分度手柄。分度时摇动分度手柄，通过蜗杆、蜗轮带动分度头主轴旋转进行分度。

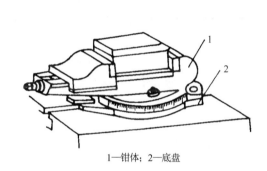

1—钳体；2—底盘

图 5-76　平口钳

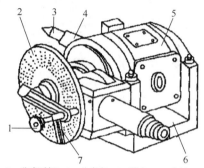

1—分度手柄；2—分度盘；3—顶尖；4—主轴；
5—转动体；6—底座；7—扇形夹

图 5-77　万能分度头

由于分度头蜗杆、蜗轮的传动比为 40，即手柄通过一对齿轮（传动比为 1∶1）带动蜗杆转动一圈，蜗轮只带动主轴转过 1/40 圈。若工件在整个圆周上的分度数目 z 为已知，则每转过一个等分，主轴需转过 $1/z$ 圈。这时手柄所需的转数可由下列比例关系式确定：

$$1∶40 = 1/z∶n \quad 即：\quad n = 40/z$$

式中，n 为手柄的转数；z 为工件的等分数；40 为分度头的定数（传动比）。

例如：铣削 $z = 23$ 的齿轮，$n = \dfrac{40}{23} = 1\dfrac{17}{23} = 1\dfrac{34}{46}$ 圈，即每铣一齿，手柄需要转过 $1\dfrac{34}{46}$ 圈。分度手柄的准确转数是借助分度盘来确定的，分度盘正、反两面有许多孔数不同的孔圈。例如国产 FW250 型分度头备有两块分度盘，其各圈孔数如下。

第一块正面：24、25、28、30、34、37；反面：38、39、41、42、43。

第二块正面：46、47、49、52、53、54；反面：57、58、59、62、66。

若要转过 $1\dfrac{34}{46}$ 圈，需先将分度盘固定，再将分度手柄的定位销调整到孔数为 46 的孔圈上，手柄转过 1 圈后，再沿孔数为 46 的孔圈上转过 34 个孔距即可。

这种方法称为简单分度法。利用万能分度头分度的方法还有直接分度法、角度分度法、差动分度法、近似分度法等。

4．铣削方式

铣削方式对刀具的耐用度、工件表面粗糙度、铣削平稳性和生产效率都有很大的关系。铣削时，应选择合理的铣削方式。

周铣是指用圆柱铣刀进行铣削的方式，端铣是指用端铣刀进行铣削的方式（见图 5-78）。端铣的加工质量好于周铣，周铣的应用范围较端铣广泛。

用圆柱铣刀铣削时，其铣削方式可分为顺铣和逆铣两种（见图 5-79）。当工件的进给速度与铣削速度的方向相同时，称为顺铣；反之称为逆铣。由于铣床工作台的传动丝杠与螺母之间存在间隙，如果铣床上没有消除间隙的装置，顺铣时，就会造成工作台在加工过程中无规则窜动，甚至会发生打刀事故。故尽管顺铣的优点多于逆铣，逆铣的应用却比顺铣广泛。

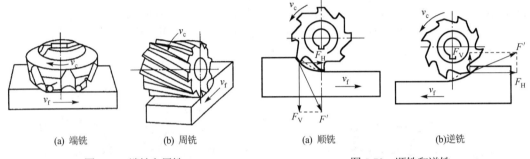

(a) 端铣	(b) 周铣

图 5-78　端铣和周铣

(a) 顺铣	(b)逆铣

图 5-79　顺铣和逆铣

5.3.3　铣削的基本工序

1．铣平面

铣平面可以用圆柱铣刀［见图 5-70(a)］和端铣刀［见图 5-70(b)、见图 5-70(c)］来加工。

2．铣台阶面

铣台阶面可用三面刃铣刀［见图 5-80(a)］、立铣刀［见图 5-80(b)］和组合铣刀［见图 5-80(c)］进行加工。

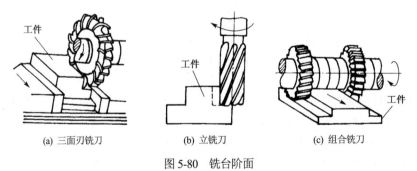

(a) 三面刃铣刀	(b) 立铣刀	(c) 组合铣刀

图 5-80　铣台阶面

3．铣斜面

常用的方法有：用斜垫铁［见图 5-81(a)］、旋转立铣头［见图 5-81(b)、见图 5-81(c)］、分度头［见图 5-81(d)］和角铣刀铣斜面［见图 5-81(e)］。

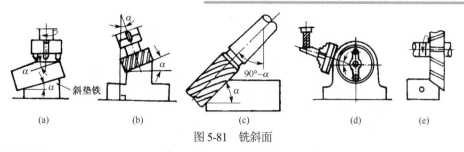

（a）　　　　　（b）　　　　　（c）　　　　　（d）　　　　　（e）

图 5-81　铣斜面

4. 铣键槽

轴上键槽通常在铣床上加工。在卧式铣床上铣开口式键槽通常用三面刃铣刀，可用平口钳 [见图 5-82(a)] 或分度头 [见图 5-82(b)] 装夹工件；同时，也可用三面刃铣刀在卧式铣床上铣花键，用分度头装夹工件；铣封闭式键槽常用键槽铣刀，可在卧式铣床上用立铣头或在立式铣床上，工件可用平口钳、分度头和轴用虎钳 [见图 5-82(c)] 装夹。

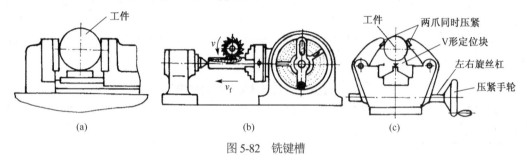

（a）　　　　　　　　　　　（b）　　　　　　　　　　　（c）

图 5-82　铣键槽

5. 铣成型面

在铣床上铣成型面一般用成型铣刀来加工 [见图 5-70(j)(k)(l)(o)]。成型铣刀的形状与加工面相吻合。当采用立铣刀时，对要求不高的曲面，可按在工件上已划好的线，移动工作台进行加工 [见图 5-70(p)]；在成批大量生产中，可采用靠模法铣曲面（见图 5-83）。

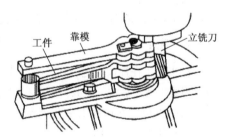

图 5-83　靠模法铣曲面

5.3.4　齿形加工

齿轮齿形的成型原理可以分为成型法和展成法两种。

成型法是用与被切齿轮齿间形状相符的成型刀具直接切出齿形的加工方法，例如在铣床上铣齿，或用成型砂轮磨齿等都属于成型法加工。

展成法（又称为范成法）是利用齿轮刀具与被切齿轮的啮合运动而切出齿形的加工方法。例如在插齿机上插齿、在滚齿机上滚齿等都属于展成法加工。

1. 铣齿

在铣床上铣齿时，工件安装在分度头和后顶尖之间（见图 5-84），用合适的齿轮铣刀对齿轮齿间进行铣削。铣完一个齿间后，刀具退出，进行分度，再继续铣下一个齿间。铣齿用的铣刀称为齿轮铣刀或模数铣刀。该铣刀有两种形式，一种是盘状齿轮铣刀 [见图 5-70(n)]，适于加工模数 $m < 10$ 的齿轮；另一种是指状齿轮铣刀 [见图 5-70(m)]，适于加工 $m > 10$ 的齿轮。

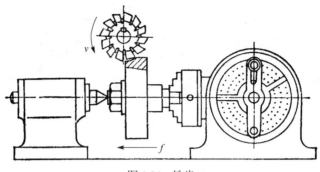

图 5-84　铣齿

即使齿轮的模数相同，若齿数不同，齿形也不相同。从理论上讲；为了得到准确的齿形，同一模数不同齿数的齿轮，都应该用专门的铣刀加工，这就需要很多规格的铣刀，因而使生产成本大为提高。为了减少实际生产中铣刀的种类，一般把齿轮的齿数由少到多地分成 8 个组，每一组齿数范围的齿轮，用同一把铣刀加工。这样虽产生一些齿形误差，但铣刀的数目可大大减少。由于齿轮铣刀的刀齿轮廓是根据每组齿数中最少齿数的齿轮设计和制造的，所以，在加工其他齿数的齿轮时，只能获得近似的齿形。表 5-4 列出了齿数分成 8 组时每组齿数范围和所用铣刀的刀号。

表 5-4　铣刀的刀号及其加工齿数的范围

刀号	1	2	3	4	5	6	7	8
加工齿数范围	12～13	14～16	17～20	21～25	26～34	35～54	55～134	135 以上及齿条

铣齿所用设备简单，刀具成本低，但生产效率较低，加工出的齿轮精度只能达到 IT11～IT9 级，仅适用于修配或单件生产中制造某些转速低、精度要求不高的齿轮。

2．插齿

插齿加工在插齿机上进行。插齿过程相当于一对齿轮对滚。插齿刀的形状与齿轮类似，只是在轮齿上刃磨出前、后角，使其具有锋利的刀刃。插齿时，插齿刀一边上下往复运动，一边与被切齿轮坯之间强制保持一对齿轮的啮合关系，即插齿刀转过一个齿，被切齿轮坯也转过相当一个齿的角度［见图 5-85(a)］，逐渐切去工件上的多余材料获得所需要的齿形［见图 5-85(b)］。

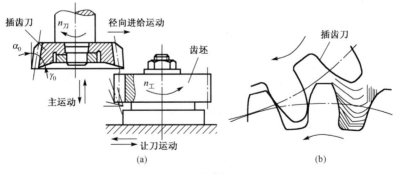

图 5-85　插齿加工

插齿需要以下 5 个运动：①主运动。插齿刀的上下往复直线运动。②分齿运动。插齿刀与被切齿轮坯之间强制保持一对齿轮的啮合关系的运动。③圆周进给运动。插齿刀每往复一次在自身分度盘上所转过弧长的毫米数。④径向进给运动。插齿刀向工件径向进给以逐渐切至齿全深的运动。⑤让刀运动。为避免刀具回程时与工件表面摩擦，工作台带动工件在插齿刀回程时让开插齿刀，在插齿刀工作行程时又恢复原位的运动。

插齿除可以加工一般外圆柱齿轮外，尤其适宜加工双联齿轮、多联齿轮和内齿轮，其加工精度为8～7 级，齿面粗糙度 Ra 值为 1.6μm。插齿用于各种批量的生产中。

3. 滚齿

滚齿加工在滚齿机上进行。滚齿过程可近似地看做齿条与齿轮的啮合。齿轮滚刀的刀齿排列在螺旋线上，在轴向或垂直于螺旋线的方向开出若干槽，磨出刀刃，即形成一排排齿条。当滚刀旋转时，一方面一排刀刃由上而下进行切削，另一方面又相当于齿条连续向前移动（见图5-86）。只要滚刀与齿轮坯的转速之间能严格保持齿条齿轮啮合的运动关系，再加上滚刀的沿齿宽方向的垂直进给运动，即可将齿轮坯切出所需要的齿形。

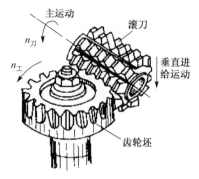

图 5-86　滚齿加工

滚齿时，为保证滚刀刀齿的运动方向（即螺旋齿的切线方向）与齿轮的轮齿方向一致，滚刀的刀轴必须扳转一定的角度。

滚齿机加工直齿圆柱齿轮需要以下 3 个运动：①**主运动**。滚刀的旋转运动。②**分齿运动**。滚刀与被切齿轮之间强制保持的齿条齿轮啮合关系的运动。③**垂直进给运动**。滚刀沿被切齿轮轴向移动逐渐切出全齿宽的运动。滚齿机加工斜齿圆柱齿轮还需要增加一个附加运动（**差动运动**）。

滚齿除可以加工直齿、斜齿圆柱齿轮外，还能加工蜗轮和链轮，其加工精度为 8～7 级，齿面粗糙度 Ra 值为 1.6μm。滚齿适宜各种批量的生产。

5.4　刨削

5.4.1　刨削加工概述

在刨床上用刨刀加工工件的工艺过程称为刨削。刨削是平面加工的主要方法之一。

刨削主要用来加工平面（包括水平面、垂直面和斜面），也广泛地用于加工沟槽（如直槽、V 形槽、T 形槽、燕尾槽等），还可以用来加工母线为直线的成型面等（见图5-87）。

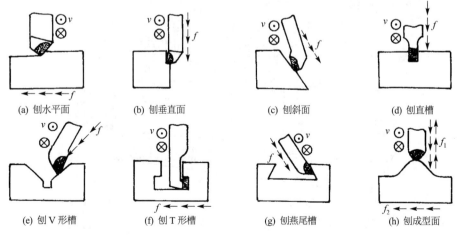

　(a) 刨水平面　　　(b) 刨垂直面　　　(c) 刨斜面　　　(d) 刨直槽

　(e) 刨 V 形槽　　　(f) 刨 T 形槽　　　(g) 刨燕尾槽　　　(h) 刨成型面

图 5-87　刨削加工范围

刨削加工可在牛头刨床上进行，此时，刀具做直线往复的主运动，工件在垂直于主运动方向作间隙进给运动。刨削加工也可在龙门刨床上进行，此时，主运动为工作台带动工件作直线往复运动，进给运动为刨刀作间隙的水平或垂直的直线运动。牛头刨床的最大刨削长度一般不超过 1000mm，因此只适合加工中小型工件，并用于单件生产；龙门刨床主要用来加工大型工件，或同时加工多个中小型工件，其加工精度和生产率高于牛头刨床。

由于刨削时刨刀只在工作行程切削，而在返回行程并不切削，即单行程切削；刨削加工主运动为往复直线运动，在切入、切出时会引起较大的冲击，限制了切削用量的提高。它只适合在中、低速范围内进行加工；单刃刨刀实际参加切削的切削刃长度有限，一个表面往往要经过多次切削形成，基本工艺时间较长。由于以上原因，刨削的生产率较低。但是刨削狭长表面（如导轨、长槽等）或在龙门刨床上进行多件、多刀切削时，却有着较高的生产率。刨削加工所用的机床、刀具和夹具都比较简单，通用性强，故主要应用于单件小批生产，并在工具制造和设备维修车间得到广泛应用。

刨削加工质量中等，其尺寸公差等级一般为 IT9～IT8，表面粗糙度 Ra 值为 6.3～1.6μm。但刨削加工可保证一定的相互位置精度。因为刨削可通过更换刨刀在一次安装中刨削几个不同的表面来保证位置精度。用龙门刨床加工大型工件，则可利用几个刀架同时进行多表面加工。因此，对相互位置精度要求较高的多表面零件，如机座、箱体和床身上的支承面或基准面等常用刨削加工。

5.4.2 刨床与刨刀

1. 牛头刨床的组成及其功能

牛头刨床是刨削类机床中应用较广泛的一种。牛头刨床型号 B6065 中字母与数字代表的含义为：B 表示刨削类机床、60 表示牛头刨床、65 表示最大刨削长度为 650mm。

如图 5-88 所示为牛头刨床外形结构图，其主要组成部分及其功能如下。

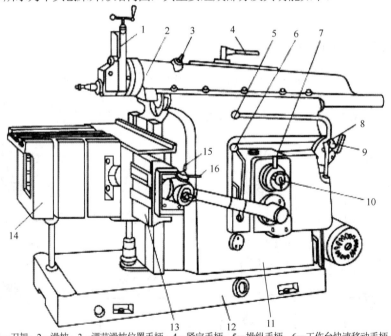

1—刀架；2—滑枕；3—调节滑枕位置手柄；4—紧定手柄；5—操纵手柄；6—工作台快速移动手柄；
7—进给量调节手柄；8、9—变速手柄；10—调节行程长度手柄；11—床身；12—底座；
13—横梁；14—工作台；15—工作台横向或垂直进给手柄；16—进给运动换向手柄

图 5-88　牛头刨床外形结构图

① 床身和底座。床身安装在底座上，用来安装和支承机床各部件。床身内部有传动机构，其顶面燕尾形导轨供滑枕作往复直线运动，垂直面导轨供工作台升降用。

② 滑枕和摇臂机构。摇臂机构是牛头刨床的主运动机构，其主要作用是把电动机的旋转运动变为滑枕的直线往复运动，从而带动刨刀进行刨削。在图 5-89 所示的牛头刨床传动系统中，传动齿轮 19 带动摇臂齿轮 20 转动，滑块 21 在摇臂 22 的槽内滑动并带动摇臂绕下支点 23 前后摆动，于是带动滑枕 2 做往复直线运动。滑枕往复运动的快慢、行程的长短和位置均可根据加工位置进行调整，见表 5-5。

③ 工作台及进给机构。工作台 14 安装在横梁 13 的水平导轨上，用来安装工件或夹具。依靠进给机构（棘轮机构），工作台可在横向作自动间隙进给。在图 5-90 所示的牛头刨床的横向进给机构中，齿轮 25 与图 5-89 中摇臂齿轮 20 同轴旋转，齿轮 25 带动齿轮 24 转动，使固定于偏心槽内的连杆 30 摆动拨爪 31，拨动棘轮 32 使同轴丝杆 33 转一个角度，实现工作台横向进给。反向时，由于拨爪后面是斜的，爪内弹簧被压缩，拨爪从棘轮齿顶滑过，因此，工作台横向自动进给是间隙的。

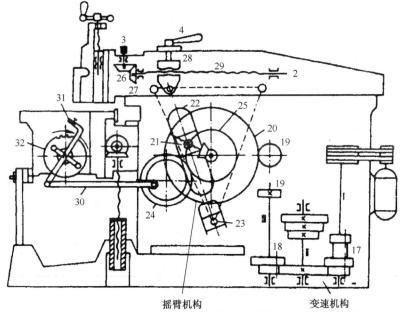

17，18—划移齿轮；19—传动齿轮；20—摇臂齿轮；21—滑块；22—摇臂；23—下支点；
24，25—齿轮；26，27—锥齿轮；28—螺母；29—丝杠；30～34—见图 5-90 注

图 5-89　牛头刨床传动系统图

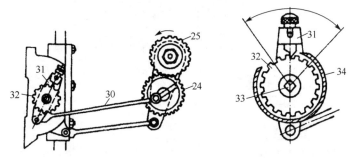

24，25—齿轮；30—连杆；31—棘轮爪；32—棘轮；33—丝杠；34—棘轮护盖

图 5-90　牛头刨床的横向进给机构

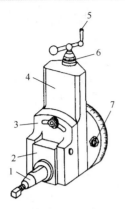

1—刀夹；2—抬刀板；3—刀座；4—滑板；
5—刀架进给手柄；6—刻度盘；7—转盘

图 5-91　刀架

④ 刀架。刀架用来夹持刨刀（见图 5-91），实现垂直或斜向进给运动。其上滑板有可偏转的刀座，抬刀板绕刀座上的轴顺时针抬起，使刨刀返程时能抬离加工表面，减少刨刀与工件间的摩擦。

2. 牛头刨床的调整

牛头刨床的调整见表 5-5。

3. 其他刨削类机床

除牛头刨床外，刨削类机床还有龙门刨床和插床等。

（1）龙门刨床。如图 5-92 所示为双柱龙门刨床，型号为 B2010A。龙门刨床的主运动是工作台（工件）的往复直线运动，进给运动是刀架（刀具）的移动。

表 5-5　牛头刨床的调整

调整内容	调整要求	调整内容
滑枕行程长度的调整	使滑枕行程长度略大于工件加工表面的削削长度	松开图 5-91 中行程长度调节手柄 10 端部的滚花螺母，用曲柄摇手转动 10，通过一对锥齿轮 35 和 36，转动小丝杠 37，使偏心滑块 38 移动，曲柄销 39 带动图 5-89 中滑块 21 改变其在摇臂齿轮端面上的偏心位置，从而改变滑枕行程长度
滑枕起始位置的调整	使滑枕起始位置和工作台上工件的装夹位置相适应	松开图 5-88 中的紧定手柄 4，再用曲柄摇手转动轴 3，通过一对锥齿轮 26、27 转动丝杠 29，改变螺母 28 在丝杠 29 上的位置，从而改变滑枕 2 起始位置
滑枕行程速度的调整	根据工件的加工余量和加工要求进行调整	转动图 5-88 中变速手柄 8 和 9 的标示位置，即可改变图 5-89 中变速机构的两组滑动齿轮 17、18 的啮合关系，以改变轴Ⅲ的转速，使滑枕行程速度相应变换，满足不同削削要求
横向进给量的调整	应根据工件的加工要求调整给量和进给方向	进给量是指滑枕往复一次时，工作台的水平横向移动量。进给量的大小取决于滑枕往复一次时棘轮爪能拨动的棘轮齿数。调整图 5-90 中棘轮护盖 34 的位置，可改变棘爪拨动的棘轮齿数，即可调整横向进给量的大小
横向进给方向的变换		进给方向即工作台水平移动方向。将图 5-90 中棘轮爪 31 转动 180°，即可使棘轮爪的斜面与原来反向，即棘爪拨动棘轮的方向相反，使工作台移动换向

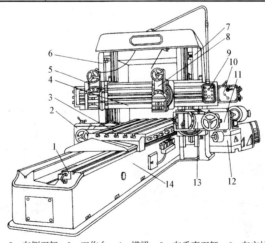

1—液压安全器；2—左侧刀架；3—工作台；4—横梁；5—左垂直刀架；6—左立柱；7—右立柱；
8—右垂直刀架；9—悬挂按钮站；10—垂直刀架进给箱；11—右侧刀架进给箱；
12—工作台减速箱；13—右侧刀架；14—床身

图 5-92　双柱龙门刨床

两个垂直刀架 2、13，可沿横梁导轨作横向进给运动，以刨削水平面；两个侧刀架 5、8 可沿立柱导轨作垂直进给运动，以刨削垂直面。各刀架均可扳转一定角度以刨削斜面。横梁 4 可沿立柱导轨升降，以适应不同高度的工件。刨削时要调整好横梁的位置和工作台的行程长度。

在龙门刨床上加工箱体、导轨等狭长平面时，可采用多刀、多件刨削以提高生产率。如在刚性好、精度高的机床上，用宽刃刀进行大进给量精刨平面，可以获得平面度在 1000mm 内，不大于 0.02mm，表面粗糙度 Ra 值为 1.6～0.8μm 的平面。

龙门刨床适合于大型零件上的狭长表面加工或多件、多刀同时刨削。

（2）插床。插床（见图 5-93）在结构原理上与牛头刨床同属一类。插床可以看做垂直运动的刨床，因此，插床又称为立式刨床，其主运动为滑枕带动插刀在垂直方向上作往复直线运动。工件安装在工作台上，可作纵向、横向和圆周间歇进给运动。

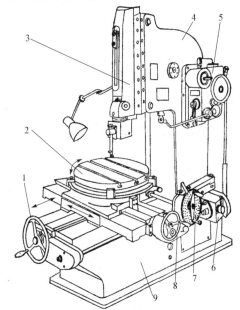

1—工作台纵向移动手轮；2—工作台；3—滑枕；4—床身；5—变速箱；
6—进给箱；7—分度盘；8—工作台横向移动手轮；9—底座

图 5-93　插床外形结构图

插床主要用于单件、小批生产中插削直线和成型内表面，如方孔、多边形孔、孔内键槽等。另外，它有分度机构，故也可用于插花键等，加工精度达 IT9～IT8，表面粗糙度 Ra 为 6.3～1.6μm。

4．刨刀及其装夹

（1）刨刀的结构特点与种类。刨刀的结构、几何形状与车刀相似，但由于刨削过程有冲击力，刀具易损坏，所以刨刀截面通常比车刀大。为了避免刨刀扎入工件，刨刀刀杆常做成弯头的。刨刀的种类很多，按加工形式和用途的不同，常用的刨刀有以下多种（见图 5-94）。其中，平面刨刀用于刨平面；偏刀用于刨垂直面或斜面；角度偏刀用于刨燕尾槽和角度；切刀及割槽刀用于切断工件或刨沟槽；弯切刀用于刨 T 形槽及侧面槽。此外，还有成型刀，用于刨特殊形状的表面。

（2）刨刀的装夹和调整。刨刀装夹正确与否直接影响工件加工质量。

安装时将刀架转盘对准零线，以便控制背吃刀量。刀架下端与转盘底部基本对齐，以增加刀架的刚度。装夹刨刀时，不要把刀头伸出过长，以免产生振动。直头刨刀的刀头伸出长度为刀杆长度的 1.5～2 倍。

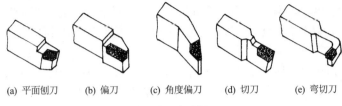

(a) 平面刨刀　　(b) 偏刀　　(c) 角度偏刀　　(d) 切刀　　(e) 弯切刀

图 5-94　常用刨刀

5. 刨削工件的装夹

（1）用平口钳装夹。平口钳是通用工具，用于装夹小型工件。加工前工件先轻夹在平口钳上，用钢尺、划针等或凭眼力直接找正工件的位置，然后夹紧。见图 5-95(a)是用划针找正工件上、下两平面对工作台面的平行度。如果是毛坯，可先划出加工线，然后按划线找正工件的位置［见图 5-95(b)］。

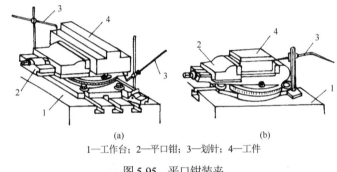

(a)　　　　　　　　　　　　(b)

1—工作台；2—平口钳；3—划针；4—工件

图 5-95　平口钳装夹

（2）在工作台上装夹。在工作台上装夹工件时（见图 5-96），可根据工件的外形尺寸，分别用压板和压紧螺栓装夹工件；用撑板装夹薄板工件；用 V 形铁装夹圆形工件；将工件装在角铁上，用 C 形夹或压板压紧。在工作台上装夹工件时，根据工件装夹精度要求，也用划针、百分表等找正工件或先划好加工线再进行找正。

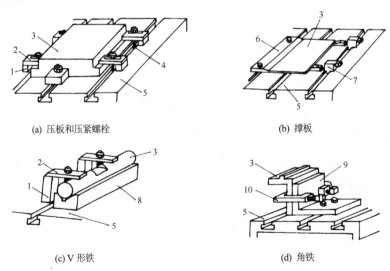

(a) 压板和压紧螺栓　　　　　　　　　　　(b) 撑板

(c) V 形铁　　　　　　　　　　　(d) 角铁

1—垫铁；2—压板；3—工件；4—螺钉；5—工作台；6—撑板；7—侧压板；8—V 形铁；9—角铁

图 5-96　工作台上装夹工件

（3）用专用夹具装夹。

专用夹具是根据工件某一工序的具体情况而设计的，可以迅速而准确地装夹工件。这种方法多用于批量生产。在刨床上还经常使用组合夹具来装夹工件，以满足单件小批生产的加工要求。

5.4.3　刨削基本工序

1. 刨水平面

刨水平面可按下列顺序进行：根据工件加工表面形状选择和装夹刨刀；工件和刨刀安装正确后，调整工作台（工件）高度至合适位置，再调整滑枕行程长度、行程速度和起始位置；开动机床，移动滑枕，使刨刀接近工件后停车；转动工作台横向走刀手柄，使工件移到刨刀下面，同时摇动刀架手柄，使刀尖接触工件表面；移动工作台，使工件一侧离刨刀 3～5mm；按选定的背吃刀量摇动刀架，使刨刀向下进刀；开动机床，工作台横向走刀，进行刨削（若刨削余量较大，可分几次走刀刨完）；刨完后用量具测量工件尺寸；合格后方可卸下工件。最后清除切屑并整理工位。

在牛头刨床上加工工件的切削用量为：切削速度 0.2～0.5m/s；进给量（刨刀每往复一次工件移动的距离）0.33～1mm/min；背吃刀量 0.5～2mm。

2. 刨垂直面

采用偏刀，并将刀架转盘刻度线对准零线，以便刨刀能作垂直方向运动；将刀座下端向着工件加工面偏转一个角度（10°～15°），以便返回行程时减少刀具和工件的摩擦；摇动刀架进给手柄，使刀架作垂直进给，刨出垂直面（见图 5-97）。

3. 刨斜面

扳转刀架，使刀架转盘转过的角度等于工件斜面与垂直面间的夹角，使刨刀能沿斜面方向移动［见图 5-98(a)］；将刀座下端向着工件加工面偏转一个角度（同刨垂直面），使刨刀在回程时能抬离工件，避免擦伤已加工表面［见图 5-98(b)］；摇动刀架进给手柄，使刀架从上向下沿斜面方向进给，刨出斜面。

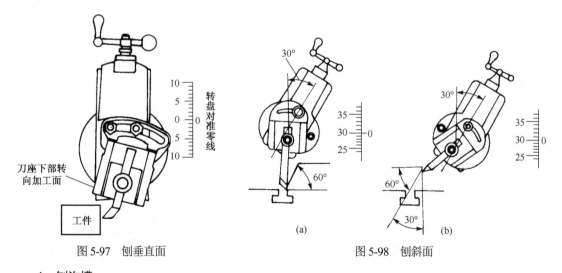

图 5-97　刨垂直面　　　　　　　图 5-98　刨斜面

4. 刨沟槽

（1）刨 T 形槽。刨 T 形槽的划线形状如图 5-99 所示。T 形槽的刨削步骤如图 5-100 所示。

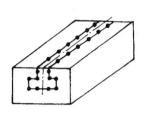

图 5-99　刨 T 形槽工件的划线

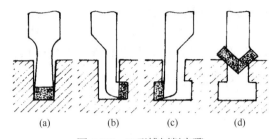

图 5-100　T 形槽刨削步骤

（2）刨燕尾槽。刨燕尾槽步骤如图 5-101 所示。

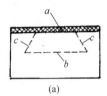
(a)

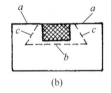
(b)

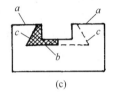
(c)

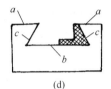
(d)

图 5-101　刨燕尾槽步骤

5. 刨矩形工件

矩形工件的刨削步骤如图 5-102 所示。

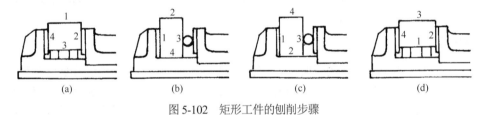

图 5-102　矩形工件的刨削步骤

5.5　磨削

5.5.1　磨削加工概述

用砂轮或其他磨具加工工件，称为磨削。磨削加工是零件精加工的主要方法。从本质上讲，磨削也是一种切削。砂轮或磨具表面上的每一个突出磨粒，均可近似地看成一个微小的刀齿，因此，砂轮可以看做具有许多微小刀齿的铣刀。

磨削过程中，磨粒在高速、高压与高温的作用下，将逐渐磨损而变钝。此时继续磨削，磨削力增大，最终使磨粒破碎而形成新的锋刃，或整粒脱落，露出新的磨粒锋刃。砂轮的这种自行推陈出新、以保持自身锋利的性能，称为"自锐性"。

砂轮的自锐性保证了磨削过程的顺利进行，但时间长了，切屑和碎磨粒会把砂轮堵塞，使砂轮失去切削能力；另外，破碎的磨粒一层层脱落下来，会使砂轮失去外形精度。为了恢复砂轮的切削能力和外形精度，磨削一定时间后，需对砂轮进行修整。

磨削加工有以下工艺特点。

① 加工质量好。常用磨削加工达到的经济精度为 IT6～IT5，表面粗糙度 Ra 值为 0.8～0.2μm。如采用先进的磨削工艺，如精密磨削、超精密磨削等，Ra 值可达 0.01～0.012μm。磨削加工质量与砂轮、磨床的结构有关。磨削属微刃切削，磨削的切削厚度极薄。每一磨粒切削厚度可小到数微米，故可获得高的加工精度和低的表面粗糙度。另外，磨削所用磨床比一般切削加工机床精度高，刚性及稳定性较好，且可以实现微量进给与切削，从而保证了高精度加工的实现。

② 适应性广。磨削加工不仅能加工一般的金属材料，如碳钢、铸铁、合金钢等，还可以加工一般金属刀具难以加工的硬材料，如淬火钢、硬质合金等。它不仅用于精加工，也可以用于半精加工和粗加工。

磨削加工的应用范围很广，它可以加工各种外圆面、内圆面、平面、成型面（包括齿轮、螺纹面等），还常用于各种切削刀具的刃磨（见图 5-103）。

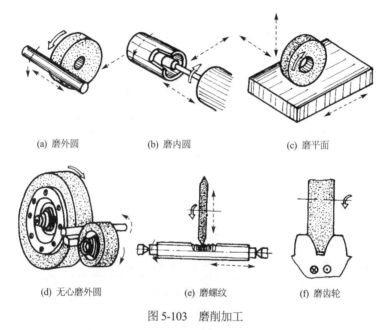

(a) 磨外圆 (b) 磨内圆 (c) 磨平面

(d) 无心磨外圆 (e) 磨螺纹 (f) 磨齿轮

图 5-103 磨削加工

③ 磨削温度高。由于磨削速度很高，挤压和摩擦较严重，砂轮导热性很差，磨削温度高达800℃～1000℃。因此，在磨削过程中，应大量使用切削液。

5.5.2 磨床与砂轮

1. 磨床

磨床按用途不同可分为外圆磨床、内圆磨床、平面磨床、无心磨床、工具磨床、螺纹磨床、齿轮磨床以及其他各种专用磨床等。

（1）外圆磨床

如图 5-104 所示为 M1432A 型万能外圆磨床。其型号中各字母与数字的含义是：M——磨削类，1——外圆磨床组，4——万能外圆磨床系，32——最大磨削直径320mm，A——第一次重大改进。

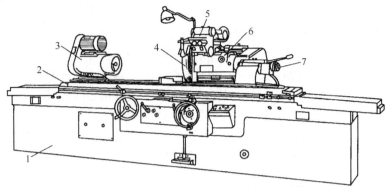

1—床身；2—工作台；3—头架；4—砂轮；5—内圆磨头；6—砂轮架；7—尾座

图 5-104 M1432A 型万能外圆磨床

万能外圆磨床的主要组成部分如下。

① 床身。它用以支承和连接磨床各个部件。内部装有液压传动装置，上部有纵向和横向两组导轨以安装工作台和砂轮架。

② 工作台。工作台由上下两层组成。上工作台可以相对于下工作台偏转一定角度，以便磨削锥面；下工作台下面装有活塞杆活塞，可通过液压机构使工作台作往复运动。如图 5-105 所示为液压传动原理图。该机构由活塞、油缸、换向阀、节流阀、油箱、油泵、止通阀等元件组成。当止通阀处于通状态时，压力油通过止通阀流向换向阀，流至油缸左端，从而推动活塞带动工作台向右运动；油缸右端无压力的油通过换向阀、节流阀回到油箱；调节节流阀的大小可以改变油的流量，从而改变工作台的运动速度。

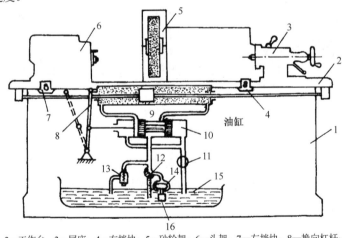

1—床身；2—工作台；3—尾座；4—右挡块；5—砂轮架；6—头架；7—左挡块；8—换向杠杆；9—活塞；
10—换向阀；11—节流阀；12—转阀；13—安全阀；14—油泵；15—油箱；16—滤油器

图 5-105 液压传动原理图

③ 砂轮架。砂轮架上装夹砂轮，由单独电动机带动做高速旋转。砂轮架安装在床身的横向导轨上，可通过手动或液压传动实现横向移动。

④ 头架。头架内的主轴由电动机经变速机构带动作旋转运动，主轴前端可安装顶尖或卡盘，以便装夹工件。

⑤ 尾架。尾架套筒内装有顶尖，可与主轴顶尖一起支承工件。它在工作台上可移动位置以适应不同长度的工件。

（2）内圆磨床

内圆磨床主要用于磨削圆柱孔、圆锥孔及端面等。如图 5-106 所示为内圆磨床的外形图。将头架绕垂直轴线转动一个角度，就可以磨削锥孔。工件转速能实现无级调速，砂轮架安放在工作台上，工作台由液压传动作往复运动，也能实现无级调速。同时，为提高生产率，砂轮架能自动切换为快速趋近及快速退出。

（3）平面磨床

平面磨床用于磨削工件的平面。如图 5-107 所示为平面磨床的外形图。工作台上装有电磁吸盘或其他夹具，用以装夹工件。

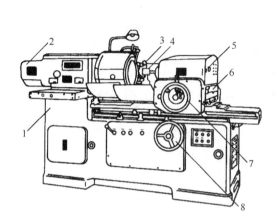

1—床身；2—头架；3—砂轮修整器；4—砂轮；5—砂轮架；
6—工作台；7—操纵砂轮架手轮；8—操纵工作台手轮

图 5-106　内圆磨床外形图

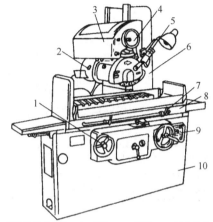

1—驱动工作台手轮；2—磨头；3—托板；4—轴向进给手轮；
5—砂轮修整器；6—立柱；7—行程挡块；8—工作台；
9—径向进给手轮；10—床身

图 5-107　平面磨床外形图

砂轮架沿托板的水平导轨可作轴向进给运动，这可由液压带动或手轮移动；托板可沿立柱的导轨垂直移动，以调整磨头的高低位置及完成径向进给运动。这一运动亦可通过转动手轮实现。

（4）无心磨床

无心外圆磨床（见图 5-108）的结构不同于一般的外圆磨床。

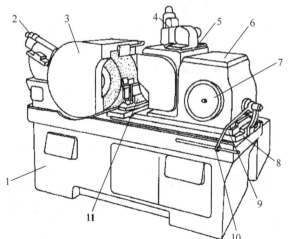

1—床身；2—砂轮修整器；3—砂轮架；4—导轮修整器；5—转动体；6—座架；7、10—进给手柄；8—底座；9—滑板；11—托架

图 5-108　无心外圆磨床

在无心外圆磨床上磨外圆时（见图5-109），工件放在砂轮与导轮之间，下方用托板托住，不用顶尖支持。磨削时，工件由导轮与托板所形成的V形来支承，即以工件自身外圆为定位基准来磨削外圆，故称为无心磨削。导轮用橡胶结合剂制作，主要起定位与驱动工件回转的作用。对于通过式磨削而言，工件除匀速转动外，还必须有轴向前进运动，所以在无心通磨时，导轮的回转轴线在垂直平面内相对于砂轮轴线倾斜 α（1°～5°），导轮以比砂轮低得多的速度转动，靠摩擦力带动工件旋转。导轮与工件接触点的线速度 $v_导$，可以分解为两个分速度，一个是沿工件圆周切线方向的 $v_工$，另一个是沿工件轴线方向的 $v_通$，从而，工件一方面旋转作圆周进给，另一方面作轴向进给运动。为了使工件与导轮能保持线接触，应当将导轮修整成双曲面形状。

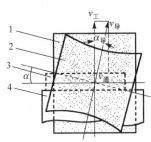 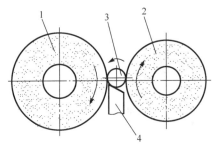

1—磨削轮；2—导轮；3—工件；4—托板

图5-109 无心外圆磨削工作原理图

2. 砂轮

（1）砂轮的组成与特性

砂轮是磨削的主要工具。它由磨料、结合剂和孔隙三个基本要素组成，如图5-110所示。砂轮表面上杂乱地排列着许多磨粒，磨粒的每一个棱角都相当于一个切削刃，整个砂轮相当于一把具有无数切削刃的铣刀，磨削时砂轮高速旋转，切下的切屑呈粉末状。

随着磨料、结合剂及制造工艺的不同，砂轮的特性可能会产生很大的差别。

砂轮的特性由下列因素决定：磨料、粒度、结合剂、硬度、组织、形状及尺寸。

1—磨料；2—结合剂；3—孔隙

图5-110 砂轮的组成

磨料。磨料是制造砂轮的主要原料，直接担负着切削工作。它必须具有高的硬度以及良好的耐热性，并具有一定的韧性。常用磨料有棕刚玉（A）、白刚玉（WA）、黑碳化硅（C）和绿碳化硅（GC）。

粒度。粒度表示磨料的颗粒大小，粒度号越大，颗粒越小，它对磨削生产率和表面粗糙度都有很大的影响。一般粗颗粒用于粗加工，细颗粒用于精加工。磨软材料时，为防止砂轮堵塞，用粗磨粒；磨削脆、硬材料时，用细磨粒。

结合剂。砂轮的强度、抗冲击性和耐热性等，主要取决于结合剂的种类和性能。常用的结合剂有陶瓷结合剂（V）、树脂结合剂（B）和橡胶结合剂（R）三种。除切断砂轮、导轮外，大多数砂轮都采用陶瓷结合剂。

硬度。砂轮的硬度是指砂轮上的磨粒在磨削力的作用下，从砂轮表面上脱落的难易程度。若磨粒易脱落，表明砂轮硬度低；反之，则表明砂轮硬度高。砂轮的硬度与磨料的硬度是完全不同的两个概念，主要取决于结合剂的性能。工件材料越硬，磨削时砂轮硬度应选得软些；工件材料越软，砂轮的硬度应选得硬些。

组织。砂轮的组织是指磨料和结合剂的疏密程度，它反映了磨粒、结合剂和气孔三者所占体积的比例。

砂轮组织分为紧密、中等和疏松三大类，共 16 级（0～15）。常用的是 5、6 级，级数越大，砂轮越松。

形状、尺寸。为了适应磨削各种形状和尺寸的工件，砂轮可以做成各种不同的形状和尺寸。常用砂轮的形状、型号及用途见表 5-6。

表 5-6　为常用砂轮的形状、型号及用途

砂轮名称	型号	简图	主要用途
平形砂轮	1		用于磨外圆、内圆、平面、螺纹及无心磨床
平形切割砂轮	41		主要用于开槽和切断等
筒形砂轮	2		用于立轴端面磨
双面凹砂轮	7		主要用于外圆磨削和刃磨刀具；无心磨床砂轮和导轮
杯形砂轮	6		用于磨平面、内圆及刃磨刀具
双斜边形砂轮	4		用于磨削齿轮和螺纹
碗形砂轮	11		用于导轨磨及刃磨刀具
碟形砂轮	12		用于磨铣刀、铰刀、拉刀等，大尺寸的用于磨齿轮端面

为方便使用，将砂轮的特性代号标注在砂轮非工作表面上。按 GB/T2484—2006 规定其标志顺序及意义举例如下。

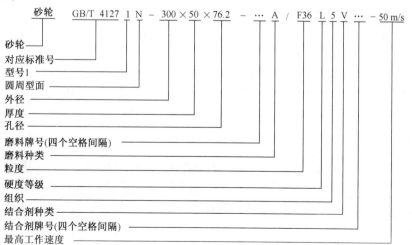

（2）砂轮的平衡与安装

不平衡的砂轮在高速旋转时会产生振动，影响加工质量和机床精度，严重时还会造成机床损坏和砂轮碎裂。因此在安装砂轮之前必须进行平衡，砂轮的平衡有静平衡和动平衡两种。

平衡好的砂轮在安装至机床主轴前先要进行裂纹检查，有裂纹的砂轮绝对禁止使用。大砂轮通过台阶法兰盘装夹；不太大的砂轮用法兰盘直接装在主轴上；小砂轮用螺母紧固在主轴上；更小的砂轮可粘固在轴上。

5.5.3 磨削基本工序

1. 磨外圆

外圆磨削一般在普通外圆磨床或万能外圆磨床上进行。对于成批大量磨削细长轴和无中心孔的短轴类零件也常在无心外圆磨床上进行。

在外圆磨床上磨削外圆时，轴类工件常用顶尖装夹，其方法基本与车削相同，盘套类零件则利用心轴和顶尖安装。

常用的外圆磨削方法有：纵磨法、横磨法、深磨法、无心磨法等（见图5-111）。

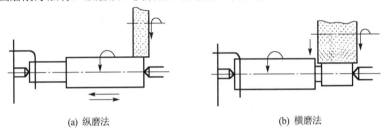

(a) 纵磨法　　　　　　　　　　　　　　　　(b) 横磨法

图 5-111　外圆磨削方法

① 纵磨法［见图 5-112(a)］。砂轮高速旋转为主运动，工件旋转并和磨床工作台一起往复直线运动分别为圆周进给和纵向进给；每当工件一次往复行程终了时，砂轮做周期性的横向进给。每次磨削深度很小，磨削余量是在多次往复行程中切除的。

由于每次磨削深度小，所以磨削力小，产生的热量少，散热条件较好。还可以利用最后几次无横向进给的光磨行程进行精磨，因此，加工精度和表面质量较高。此外，纵磨法具有较大的适应性，可以用一个砂轮加工不同长度的工件。但是，它的生产效率较低，故广泛用于单件、小批生产及精磨，特别适用于细长轴的磨削。

② 横磨法［见图 5-112(b)］。横磨法又称切入磨法，工件不做纵向移动，而由砂轮以慢速做连续的横向进给，直至磨去全部磨削余量。

横磨法生产率较高，适用于成批及大量生产，尤其是工件上的成型表面，只要将砂轮修整成型，就可直接磨出，较为简便。但是，横磨时工件与砂轮接触面积大，磨削力较大，发热量多，磨削温度高，工件易发生变形和烧伤，故仅适于加工表面不太宽且刚性较好的工件。

2. 磨内孔

孔（圆柱孔、圆锥孔和成型内圆面）的磨削可以在内圆磨床和万能外圆磨床上进行。内圆磨削也可分为纵磨法和横磨法。多数情况下采用纵磨法，横磨法仅适用于磨削短孔及内成型面。

纵磨圆柱孔时，工件安装在卡盘上（见图5-112），在其旋转的同时，沿轴向做往复直线运动（即纵向进给运动）。装在砂轮架上的砂轮高速旋转，并在工件往复行程终了时，做周期性的横向进给。若磨削锥孔，只需将磨床的头架在水平方向偏转半个锥角即可。

磨内孔时，悬伸的砂轮轴细而长，刚性差，易变形和振动，磨削热大，冷却排屑条件差，工件易发热变形，砂轮易堵塞，因而内圆磨削用量比外圆磨削低，生产率低，加工质量也不及外圆磨削。

3．磨削平面

磨平面一般使用平面磨床。磨削铁磁性工件（如钢、铸铁等）时，多利用电磁吸盘将工件吸住，装卸方便。对于铜、铝等非导磁性工件，可通过精密平口钳等装夹工件。

平面磨削分周磨法和端磨法两种。周磨是利用砂轮的外圆面进行磨削〔见图 5-113(a)、见图 5-113(b)〕；端磨则是利用砂轮的端面进行磨削〔见图 5-113(c)、见图 5-113(d)〕。

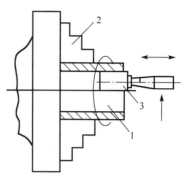

1—工件；2—砂轮；3—三爪卡盘

图 5-112　磨圆柱孔

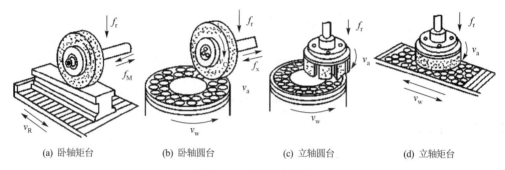

(a) 卧轴矩台　　　(b) 卧轴圆台　　　(c) 立轴圆台　　　(d) 立轴矩台

图 5-113　平面磨削方式

周磨时，砂轮与工件接触面积小，散热、冷却和排屑条件好，因此加工质量较高。适合磨削易翘曲变形的薄长件，能获得较好的加工质量，但磨削效率较低。

端磨时，砂轮轴伸出的长度较短，刚性好，允许采用较大磨削用量，故生产率较高，但砂轮与工件接触面积较大，磨削热多，冷却排屑困难，故加工质量较周磨低。

4．磨外圆锥面

磨外圆锥面与磨外圆的主要区别是工件和砂轮的相对位置不同。磨外圆锥面时，工件轴线必须相对于砂轮轴线偏斜一圆锥斜角 α。常用转动上工作台或转动头架的方法磨外圆锥面，如图 5-114 所示。有时也采用偏转工作台或成型砂轮来磨外圆锥面。

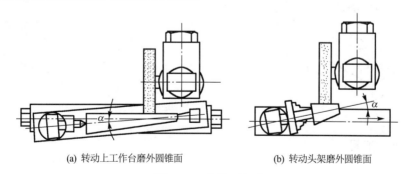

(a) 转动上工作台磨外圆锥面　　　(b) 转动头架磨外圆锥面

图 5-114　磨外圆锥面

第6章 钳工

6.1 钳工概述

钳工主要是利用虎钳和各种手动工具完成某些零件的加工，机器的装配、调试和维修，是切削加工中的重要工种之一。

钳工的基本操作包括：划线、锯削、锉削、錾削、钻孔、铰孔、攻丝、套扣、刮削、研磨、装配和修理等。

钳工又可分为普通划线钳工、划线钳工、修理钳工、装配钳工、模具钳工和钣金钳工等。

钳工工作劳动强度大、生产率低、对工人的技术要求高，但所用工具简单，操作灵活简便，因此，应用较为广泛。随着机械工业的发展，钳工操作的机械化程度正在不断提高。

6.2 划线

6.2.1 划线的作用和种类

根据图纸的要求，在毛坯或半成品上划出加工图形或加工界限的操作称为划线。

划线的作用：一是划出清晰的界限，作为工件安装或加工的依据；二是检查毛坯的形状和尺寸，剔除不合格的毛坯；三是合理分配各加工表面的加工余量和确定孔的位置。

划线的种类有平面划线和立体划线。在工件的一个平面上划线称为平面划线（见图6-1）。在工件长、宽、高三个方向上划线称为立体划线（见图6-2）。立体划线是平面划线的复合运用。

划线要求线条清晰，尺寸准确。由于划线的误差为0.25～0.5mm，所以在加工过程中要靠测量来控制尺寸精度，而不是以划出的线条来确定工件的最后尺寸。

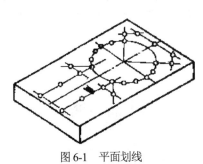

图6-1　平面划线

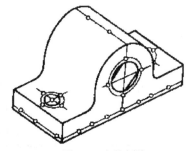

图6-2　立体划线

6.2.2 划线工具

（1）基准工具

划线平板是划线的主要基准工具（见图6-3）。它是经过精细加工的铸铁件。平板应平稳放置，保持水平。平面各处要均匀使用，并防止碰撞和锤击。平板表面要保持清洁，长期不用时应涂油防止生锈，并加盖保护罩。

（2）量具

量具有钢尺、直角尺、量高尺（普通高度尺）和高度游标尺。

（3）直接绘制工具

它包括划针、划规、划卡、划线盘和样冲。

划针（见图6-4）是在工件表面划线用的工具，常用$\phi 3\sim 6mm$的工具钢或弹簧钢丝制成并经淬硬处理。有的划针在尖端部分焊有硬质合金。

图6-3 划线平板

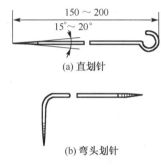

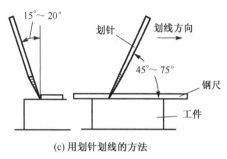

图6-4 划针

划规（见图6-5）是划圆或弧线、等分线段及量取尺寸等所用的工具。它与制图中使用的圆规的用法相同。

划卡（见图6-6）又称单脚规，用来确定轴、孔的中心位置，也可划平行线。

划线盘（见图6-7）是立体划线和找正工件位置的工具。

样冲（见图6-8）是在划好的线上冲眼的工具。它用工具钢制成并经淬硬处理。

图6-5 划规

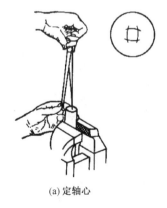

(a) 定轴心

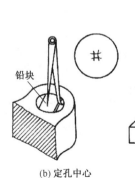

(b) 定孔中心

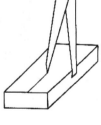

(c) 划平行直线

图6-6 划卡

（4）夹持工具

夹持工具有方箱、千斤顶、V形铁等。

① 方箱（见图6-9）是用铸铁制成的空心立方体。它的六个面都经过精加工，相邻各面互相垂直。方箱用于夹持较小的工件。通过在平板上翻转方箱，即可在工件表面上划出互相垂直的线来。

113

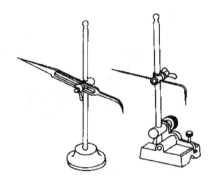

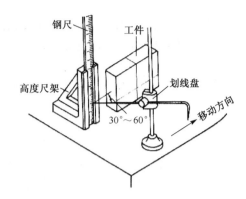

(a) 普通划线盘　　　　(b) 可调划线盘　　　　(c) 用划线盘划水平线

图 6-7　划线盘

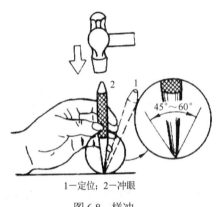

1—定位；2—冲眼

图 6-8　样冲

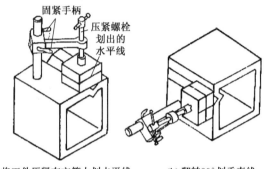

(a) 将工件压紧在方箱上划水平线　　　(b) 翻转90°划垂直线

图 6-9　方箱

② 千斤顶（见图 6-10）是在平板上支持工件用的工具，其高度可以调整。通常三个一组。

③ V 形铁（见图 6-11）是用于支撑圆柱形工件的工具，使工件轴心线与平台平面平行。一般两块为一组。

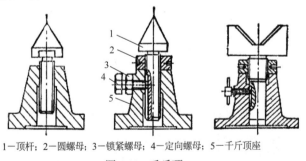

1—顶杆；2—圆螺母；3—锁紧螺母；4—定向螺母；5—千斤顶座

图 6-10　千斤顶

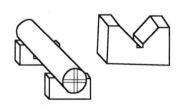

图 6-11　V 形铁

6.2.3　划线基准

基准是零件用来确定点、线、面位置的依据。在零件图上用来确定其他点、线、面位置的基准称为设计基准。作为划线依据的基准称为划线基准（见图 6-12）。划线基准应与设计基准一致。

常见的划线基准有三种类型（见图 6-13）。

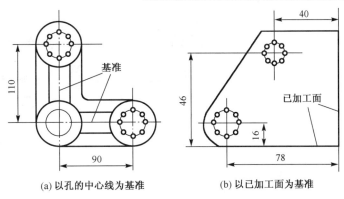

(a) 以孔的中心线为基准　　　　　　(b) 以已加工面为基准

图 6-12　划线基准

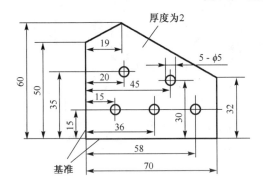

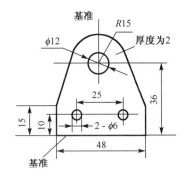

(a) 以两个互相垂直的平面（或线）为基准　　　(b) 以一个平面与一对称平面（或线）为基准

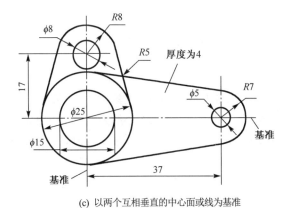

(c) 以两个互相垂直的中心面或线为基准

图 6-13　划线基准的种类

6.2.4　划线的操作

首先研究图纸，确定划线部位和划线基准，检查毛坯是否合格；然后清理毛坯上的氧化皮和毛刺；在划线的部位涂一层涂料：毛坯面涂大白浆，已加工表面涂紫色涂料（龙胆紫加虫胶和酒精）或绿色涂料（孔雀绿加虫胶和酒精）；用铅块或木块堵孔，以便确定孔的中心；最后划线操作。

平面划线与几何作图相同，在工件的表面上按图纸划出所要求的点或线。立体划线比平面划线复杂（见图 6-14）。

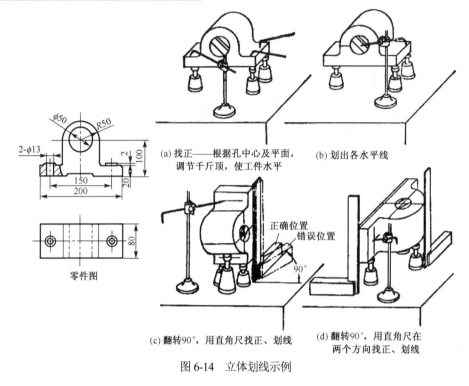

(a) 找正——根据孔中心及平面，调节千斤顶，使工件水平

(b) 划出各水平线

(c) 翻转90°，用直角尺找正、划线

(d) 翻转90°，用直角尺在两个方向找正、划线

图 6-14　立体划线示例

6.3　锯削

用手锯分割材料或在工件上切槽的加工方法称为锯削。

6.3.1　手锯

手锯由锯弓和锯条组成。锯弓的作用是安装和张紧锯条。它有可调式（见图 6-15）和固定式两种。锯条由碳素工具钢制成，并经淬硬处理。常用的锯条大小约为 300mm×12mm×0.8mm。锯条的切削部分是由许多锯齿组成的（见图 6-16）。锯条齿距按 25mm 长度所含齿数多少分为粗（14～18 齿）、中（24 齿）、细（32 齿）三种。

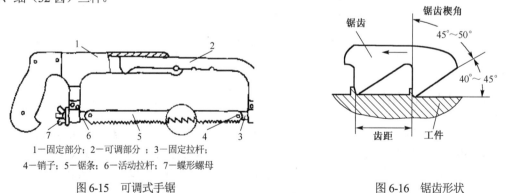

1—固定部分；2—可调部分；3—固定拉杆；
4—销子；5—锯条；6—活动拉杆；7—蝶形螺母

图 6-15　可调式手锯

图 6-16　锯齿形状

粗齿锯条适用于锯削铜、铝等软金属或厚工件；中齿锯条适用于普通钢、铸铁及中等厚度的工件；细齿锯条常用来锯硬钢、板料及薄壁管子。

6.3.2 锯削的操作

1．工件的夹持

工件的夹持应稳当、牢固，并尽可能夹持在虎钳的左边，锯割线应与钳口垂直，并尽可能靠近钳口。为防止夹坏已加工面，可在钳口与工件之间垫放铜皮或铝板。

2．锯条的安装

安装锯条时要保证齿尖的方向朝前。锯条的松紧要适当，一般用两个手指的力量能旋紧蝶形螺母为止。

3．手锯的握法

右手握稳锯柄，左手扶在锯弓前端（见图 6-17）。锯削时，推力和压力主要由右手控制。

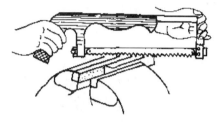

图 6-17　手锯的握法

4．锯削操作

（1）起锯

起锯（见图 6-18）是锯削工作的开始。起锯方式有两种：一种是从工件远离自己的一端起锯，如图 6-18(a)所示，称为远起锯；另一种是从工件靠近操作者身体的一端起锯，如图 6-18(b)所示，称为近起锯。一般情况下采用远起锯，起锯角以 10°～15°为宜。为防止锯条滑动，可用拇指手指甲挡住锯条。

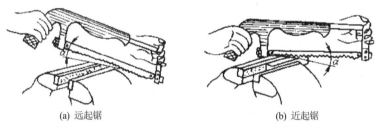

(a) 远起锯　　　　　　　　　　　(b) 近起锯

图 6-18　起锯姿势和角度

（2）正常锯削

锯削时，锯弓做往复直线运动，左手施加压力，右手推进，用力时要均匀。返回时，锯条轻轻滑过加工面，速度不要太快。锯削开始和终了时，压力和速度均要减小。锯硬材料时，应采用较大压力、较低速度；锯软材料时，可适当加速减压。为减轻锯条磨损，必要时可加切削液。锯条应全部长度都利用，即往复长度不小于全长的 2/3。锯缝如歪斜，不可强扭，应将工件翻转 90°，重新起锯。

5．锯割示例

锯扁钢，应从宽面起锯（见图 6-19）；锯圆管，应在管壁锯透时，将圆管向推锯方向转一角度，从原锯缝处下锯（见图 6-20）；锯深缝时，可将锯条转 90°安装，平放锯弓作推锯（见图 6-21）；锯薄板时，可将薄板夹在两块木板之间一起锯削（见图 6-22）。

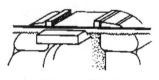

图 6-19　锯扁钢

图 6-20　锯圆管

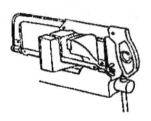

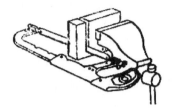

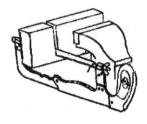

(a) 锯缝深度超过锯弓高度　　　　　(b) 将锯条转过90°安装　　　　　(c) 将锯条转过180°安装

图 6-21　锯深缝

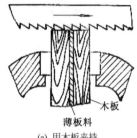

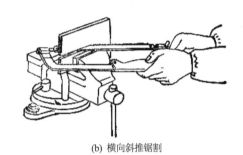

(a) 用木板夹持　　　　　　　　　　　(b) 横向斜推锯割

图 6-22　锯薄板

6.4　锉削

用锉刀对工件表面进行切削的加工方法称为锉削。锉削加工范围包括平面、曲面、内外圆弧、沟槽及其他复杂表面。锉削可达到 IT7～IT8 级精度，表面粗糙度 Ra 可达到 0.8μm。锉削多用于成型样板、模具型腔以及部件、机器装配时的工件修整，是钳工主要操作方法之一。

6.4.1　锉刀的材料及构造

锉刀常用 T12、T13 制造，并经热处理淬硬至 62～67HRC。

锉刀由锉刀面、锉刀边、锉刀舌、锉刀尾和木柄组成。

6.4.2　锉刀种类的选择

锉刀按其用途可分为普通锉、特种锉和整形锉（什锦锉）三种。

（1）普通锉（见图 6-23）按其工作部分长度分为 100、150、200、250、300、350、400mm 等七种；按其截面形状分为平锉、方锉、圆锉、半圆锉和三角锉；按齿纹可分为单齿纹和双齿纹；按齿纹粗细分为粗齿、中齿、细齿、粗油光（双细纹）、细油光五种。

（2）特种锉（见图 6-24）主要用于加工零件的特殊表面。它有直的也有弯的，其截面形状很多。

（3）整形锉（见图 6-25）主要用于精细加工及修整工件上难以机加工的细小部位。它由若干把各种截面形状的锉刀组成。

锉刀的选择原则是：按工件形状及加工面的大小选择锉刀的形状和规格，按工件材料的硬度、加工余量、加工要求选择锉刀齿纹的粗细。

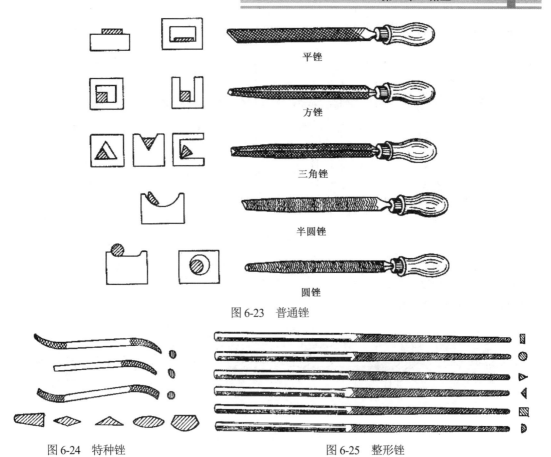

图 6-23　普通锉

图 6-24　特种锉　　　　　　　　图 6-25　整形锉

6.4.3　锉削操作

① 握锉方法。根据锉刀大小和形状的不同，采用相应的握法（见图 6-26）及施力方式。

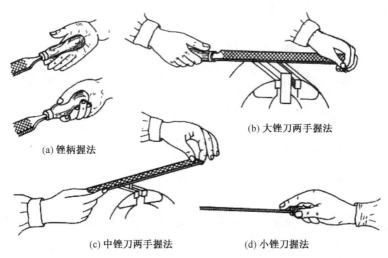

(a) 锉柄握法

(b) 大锉刀两手握法

(c) 中锉刀两手握法　　　　(d) 小锉刀握法

图 6-26　锉刀握法

② 锉削姿势。锉削姿势如图6-27所示。

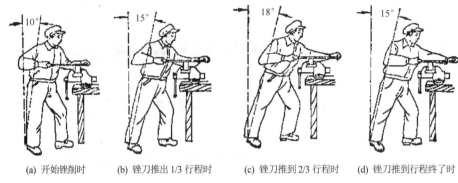

(a) 开始锉削时　　(b) 锉刀推出1/3行程时　　(c) 锉刀推到2/3行程时　　(d) 锉刀推到行程终了时

图 6-27　锉削姿势

③ 锉削力的运用。锉削时，锉刀的平直运动是锉削的关键。锉削的力有水平推力和垂直压力两种。推力由右手控制以克服切削阻力，压力由左手协调控制（见图6-28）以使锉齿深入工件表面。锉削速度以30～60次/分钟为宜。

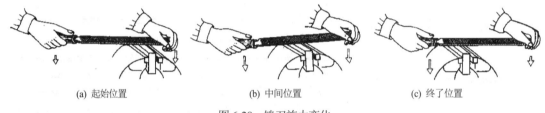

(a) 起始位置　　　　　　　(b) 中间位置　　　　　　　(c) 终了位置

图 6-28　锉刀施力变化

6.4.4　锉削方法

1. 平面锉削

平面锉削是最基本的锉削。常用的平面锉削方法可以分为三种（见图6-29）。

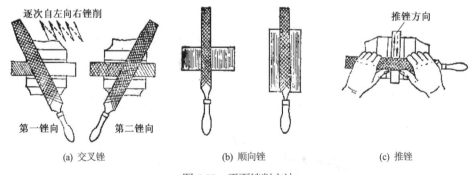

(a) 交叉锉　　　　　　　　(b) 顺向锉　　　　　　　　(c) 推锉

图 6-29　平面锉削方法

① 交叉锉。以交叉的两个方向顺序对工件进行锉削。适用于平面的粗锉。

② 顺向锉。锉刀沿着工件的表面横向或纵向移动。锉削平面可得到正直的锉痕，比较整齐美观。适用于工件锉光、锉平或锉顺锉纹。

③ 推锉。两手对称地握住锉刀，用大拇指推动锉刀进行锉削。适用于修正尺寸和减小表面粗糙度。

2．圆弧面（曲面）的锉削

① 锉外圆弧面。锉刀要同时完成两个运动：锉刀的前推运动（完成切削）和绕圆弧面中心的转动（保证锉出圆弧面的形状）。

常用的外圆弧面锉削方法有两种：精锉外圆弧面时采用滚锉法［见图 6-30(a)］，锉刀顺着圆弧面锉削。粗锉外圆弧面或不能采用滚锉法时，采用横锉法［见图 6-30(b)］，锉刀横着圆弧表面锉削。

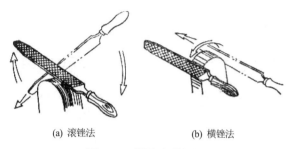

(a) 滚锉法　　　　　　　　(b) 横锉法

图 6-30　外圆弧面的锉削

② 锉内圆弧面。锉刀要同时完成三个运动：锉刀的前推运动、锉刀的左右移动和锉刀自身的转动。否则，锉不好内圆弧面（见图 6-31）。

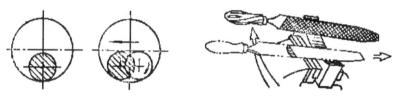

图 6-31　内圆弧面的锉削

3．通孔的锉削

通孔的锉削应根据孔的形状、工件的材料、加工余量和加工要求来选择锉刀（见图 6-32）。

4．锉削质量的检查

① 检查直线度。用钢尺和直角尺以透光法来检查［见图 6-33(a)］；

② 检查垂直度。用直角尺以透光法来检查。应先选择基准面，后检查其他各面［见图 6-33(b)］；

③ 检查尺寸。用游标卡尺在全长上测量几次；

④ 检查表面粗糙度。一般用眼睛观察即可。

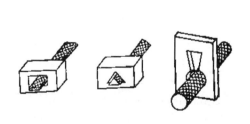

图 6-32　通孔的锉削

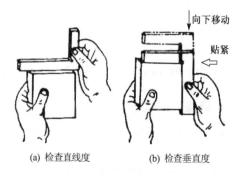

向下移动

贴紧

(a) 检查直线度　　　　(b) 检查垂直度

图 6-33　检查直线度和垂直度

6.5 孔及螺纹的加工

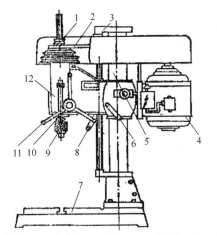

1—塔轮；2—三角皮带；3—丝杆架；4—电动机；5—立柱；
6—锁紧手柄；7—工作台；8—升降手柄；9—钻夹头；
10—主轴；11—进给手柄；12—头架

图 6-34 台式钻床

钳工进行的孔加工，主要有钻孔、扩孔、铰孔和锪孔。钻孔也是攻丝前的准备工序。

钳工孔加工常在台式钻床、立式钻床或摇臂钻床上进行。若工件大而重，也可用手电钻钻孔。铰孔有时也用手工进行。

6.5.1 钻床的种类

① 台式钻床。简称台钻（见图6-34），是一种安放在钳工台上的小型机床。它的质量轻、转速高（$n_{min} \geqslant$ 400r/min），适合于加工小型零件上直径≤13mm 的孔。

② 立式钻床。简称立钻（见图6-35），一般用来钻中型零件上的孔。其规格用最大钻孔直径来表示，常用的有 25mm、35mm、40mm、50mm 等几种。

③ 摇臂钻床。用来钻大型零件上的孔（见图6-36）。

④ 手电钻。主要用于直径≤12mm 的孔。常用于不便使用钻床的场合。手电钻的电源有 220V 和 380V 两种。

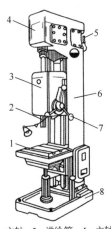

1—工作台；2—主轴；3—进给箱；4—主轴变速箱；
5—电动机；6—立柱；7—手柄；8—底座

图 6-35 立式钻床

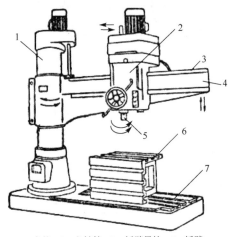

1—立柱；2—主轴箱；3—摇臂导轨；4—摇臂；
5—主轴；6—工作台；7—机座

图 6-36 摇臂钻床

6.5.2 钻头与钻孔方法

1. 麻花钻

麻花钻是钻孔用的主要刀具，一般由高速钢制成。它由柄部、颈部及工作部分组成（见图6-37）。工作部分（分为切削和导向两部分）经热处理淬硬至 62～65HRC。直径≤12mm 时，一般为直柄钻头；直径＞12mm 时，多为锥柄钻头。

麻花钻有两条对称的螺旋槽，用来形成切削刃，也用来排屑和输送切削液。它的直径前大后小，略有倒锥度，可以减少钻头与孔壁间的摩擦；切削部分有三条切削刃（见图 6-38），两条主切削刃担负主要切削工作；导向部分有两条狭长的、螺旋形的高出齿背 0.5～1mm 的棱边（刃带），起修光孔壁的作用，导向部分也是切削部分的后备部分。

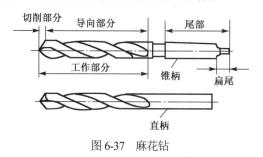

图 6-37　麻花钻

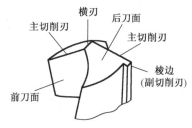

图 6-38　麻花钻的切削部分

切削部分的几何角度主要有前角、后角、顶角、横刃斜角、螺旋角。其中顶角是两个主切削刃之间的夹角，又称锋角，一般取 118°±2°。

钻头的装夹方法，按其柄部的形状不同而异。锥柄可以直接装入钻床主轴孔内，较小的钻头可用过渡套安装（见图 6-39）；直柄钻头可用钻夹头安装（见图 6-40）。

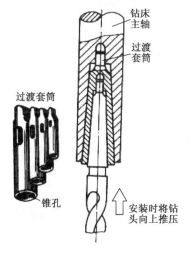

图 6-39　锥柄钻头的安装

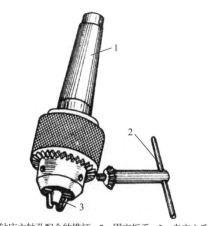

1—与钻床主轴孔配合的锥柄；2—固定扳手；3—自定心爪

图 6-40　直柄钻头的安装

2. 钻孔的方法

用麻花钻在实心工件上加工称为钻孔。钻孔的加工精度一般在 IT10 级以下，表面粗糙度 Ra 的值为 12.5μm 左右。

一般情况下，孔加工工具（钻头）应同时完成两个运动：钻头旋转（主运动）并做轴向移动（进给运动）。

（1）钻孔前的准备

钻孔前，工件要划线定心，在工件孔的位置划出加工圆和检查圆，并在加工圆和中心处冲出样冲眼（见图 6-41），按孔径大小选择合适的钻头。如钻头切削刃不锋利或不对称，应认真修磨（详见本章 3.钻头的刃磨）。装夹钻头时，先将钻头轻轻夹住，开机检查是否放正。若有晃动，则应纠正，最后用力夹紧。

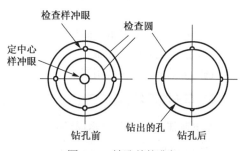

图 6-41　钻孔前的准备

（2）工件的安装

对不同形状与大小的工件，可用不同的安装方法。一般可用台虎钳、平口钳等装夹，在圆柱形工件上钻孔，可放在 V 形铁上进行，也可用平口钳装夹。较大的工件则用压板、螺钉直接装夹在机床工作台上（见图 6-42）。

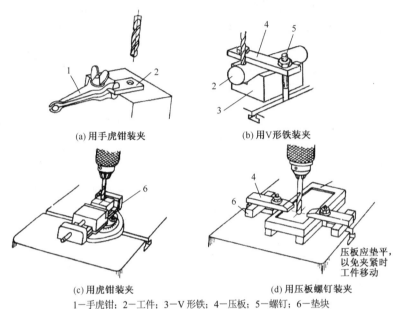

(a) 用手虎钳装夹　　　　　　　(b) 用V形铁装夹

(c) 用虎钳装夹　　　　　　　(d) 用压板螺钉装夹

1—手虎钳；2—工件；3—V 形铁；4—压板；5—螺钉；6—垫块

图 6-42　钻孔时工件的安装

在成批大量生产中，钻孔时广泛应用钻模夹具。如图 6-43 所示为钻模的一种。工件 1 装夹在钻模 2 上，钻模上装有淬硬的钻套 3，用以引导钻头。钻套的位置按钻孔的要求来确定。用钻套钻孔，不需要划线，因此生产率较高，钻孔的精度也有所提高。

（3）钻孔操作

接通电源后，开动机床，检查机床运转及润滑情况，选择切削用量（指主轴转速和进给量）。按划线钻孔时，应先对准样冲眼试钻一浅坑，如有偏位，可用样冲重新冲孔纠正，也可用錾子錾出几条槽来纠正。钻孔时，进给速度要均匀，即将钻通时，进给量要减小。

钻深孔（孔深 L 与直径 d 之比＞5）时，钻头必须经常退出排屑。钻大孔（直径＞30mm）时，应分两次钻出，先钻孔径的 0.5～0.7 倍，再用所需孔径的钻头把孔扩大。

钻盲孔时，要注意控制孔的深度。可以调整好钻床上深度标尺挡块，也可以安置控制长度的量具或用粉笔做标记。

钻削钢件时，为降低表面粗糙度，多使用机油做切削液；为提高生产率，多使用乳化液。钻削铝件时，多使用乳化液或煤油。

钻削铸铁件时，多使用煤油。

3. 钻头的刃磨

左手握住柄部，右手握住导向部分，将主切削刃摆平（刃口向上）靠近砂轮圆周面并使钻头轴心线和砂轮圆周面成 59°左右的夹角。让钻头后刀面接触砂轮，施加少许压力，刀柄向下摆动 12°～15°磨主后面，再使刀柄向上逐渐摆平，边磨边观察，反复数次。即将成型时，刃磨由刃口向刀背方向进行。将钻头转 180°，用同样的方法磨另一面（见图 6-44）。

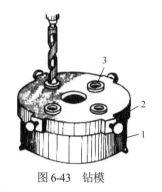

图6-43 钻模

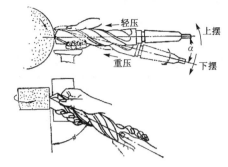

图6-44 麻花钻的刃磨方法

6.5.3 扩孔和铰孔

用扩孔钻对已钻出的孔进行扩大称为扩孔。扩孔钻（见图6-45）与麻花钻相似，但切削刃有3～4个，前端是平的，无横刃。它的螺旋槽较浅，钻芯粗大结实。扩孔可以校正孔的轴线偏差并获得较高的尺寸精度（IT10～IT9）和较低的表面粗糙度（Ra值可达3.2μm）。扩孔可以作为要求不高的孔的终加工，也可以作为铰孔前的预加工。

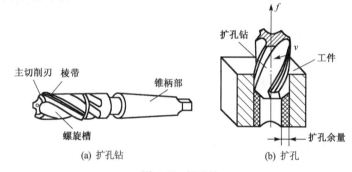

(a) 扩孔钻   (b) 扩孔

图6-45 扩孔钻

铰孔是孔的精加工。铰孔可分为粗铰和精铰。精铰的加工余量较小，只有0.05～0.15mm，尺寸精度可达IT8～IT7，表面粗糙度值可达0.8μm。铰孔前工件应经过钻孔—扩孔（或镗孔）等加工。

铰孔所用的刀具叫做铰刀（见图6-46）。铰刀有手用和机用两种。手用铰刀为直柄，工作部分较长。机用铰刀多为锥柄，可安装在车床、钻床或镗床上铰孔。铰刀有6～7个切削刃，刀刃的齿槽很浅。铰孔时选用的切削速度较低，进给量较大，并使用切削液。铰铸铁件用煤油，铰钢件用乳化液。铰孔时铰刀不能倒转。钳工经常遇到的锥销孔，一般用相应的圆锥手用铰刀进行铰削。

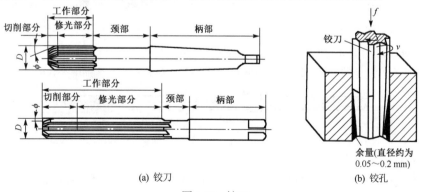

(a) 铰刀   (b) 铰孔

图6-46 铰刀

6.5.4 锪孔及锪端面

在钻床上用锪孔钻或锪刀片加工沉头孔、凸台端面时，往往比采用其他方法更方便（见图 6-47）。锪孔钻头有 6～12 个刀齿，常用的有圆锥形和圆柱形两种。

圆锥形锪钻顶角有 60°、75°、90° 及 120° 四种，其中 90° 的用途最为广泛。圆柱形锪钻的端刃起主要切削作用，周刃起修光作用。为了保证原有孔与沉孔同心，锪钻前端带有导柱，与已有的孔间隙配合，起定心作用。

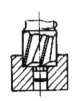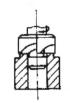

(a) 锪圆柱形埋头孔　　　(b) 锪圆锥形埋头孔　　　(c) 锪凸台的平面

图 6-47　锪孔钻

6.5.5 攻丝和套扣

攻丝是用丝锥加工内螺纹的操作。套扣是用板牙在圆杆上加工外螺纹的操作。

1. 丝锥和铰手

丝锥是专门用来加工小直径内螺纹的成型刀具（见图 6-48）。一般用合金工具钢 9SiCr 制造并淬硬。

丝锥前端的切削部分有锋利的切削刃，起主要切削作用。切削部分是圆锥形，切削负荷被各齿分担。中间校准部分具有完整的齿形，起修光螺纹和引导丝锥的作用。丝锥有 3～4 条窄槽，以形成切削刃和排除切屑。另一端的方头则是安装铰手的部分，攻丝时用以传递扭矩。

手动丝锥一般由两支组成一套，分为头攻和二攻（见图 6-49）。两支丝锥的外径、中径和内径均相等，只是切削部分的长度和锥角不同。切不通孔时，两支丝锥交替使用。切通孔时，头锥能一次完成。螺距＞2.5mm 的丝锥常制成三支一套。

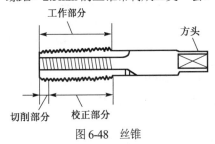

图 6-48　丝锥

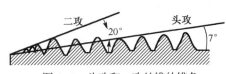

图 6-49　头攻和二攻丝锥的锥角

铰手是扳转丝锥的工具（见图 6-50）。常用的是可调节式铰手。转动右边的手柄，即可调节方孔大小，以便夹持不同尺寸的丝锥。铰手的规格应与丝锥大小相适应。小丝锥用大铰手，容易折断丝锥。

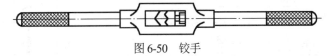

图 6-50　铰手

2. 攻丝的方法

攻丝前要钻孔，并在孔口处倒角。钻孔直径可查表或按下列经验公式进行计算。

加工钢料和塑性金属时：

$$钻孔直径 D = 螺纹外径 d - 螺距 p（mm）$$

加工铸铁和脆性金属时：

$$钻孔直径 D = 螺纹外径 d - （1.05 \sim 1.1）\times 螺距 p（mm）$$

攻盲孔时，由于丝锥不能攻到孔底，因此孔的深度应大于螺纹长度。盲孔深度可按下式计算：

$$孔的深度 H = 要求的螺纹长度 L + 0.7 \times 螺纹外径 d（mm）$$

攻丝时，先将头锥头部垂直放入孔内，适当加些压力，旋入 1～2 圈，检查丝锥是否与孔的端面垂直，再继续使铰手轻压旋入，当丝锥的切削部分已经切入工件后，可只转动而不加压，每转一圈，应反转 1/4 圈，以便切屑断落（见图 6-51）。用二锥攻丝时，先将丝锥放在孔内，旋入几圈后，再用铰手转动，旋转铰手时不需加力。

攻钢料螺纹时，应加机油润滑；攻铸铁螺纹时，可加煤油润滑。

3．板牙和板牙架

板牙是加工外螺纹的刀具，由合金工具钢 9SiCr 制造并淬硬，有固定的和开缝的（可调节的）两种（见图 6-52）。它像一个圆螺母，上面钻了几个排屑孔并形成刀刃。它的螺纹孔两端有 60°的锥度部分，起切削作用。定径部分起修光作用。板牙的外圆有一条深槽和四个锥坑，锥坑用于定位和紧固板牙。当板牙的定径部分磨损后，可用片状砂轮沿深槽将板牙割开，借助调紧螺钉将板牙直径缩小。板牙是装在板牙架上使用的。

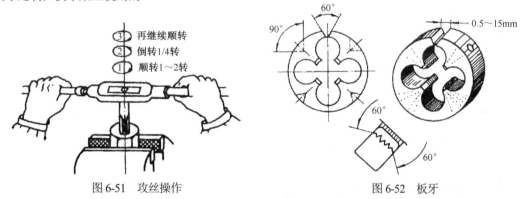

图 6-51 攻丝操作   图 6-52 板牙

套扣前圆杆应倒角并检查圆杆直径，直径太大，板牙难以套入，直径太小，套出的螺纹不完整。圆杆直径可用下面的经验公式计算：

$$圆杆直径 = 螺纹外径 - 0.13 \times 螺距（mm）$$

套扣时，板牙端面应与圆杆垂直（见图 6-53），用力要均匀。开始转动板牙时要稍加压力，套入 3～4 扣后，即可只转动不再加压，并经常反转，以便断屑。在钢件上套扣时，应加机油润滑。

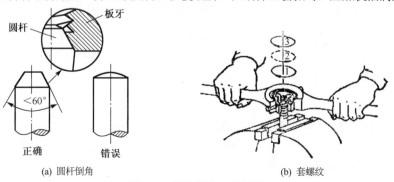

(a) 圆杆倒角   (b) 套螺纹

图 6-53 圆杆倒角和套螺纹

6.6　机械的装配和拆卸

将合格的零件按规定的技术要求连接成部件或机器并经过调整、试验，使之成为合格的产品的过程称为装配。装配是机器制造过程中的最后一道工序，对产品质量起着决定性的作用。它对机器的性能和使用寿命有很大影响。

任何一台机器都可以分解为若干零件、组件和部件。零件是机器的最基本单元。组件由若干零件组合而成。如车床主轴箱中的一根传动轴，就是由轴、齿轮、键等零件装配成的。部件是由若干零件和组件装配而成的，如车床主轴箱、进给箱、溜板箱、尾座等。装配可分为组件装配、部件装配和总装配三个阶段。把部件、组件和零件连接组合而成为整台机器的操作过程就称为总装配。

装配中所有的零件按来源不同，可分为：自制件（在本厂制造），如床身、箱体、轴、齿轮等；标准件（由标准件厂制造），如螺钉、螺母、垫圈、销、轴承、密封圈等；外购件（由其他工厂协作加工），如电器元件等。

由于各种机器的性能、结构及生产批量不同，它们的装配工艺也各有特点，但装配的基本方法是大致相同的。例如，为保证装配质量，装配前必须研究和熟悉装配图的技术条件，了解产品的结构和零件的作用，以及相互连接的关系；确定装配方法、程序和所需的工具等；对所需装配的零件全部集中并清洗干净，清除零件上的毛刺，涂防护润滑油等。

装配方法可以分为四种类型：完全互换法、选配法（不完全互换法）、调整法和修配法。这些将在后续课程《机械制造技术基础》中做详细的讲解。

6.6.1　基本元件的装配

1. 螺纹的装配

螺纹连接（见图6-54）是现代机械制造业中应用最广泛的一种形式。它具有装拆、更换方便，宜于多次装拆等优点。

螺纹连接装配的基本要求如下。

① 螺纹配合应能自由旋入，然后用扳手拧紧。

② 螺母端面应与螺纹轴线垂直，以使受力均匀。

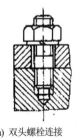 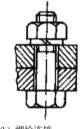 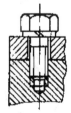

(a) 双头螺栓连接　　　　(b) 螺栓连接　　　　(c) 螺钉连接

图6-54　螺纹连接的形式

③ 零件与螺母的贴合面应平整光洁，否则螺纹连接容易松动。

④ 装配一组螺纹连接时，应按如图6-55所示的顺序拧紧，以保证零件贴合面受力均匀时，每个螺母应分2~3次拧紧，这样才能使各个螺栓受力均匀。

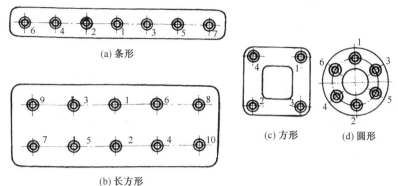

(a) 条形

(c) 方形   (d) 圆形

(b) 长方形

图 6-55 成组螺母旋紧次序

对于在交变载荷和振动条件下工作的螺纹连接，必须采用防松装置（见图 6-56）。

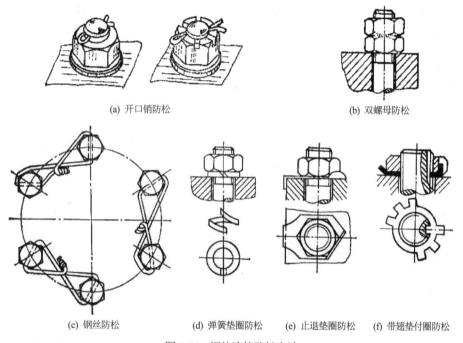

(a) 开口销防松   (b) 双螺母防松

(c) 钢丝防松   (d) 弹簧垫圈防松   (e) 止退垫圈防松   (f) 带翅垫付圈防松

图 6-56 螺纹连接防松方法

2. 键连接的装配

在机器的传动轴上，往往要装上齿轮、带轮、蜗轮等零件，并需用键连接来传递扭矩。

装配时，先去键槽锐边毛刺，选取键长并修锉两头和键侧使之与轴上键槽相配，将键配入键槽，然后试装轮毂。若轮毂键槽与键配合太紧时，可修键槽，但不许有松动。

装配后，键底面应与轴上键槽底部接触。键的两侧与轴应有一定过盈量，键顶面和轮毂间应有一定间隙（见图 6-57）。

楔键的形状与平键相似，不同的是楔键面带有 1：100 的斜度。装配时，相应的轮毂上也要有同样的斜度。此外，键的一端有钩头，便于装拆。楔键装配后，应使顶面和底面分别与轮毂键槽、轴上键槽紧贴，两侧面与键槽有一定间隙（见图 6-58）。楔键连接除了传递扭矩外，还能承受单向轴向力。

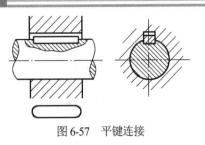

图 6-57　平键连接

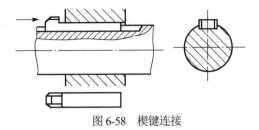

图 6-58　楔键连接

3．滚动轴承的装配

在机械装备中，使用滚动轴承可以把滑动摩擦变成滚动摩擦，有效地提高机械传动效率，减少发热量。

滚动轴承的内圈与轴颈，以及外圈与机体孔之间的配合多为较小的过盈配合，常用锤子或压力机压装。采用垫套可以使轴承圈受力均匀（见图 6-59）。若轴承与轴的配合过盈较大时，最好将轴承吊在 80℃～90℃ 的热油中加热，然后进行热装。

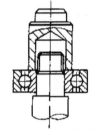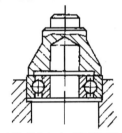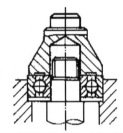

(a) 压到轴上时，内圈端面受力　　(b) 压到机体孔中时，外圈端面受力　　(c) 同时压到轴和机体孔中时，内外圈端面都受力

图 6-59　用垫套压滚珠轴承

滚动轴承磨损到一定程度时，要更换新的轴承。更换时可用拉出器的卡爪卡住轴承的内圈端面将其拉出（见图 6-60）。

圆锥滚子轴承是分开安装的。内圈与保持器一起装在轴上，外圈单独装在机体中（见图 6-61）。装配后轴承间隙的大小与轴承在轴上或在机体中的配合无关。而是在装配时控制内外圈沿轴向相对移动的距离 c。径向间隙量 e 与轴向移动量 c 的关系为：

$$e = c \times \tan \beta$$

式中，e 为径向间隙量；c 为轴向移动量；β 为轴承的安装角。

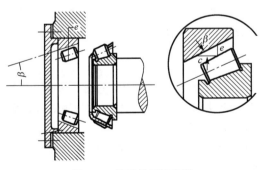

图 6-60　滚动轴承拉出器

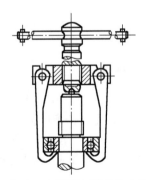

图 6-61　圆锥滚子轴承的安装

4．圆柱齿轮的装配

齿轮是机械传动中应用最多的零件。圆柱齿轮的装配要保证齿轮传递运动的准确性和平稳性、载荷分布的均匀性和规定的齿侧间隙。

为了保证齿轮的运动精度，首先要使齿轮正确安装到轴上，使齿圈的径向圆跳动和端面圆跳动控制在公差范围之内。根据不同的生产规模，可采用打表或用标准齿轮检查装到轴上的齿轮的运动精度（见图 6-62）。若发现不合要求时，可将齿轮取下，相对于轴转过一定角度，再装到轴上。如果齿轮和轴用单键连接，就需要进行选配。

为保证载荷分布的均匀性，可用着色法检查齿轮齿面的接触情况（见图 6-63）。先在主动轮的工作齿面涂红丹漆，使相啮合的齿轮缓慢转动，然后查看被动轮啮合齿面上的接触斑点。如齿轮中心距过大或过小（或轮齿切得过薄或过厚），可换一对齿轮，也可以将箱体的轴承套（滑动轴承）压出，换上新的轴承套重新镗孔。如齿轮中心线歪斜，则必须提高箱体孔的中心线平行度或齿轮副的加工精度。

齿侧间隙一般用塞规插入轮齿间隙进行检查。

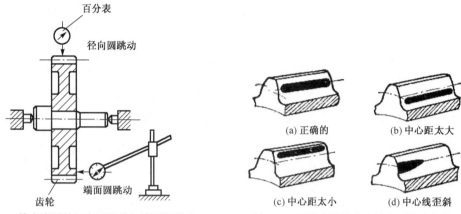

图 6-62　检查齿圈的径向圆跳动和端面圆跳动　　　　图 6-63　用着色法检查齿轮齿面的啮合情况

6.6.2　组件的装配

前面提到的齿轮、滚动轴承的装配，实际上都是组件装配。下面具体介绍摆线转子泵（见图 6-64）的装配过程。

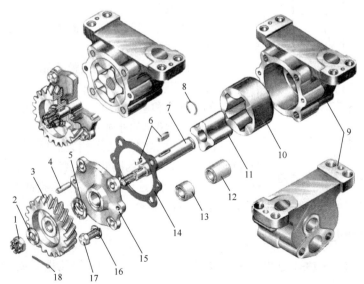

1—六角槽形螺母；2—垫圈；3—斜齿轮；4—圆柱销；5—止推轴衬；6—平键；7—泵轴；8—钢丝挡圈；9—泵体；
10—外转子；11—内转子；12—轴套 1；13—轴套 2；14—垫片；15—泵盖；16—弹簧垫圈；17—螺栓；18—开口销

图 6-64　摆线转子泵结构图

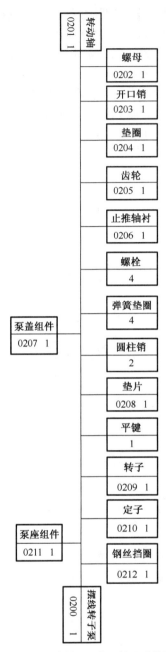

图 6-65　摆线转子泵装配单元系统图

摆线转子泵的装配过程可以用图解的方法来表示，这种图称为装配单元系统图。其绘制方法如下。

（1）先画一条横线。

（2）横线的左端画一个小长方格，代表基准件（在组件中用来装配其他零件的零件）。在长方格中要注明装配单元的编号、名称和数量。

（3）横线的右端画一个小长方格，代表装配的成品。

（4）横线自左至右表示装配的顺序。直接进入装配的零件画在横线的上面，直接进入装配的组件画在横线的下面。

按此法绘制的摆线转子泵装配单元系统图如图 6-65 所示。

装配单元系统图可以一目了然地表示出成品的装配过程、装配所需的零件名称、编号和数量，并可以根据它划分装配工序。因此，它可起到指导和组织装配工艺的作用。同理，也可以画出部件和机器的装配单元系统图。

6.6.3　对装配工作的要求

① 装配时，应检查零件与装配有关的形状与尺寸精度是否合格，检查有无变形、损坏等。应注意零件上的各种标记，防止错装。

② 固定连接的零部件，不允许有间隙。活动的零件能在正常的间隙下，灵活均匀地按规定方向运动。

③ 在组件的装配阶段，可用选配法或修配法来配合技术要求。组件装好后不再分开，以便一起装入部件内。

④ 机器的装配，应按从里到外、从下到上，以不影响下道工序为原则的次序进行。

⑤ 装配时不得让异物进入机器的部件、组件或零件内，特别是在油孔及管口处要严防污物进入。

⑥ 应检查各种运动部件的接触表面，保证润滑状况良好。若有油路，则必须畅通。

⑦ 各种管道和密封部件，装配后不得有渗漏现象。

⑧ 高速运动机构的外面，不得有凸出的螺钉头、销钉头。

⑨ 试车前，应检查各部件连接的可靠性和运动的灵活性，检查各种变速和变向机构的操纵是否灵活，手柄是否在正确的位置。试车时，从低速到高速逐步进行，并根据试车情况进行必要的调整，使其达到运转要求，但要注意，不能在运转中进行调整。

6.6.4　对拆卸工作的要求

① 机器拆卸工作，应按其结构的不同预先考虑操作程序，以免前后倒置，或贪图省事猛拆猛敲，造成零件的损伤或变形。

② 拆卸的顺序应与装配的顺序相反，一般应先拆外部附件，然后按总成、部件进行拆卸。在拆卸部件或组件时，应按从外到内、从上到下的顺序，依次拆卸。

③ 拆卸时，使用的工具必须保证对合格零件不会造成损伤。应尽可能使用专门工具，如各种顶拔器、整体扳手等。严禁用手锤直接在零件的工作表面上敲击。

④ 拆卸时，必须辨别清楚螺纹零件的旋松方向（左、右螺纹）。

⑤ 拆下的部件和零件必须有次序、有规则地放好，并按原来的结构套在一起，在配合件上做记号，以免搞乱。

⑥ 对丝杠、长轴类零件必须用绳索将其吊起，以防弯曲变形和碰伤。

6.7　典型零件的钳工加工

6.7.1　六角螺母的加工

螺母一般由标准件厂大量生产，但在临时修理或缺少标准件的情况下，也可以由钳工加工而成。如图 6-66 所示为六角螺母。六角螺母的加工步骤见表 6-1。

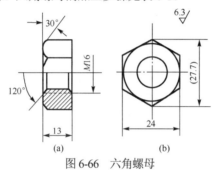

图 6-66　六角螺母

表 6-1　六角螺母的加工步骤

操作步骤	简图	说明
1. 下料	$\phi30$　15	用 $\phi30$ 的棒料，按螺母厚度尺寸加上两面各留 1mm 左右的加工余量，锯下 15mm 长的坯料
2. 锉两平面	13	锉平两端面至高度 H=13mm。要求两面平行、平直
3. 划线	27.7　$\phi14$　24	定中心和划中心线；按尺寸划出六角形边线和加工圆；打样冲眼
4. 钻孔		用 $\phi14$mm 的钻头钻孔，并用 $\phi20$mm 的钻头进行孔口倒角；用游标卡尺检查孔径

续表

操作步骤	简图	说明
5. 攻丝		用 M16 丝锥攻丝,用螺纹塞规检查螺纹
6. 锉六面及倒角		先锉平一面,再锉平行的对面,然后锉其余四面及倒角。在锉六面时,既可参照所划的线,亦可用 120°角度尺检验相邻两面的夹角,并用游标卡尺测量平面至孔的距离。六面要求平直,六角形要求均匀对称,两对面要求平行。用刀口尺检验平面的平面度,用游标卡尺检验两对面的尺寸和平行度

6.7.2 手锤的加工

如图 6-67 所示为手锤。手锤的加工步骤见表 6-2。

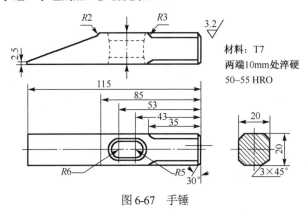

材料：T7
两端10mm处淬硬
50~55 HRO

图 6-67 手锤

表 6-2 手锤的加工步骤

操作序号	简图	说明
1. 下料		用 T7 钢 φ32 的棒料,锯下长度 l≈118mm
2. 锉四面		锉方 20×20mm,四面要求平直,相互垂直,断面成正方。用刀口尺和角尺检查

续表

操作序号	简图	说明
3. 锉平端面		
4. 划线		将一个端面锉平，工件以纵向平面和锉平的平面定位，按简图所示尺寸划线并打样冲眼
5. 锯斜面		将工件夹在虎钳上，按所划的斜面线，留有1mm左右的锉削余量（上图中的虚线），锯下多余部分
6. 锉斜面		按图锉平斜面，在斜面与平面交接处用 $R2$ 圆锉锉出过渡圆弧，把斜面端部锉至总长尺寸115mm
7. 钻孔		按划线在 $R5$ 中心孔处钻两孔 $\phi 10$
8. 锉长形孔和倒角		用小圆锉及什锦锉锉长形孔和 $R6$ 倒角
9. 锉 30°和 3×45°倒角		倒角交接处用 $R3$ 圆锉锉出圆弧过渡
10. 修光		用光锉和砂纸修光各面
11. 两端局部淬火		

第7章　数控加工

7.1　数控加工概述

7.1.1　数控机床的概念

数字程序控制机床，简称数控机床，是一种用数字化的代码作为指令，由数字控制系统进行控制的自动化机床。它是一种灵活、通用、高效、具有柔性的自动化机床。

数控机床将零件加工过程中所需的各种操作和步骤以及刀具与工件之间的相对位移量都用数字化的代码来表示，由编程员编制成规定的加工程序，并通过输入介质送入专用或通用的计算机，由计算机对输入信息进行处理和运算，发出相应指令来控制机床的伺服系统或其他执行元件，使机床加工出所需的工件。当加工对象改变时，除重新调整工件的装夹和更换刀具外，只需更换加工程序，就能实现加工另一种零件的目的，无须对机床做任何的调整或制造专用夹具。

一个国家的机床数控化率，反映这个国家机床工业和机械加工业制造水平的高低，同时也是衡量一个国家科技进步的重要标志之一。

1. 数控机床的组成

数控机床一般由数控系统（包含伺服电动机和检测反馈装置的伺服系统）、主传动系统、强电控制柜、机床本体和各类辅助装置组成。图 7-1 是数控机床示意图。对具体各类不同功能的数控机床，其组成部分略有不同。

（1）数控系统

它是机床实现自动加工的核心。主要由操作系统、主控制系统、可编程控制器、各类输入输出接口等组成，其中操作系统由显示器和操纵键盘组成。显示器有数码管、CRT、液晶等多种形式。主控制系统与计算机主板相似，主要由 CPU、存储器、控制器等部分组成。数控系统所控制的一般对象是位置、角度、速度等机械量，以及温度、压力、流量等物理量，其控制方式又可分为数据运算处理控制和时序逻辑控制两大类，其中主控制器内的插补运算模块根据所读入的零件程序，通过译码、编译等信息处理后，进行相应的刀具轨迹插补运算，并通过与各坐标伺服系统的位置、速度反馈信号比较，从而控制机床各个坐标轴的位移。而时序逻辑控制通常主要由可编程控制器 PLC 来完成，它根据机床加工过程中的各个动作要求进行协调，按各检测信号进行逻辑判别，从而控制机床各个部件有条不紊地按序工作。

（2）伺服系统

它是数控系统与机床本体之间的电传动联系环节。主要由伺服电动机、驱动控制系统及位置检测反馈装置等组成。伺服电动机是系统的执行元件，驱动控制系统则是伺服电动机的动力源。数控系统发出的指令信号与位置检测反馈信号比较后作为位移指令，再经驱动控制系统功率放大后，驱动电动机运转，从而通过机械传动装置拖动工作台或刀架运动。

（3）主传动系统

它是机床切削加工时传递转矩的主要部件之一。一般分为齿轮有级变速和电气无级调速两种类型。较高档的数控机床都要求实现无级调速，以满足各种加工工艺的要求。它主要由主轴驱动控制系统、主轴电动机以及主轴机械传动机构等组成。

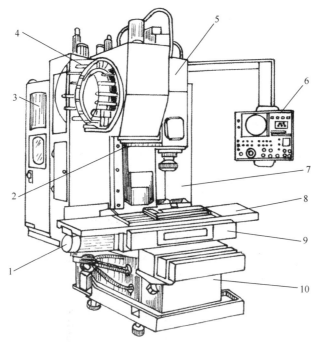

1—伺服电机；2—换刀机械手；3—数控柜；4—盘式刀库；5—主轴箱；6—操作面板；
7—驱动电源；8—工作台；9—滑座；10—床身

图 7-1　数控机床

（4）强电控制柜

它主要用来安装机床强电控制的各种电气元器件，除了提供数控、伺服等一类弱电控制系统的输入电源，以及各种短路、过载、欠压等电气保护外，主要在可编程控制器（PLC）的输出接口与机床各类辅助装置的电气执行元器件之间起桥梁联结作用，即控制机床辅助装置的各种交流电动机、液压系统电磁阀或电磁离合器等，主要起到扩展接点数和扩大触点容量等作用。另外，它也与机床操作台的有关手控按钮连接。强电控制柜由各种中间继电器、接触器、变压器、电源开关、接线端子和各类电气保护元器件等构成。它与一般的普通机床的电气部分类似，但为了提高对弱电控制系统的抗干扰性，要求各类频繁启动或切换的电动机、接触器等电磁感应器件中均必须并接 RC 阻容吸收器，对各种检测信号的输入均要求用屏蔽电缆连接。

（5）辅助装置

它主要包括 ATC 刀具自动交换机构、APC 工件自动交换机构、工件夹紧放松机构、回转工作台、液压控制系统、润滑装置、切削液装置、排屑装置、过载与限位保护等部分。机床加工功能与类型不同，所包含的部分也不同。

（6）机床本体

它指的是数控机床机械结构实体。它与传统的普通机床相比较，同样由主传动机构、进给传动机构、工作台、床身以及立柱等部分组成，但数控机床的整体布局、外观造型、传动机构、刀具系统及操作机构等方面都发生了很大的变化。这种变化的目的是为了满足数控技术的要求和充分发挥数控机床的特点，归纳起来有以下几点：

① 采用高性能主传动及主轴部件。具有传递功率大、刚度高、抗震性好及热变形小等优点。

② 进给传动采用高效传动件。具有传动链短，结构简单、传动精度高等特点，一般采用滚珠丝杠副、直线滚动导轨副等。

③ 有较完善的刀具自动交换和管理系统。工件在加工中心类机床上一次安装后，能自动完成或者接近完成工件各面的加工工序。

④ 有工件自动交换、工件夹紧与放松机构。如在加工中心类机床上采用工作台自动交换机构。

⑤ 床身机架具有很高的动、静刚度。

⑥ 采用全封闭罩壳。由于数控机床是自动完成加工的，为了操作安全等，一般采用移门结构的全封闭罩壳，对机床的加工部位进行全封闭。

2. 数控机床的基本工作过程

首先根据零件图样，结合加工工艺进行程序编制，然后通过键盘或其他辅入设备输入，送入数控系统后再经过调试、修改，最后把它储存起来。加工时按所编程序进行有关数字信息处理，一方面通过插补运算器进行加工轨迹运算处理，从而控制伺服系统驱动机床各坐标轴，使刀具与工件的相对位置按照被加工零件的形状轨迹进行运动，并通过位置检测反馈以确保其位移精度。另一方面按照加工要求等，通过 PLC 控制主轴及其他辅助装置协调工作，如主轴变速、主轴齿轮换挡、适时进行 ATC 刀具自动交换、APC 工件自动交换、工件夹紧与放松、润滑系统定时开停、切削液按要求开关等，必要时过载或限位保护起作用，便于控制机床运动迅速停止。

数控机床通过程序调试、试切削后，进入正常批量加工时，操作者一般只要进行工件上下料装卸，再按一下程序自动循环按钮，机床就能自动完成整个加工过程。

零件程序编制分为手动编程和自动编程。手动编程是指编程员根据加工图样和工艺，采用数控程序指令（目前一般都采用 ISO 数控标准代码）和指定格式进行程序编写，然后通过操作键盘送入数控系统内，再进行调试、修改。对于自动编程，目前已较多地采用了计算机 CAD/CAM 图形交互式自动编程，通过计算机有关处理后，自动生成的数控程序，可通过接口直接输入数控系统内。

7.1.2 数控机床的加工特点

数控机床是新型的自动化机床，它具有广泛的通用性和很高的自动化程度。数控机床在下面一些零件的加工中，更能显示出它的优越性。它们是：①批量小而又多次生产的零件；②集合形状复杂的零件；③在加工过程中必须进行多种加工的零件；④切割余量大的零件；⑤必须控制公差的零件；⑥工艺设计变化的零件；⑦加工过程中错误会造成严重浪费的贵重零件；⑧必须全部监测的零件；等等。

数控机床的优点如下：

（1）加工精度高，加工质量稳定可靠

数控机床的机械传动系统和结构本身都有较高的精度和刚度，数控机床的加工精度不受零件本身复杂程度的影响。加工精度和质量由机床来保证，完全排除了操作者的人为误差影响。所以，数控机床具有较高的加工精度，加工误差一般能控制在 0.001～0.005mm 之内，重复定位精度可达 0.002mm。另外，由于数控机床是自动进行加工的，故而提高了同批零件加工尺寸的一致性，使得加工质量稳定，产品合格率高。

（2）生产效率高

数控机床能缩短生产准备时间，增加切削加工时间的比率。数控机床具有良好的结构刚性，可进行强力切削，从而有效地缩短机加工时间。由于数控机床重复定位精度高，还可省去零件加工过程中的多次监测时间。所以，数控机床的生产率比一般普通机床高得多。

（3）减轻工人的劳动强度，改善劳动条件

数控机床的加工是输入事先编好的加工程序后由机床自动加工完成的，除了装卸零件，操作键盘，观察机床运行之外，工人不需要进行繁重的重复手工操作，使其劳动强度得以减轻，工作条件也相应得到改善。

（4）有广泛的适应性和较大的灵活性

通过改变程序，就可以加工新品种的零件，能够完成很多普通机床难以完成，或者根本不能加工的复杂型面的零件加工。

（5）有利于生产管理

用数控机床加工，能准确地计算零件的加工工时，并有效地简化检验工夹具和半成品的管理工作。由于数控机床是由数字信息的标准化代码输入的，因此有利于计算机连接，构成由计算机来控制和管理的小批量生产系统，使之在技术上和管理上共同达到自动化和最佳化。

数控机床是既具有广泛的通用性又具有很高的自动化程度的全新型机床。它的控制系统不仅能控制机床各种运动的先后顺序，还能控制机床运动部件的运行速度，以及刀具相对工件的运动轨迹。但是，数控机床的初投资及维修技术等费用较高，要求管理及操作人员的素质也较高。合理选择及使用数控机床，可以降低企业的生产成本，提高经济效益和竞争能力。

7.2　数控车削

7.2.1　数控机床的坐标系

在编写数控加工程序的过程中，为了确定刀具与工件的相对位置，必须通过机床参考点和坐标系描述刀具的运动轨迹。在相关的 ISO 标准中，数控机床坐标轴和运动方向的设定均已标准化。

1．机床坐标轴

（1）基本坐标轴

为数控机床的坐标轴和方向的命名制定了统一的标准，规定直线进给运动的坐标轴用 X、Y、Z 表示，常称基本坐标轴。

（2）旋转轴

围绕 X、Y、Z 轴旋转的圆周进给坐标轴分别用 A、B、C 表示，根据右手螺旋定则，如图 7-2 所示，以大拇指指向+X、+Y、+Z 方向，则食指、中指等的指向就是圆周进给运动的+A、+B、+C 方向。

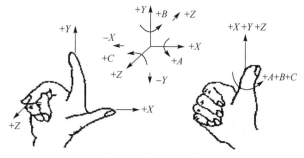

图 7-2　机床坐标轴

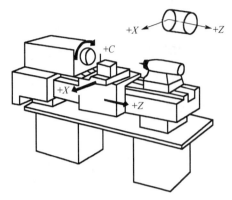

图 7-3　数控机床坐标轴

基本轴与旋转轴的方向：

$$+X = -X',\ +Y = -Y',\ +Z = -Z',$$
$$+A = -A',\ +B = -B',\ +C = -C'$$

同样两者运动的负方向也彼此相反。

（3）附加坐标轴

在基本的线性坐标轴 X、Y、Z 之外的附加线性坐标轴指定为 U、V、W 和 P、Q、R。

这些附加坐标轴的运动方向，可按决定基本坐标轴运动方向的方法来决定。

（4）数控车床坐标轴

如图 7-3 所示，Z 坐标轴与车床的主轴同轴线，规定刀具远离工件的运动方向为 Z 坐标轴的正方向。刀具横刀架运动方向为 X 坐标轴方向。

2．机床参考点、机床零点、机床坐标系

① 机床参考点：为了正确地在机床工作时建立机床坐标系，通常在每个坐标轴的移动范围内设置一个固定的机械的机床参考点（测量起点，该点系统不能确定其位置）。

② 机床零点：通过已知参考点（已知点），系统设置的参考点与机床零点的关系可确定一固定的机床零点，也称为机床坐标系的原点（该点系统能确定其位置）。

③ 机床坐标系：以机床原点为原点，机床坐标轴为轴，建立的坐标系即机床坐标系（该坐标系是机床位置控制的参照系）。

3．工件坐标系、程序原点

定义：工件坐标系是编程人员在编程时使用的，编程人员选择工件上的某一点为原点（也称程序原点），建立一个坐标系，称为工件坐标系。工件坐标系一旦建立便一直有效，直到被新的工件坐标系所取代。

工件坐标系的引入是为了简化编程，减少计算。虽然数控系统进行位置控制的参照是机床坐标系，但我们一般都是在工件坐标系下操作和编程的。

工件坐标系的原点选择要满足编程简单，尺寸换算少，引起的加工误差小等条件。一般情况下，程序原点应选在尺寸标注的基准点、对称中心或圆心上。

加工开始时要设置工件坐标系，常用的数控指令有 G54～G59，对于数控车削来讲还可以用 T 指令来建立工件坐标系。

7.2.2　零件程序的结构

一个零件程序是一组被传送到数控装置中去的指令和数据。

一个零件程序是由遵循一定结构、句法和格式规则的若干个程序段组成的，而每个程序段是由若干个指令字组成的。

1．指令字的格式

一个指令字是由地址符（指令字符）和带符号（如定义尺寸的字）或不带符号（如准备功能字 G 代码）的数字数据组成的。

程序段中不同的指令字符及其后续数值确定了每个指令字的含义。在数控程序段中包含的主要指令字符如表 7-1 所示。

表 7-1 指令字符一览表

机能	地址	意义
程序段号	N	程序段编号如 N100
准备机能	G	动作指令方式：G01 等
尺寸字	X，Y，Z A，B，C U，V，W	坐标轴移动命令
	R	圆弧半径
	I，J，K	圆心相对于圆弧起点坐标
进给速度	F	进给速度指定如 F0.2 或 F40
主轴机能	S	主轴旋转速度指定如 S300
刀具机能	T	刀具编号指定如 T01 或 T02 等

2．程序的一般结构

一个零件程序由一系列的程序段组成。

一个零件程序是按程序段的输入顺序执行的，而不是按程序段号的顺序执行的，但书写程序时，建议按升序书写程序段号。

3．程序的文件名

CNC 装置可以装入许多程序文件，以磁盘文件的方式读写。文件名格式为（有区别于 DOS 的其他文件名：OXXXX（地址 O 后面必须有千位数字或字母）。主程序、子程序必须写在同一个文件名下。本系统通过调用文件名来调用程序，进行加工或编辑。

7.2.3 数控车削编程步骤与数控车削加工切削用量的选择

1．数控车削编程的一般步骤

（1）根据零件图纸进行工艺分析

根据图纸要求拟定加工工艺路线，划分加工工序，选择机床型号、夹具、所需刀具种类和切削用量等。

（2）刀具轨迹坐标值计算

为方便计算刀具轨迹坐标值，通常先设定工件坐标系，在工件坐标系内进行刀具轨迹坐标值计算。常用的计算方法有设参数方程计算，也可以利用计算机辅助设计软件如 AUTOCAD 的相关指令求得坐标值。

（3）编写数控加工程序

根据零件图纸复杂程度，对于形状简单的零件可以采用手工编程，对于形状复杂的零件（如零件实体含有空间曲面、曲线）则采用相关计算机辅助编程软件（如 MASTERCAM、UG 等）加以解决。

（4）程序输入及程序校验

对于手工编程的小段程序可以通过数控机床操作面板直接输入，对于采用相关计算机辅助编程软件生成的程序，由于程序量大常采用通过计算机 RS232 接口与数控机床进行通信传输的方法加以解决。现代数控机床一般都带有图形模拟刀具运行显示的校验功能，通过此功能可以方便地检查数控程序产生的刀具轨迹是否符合加工要求。

2．切削用量选择

（1）切削速度 v_c

对于不同材料、不同硬度、不同的加工刀具等条件，根据相关切削用量手册可以查得相应的切削速度参考值。

一般情况下，在数控编程中需要编入数控车床的主轴转速，主轴转速 n 与切削速度 v_c 的关系公式如下：

$$v_c = \frac{\pi D n}{1000}(\text{m/min}) = \frac{\pi D n}{1000 \times 60}(\text{m/s})$$

式中，D 为工件待加工直径（mm）；n 为主轴（工件）每分钟转速（r/min）。

（2）进给速度 v_f 及背吃刀量 a_p

对于不同材料、不同的背吃刀量、不同的加工刀具等条件，根据相关切削用量手册可以查得相应的进给量 f 参考值。一般情况下，粗加工选择的切削速度小些，相应的进给量 f 可大些；精加工选择的切削速度大些，相应的进给量 f 可小些。背吃刀量 a_p 在现代数控系统编程中可以由数控加工指令参数控制。

进给速度 v_f 与进给量 f 的关系如下：

$$v_f = nf$$

式中，n 是车床主轴转速，单位 r/min；f 是刀具的进给量，单位 mm/r。

一般情况下，在数控编程中需要编入数控刀具的进给速度。对于不同的数控系统，如 FANUC 系统编程时默认的是进给量，单位是 mm/r。

7.2.4 数控车床的程序编制

1. 辅助功能 M 代码

辅助功能由地址字 M 和其后的 2 位数字组成，主要用于控制零件程序的走向，以及机床各种辅助功能的开关动作。FANUC 0iMate-Tc 系统的 M 指令功能如表 7-2 所示。SIEMENS802 系统 M 指令功能如表 7-3 所示。

表 7-2 FANUC 系统 M 代码及功能

代码	功能说明	代码	功能说明
M00	程序停止	M03	主轴正转启动
M01	选择停止	M04	主轴反转启动
M02	程序结束	M05	主轴停止转动
M30	程序结束并返回程序起点	M08	切削液打开
		M09	切削液停止
M98	调用子程序		
M99	子程序结束		

表 7-3 SIEMENS 系统 M 代码及功能

代码	功能说明	代码	功能说明
M0	程序暂停	M3	主轴正转启动
M1	程序有条件停止	M4	主轴反转启动
M2	程序结束	M5	主轴停止转动
M17	子程序结束	M8	切削液打开
		M9	切削液停止
M98	调用子程序	M41	低速
M99	子程序结束	M42	高速

2．主轴功能S、进给功能F和刀具功能T

（1）主轴功能S

主轴功能S控制主轴转速，其后的数值表示主轴速度，单位为r/min。

S功能只有在主轴速度可调节时有效，有些数控机床没有伺服主轴，即采用机械变速装置，编程时可以不编写S功能。

（2）进给速度F

F指令表示工件被加工时刀具相对于工件的合成进给速度，FANUC数控系统F的单位取决于G98（每分钟进给量mm/min）如：G98 G01 X10.0 Y10.0 F100

或G99（每转进给量mm/r），如：G99 G01 X10.0 Y10.0 F1.5

FANUC系统默认是G99（每转进给量mm/r）。

SIEMENS系统F的单位开机默认G94（每分钟进给量mm/min），如：G94 G1 X10.0 Y10.0 F100

当工作在G01，G02或G03方式下时，编程的F一直有效，直到被新的F值所取代；而当工作在G00方式下时，快速定位的速度是各轴的最高速度，与所编F无关。也就是说编程时G00，后不加F。

借助操作面板上的倍率按键，F可在一定范围内进行倍率修调。

（3）刀具功能（T机能）

T代码用于选刀，FANUC系统T代码后的4位数字分别表示选择的刀具号和刀具补偿号。T代码与刀具的关系是由数控机床制造厂规定的，请参考数控机床厂家的说明书。如T0101，前两位数字表示01号刀，后两位数字表示刀具补偿号01。

执行T指令，转动转塔刀架，选用指定的刀具。当一个程序段同时包含T代码与刀具移动指令时，先执行T代码指令，而后执行刀具移动指令。T指令同时调入刀补寄存器中的补偿值（刀具的偏置补偿和磨损补偿）。

刀具补偿功能将在后面详述。

N01 T0101　　　（此时换刀，设立坐标系，刀具不移动）

N02 G00 X45.0 Z0.0　　（当有移动性指令时，加入刀偏）

M03 S460

N03 G01 X10.0 F0.15

N04 G00 X80.0 Z30

N05 T0202　　　（此时换刀，设立坐标系，刀具不移动）

N06 G00 X40.0 Z5.0　　（当有移动性指令时，执行刀偏）

N07 G01 Z-20.0 F0.15

N08 G00 X80.0 Z30.0

N09 M30

SIEMENS系统T代码后的数字表示刀具号。刀具补偿用D代码表示。

N10 T1　　　；（刀具1D1值生效）

N11 G0 X… Z…　；（对不同刀具长度的差值进行覆盖）

N50 T4 D2　　　；（更换成刀具4，对应于T4中D2值生效）

…

N70 G0 Z… D1　；（刀具4D1值生效，在此仅更换切削刃）

3．准备功能G指令

准备功能G指令由G后1位或2位数字组成。它用来规定刀具和工件的相对运动轨迹、机床坐标系、坐标平面、刀具补偿、坐标偏置等多种加工操作。

FANUC 数控系统 G 指令如表 7-4 所示。SIEMENS 数控系统 G 指令如表 7-5 所示。

表 7-4 FANUC 数控系统 G 指令一览表

G 指令	组别	功能
G00	01	快速定位
G01		直线插补
G02		顺圆插补
G03		逆圆插补
G04	00	延时（暂停）
G20	06	英寸输入
G21		毫米输入
G28	00	返回参考点
G33	01	螺纹切削
G34		变距螺纹切削
G36	00	自动刀具补偿 X
G37		自动刀具补偿 Y
G40	07	刀尖半径补偿取消
G41		刀尖圆弧半径左补偿
G42		刀尖圆弧半径右补偿
G54	14	坐标系选择
G55		
G56		
G57		
G58		
G59		
G65	00	宏程序调用
G70	00	精车循环
G71		粗车外圆复合循环
G72		粗车端面复合循环
G73		固定形状粗车复合循环
G74		端面深孔钻削循环
G75		外径、内径钻削复合循环
G76		螺纹切削复合循环
G80	10	取消固定钻削固定循环
G83		端面钻削固定循环
G84		端面攻丝固定循环
G86		端面镗孔固定循环
G90	01	单一形状外径、内径固定循环
G92		螺纹切削循环
G96	02	端面切削速度控制
G97		取消端面切削速度控制
G98	05	每分钟进给
G99		每转进给

表 7-5 SIEMENS 数控系统 G 指令一览表

G 指令	功能
G0	快速定位
G1	直线插补
G2	顺圆插补
G3	逆圆插补
G4	暂停
G74	回参考点
G75	回固定点
G158	可编程的偏置
G25	主轴转速下限
G26	主轴转速上限
G18	XOZ 坐标平面选择
G40	刀尖半径补偿取消
G41	刀具半径补偿，轮廓左边
G42	刀具半径补偿，轮廓右边
G500	取消零点偏置
G54	可设定的零点偏置
G55	
G56	
G57	
G9	准确定位，单程序段有效
G53	按程序段方式取消可设定零点偏置
G70	英制尺寸编程
G71	公制尺寸编程
G90	绝对尺寸编程
G91	增量尺寸编程
G94	进给率 F，单位：毫米/分
G95	主轴进给率 F，单位：毫米/转
G96	恒定切削速度 F，单位：毫米/转，S 单位：米/分钟
G97	撤销恒定切削速度
G22	半径编程
G23	直径编程

（1）FANUC 数控系统有关坐标和坐标系的指令

① 工件坐标系选择 G54～G59。

格式（以 G54 为例）：G54

注意事项：使用 G54～G59 建立工件坐标系时，该指令后面不跟所建立的工件坐标系坐标原点在机床坐标系的坐标值（$X_{工原}$，$Y_{工原}$，$Z_{工原}$）。使用该指令时要放在程序的起始部分。使用该指令前，必须回过一次参考点，然后在数控系统操作界面的菜单命令条中，输入所建立的工件坐标原点在机床坐标系的坐标值（$X_{工原}$，$Y_{工原}$，$Z_{工原}$）。

② 坐标系设定 G50。

格式：G50 X_ Z_

其中，X、Z 为坐标原点（程序原点）到刀具起点（对刀点）的有向距离。

建立：G50 指令通过设定刀具起点相对于坐标原点的位置建立坐标系。此坐标系一旦建立起来，后续的绝对值指令坐标位置都是此工件坐标系中的坐标值。

当执行 G50 X α Z β 指令后，系统内部即对（α，β）进行记忆，并建立一个使刀具当前点坐标值为（α，β）的坐标系，系统控制刀具在此坐标系中按程序进行加工。执行该指令只建立一个坐标系，刀具并不产生运动。G50 指令为非模态指令，执行该指令时，若刀具当前点恰好在工件坐标系的 α 和 β 坐标值上，即刀具当前点在对刀点位置上，此时建立的坐标系即为工件坐标系，加工原点与程序原点重合。若刀具当前点不在工件坐标系的 α 和 β 坐标值上，则加工原点与程序原点不一致，加工出的产品就有误差或被报废，甚至出现危险。因此执行该指令时，刀具当前点必须恰好在对刀点上，即工件坐标系的 α 和 β 坐标值上。由上可知，要正确加工，加工原点与程序原点必须一致，故编程时加工原点与程序原点考虑为同一点。实际操作时怎样使两点一致，由操作时对刀完成。

例如，图 7-4 所示坐标系的设定，当以工件左端面为工件原点时，应按下行建立工件坐标系。

G50 X180.0 Z254.0

当以工件右端面为工件原点时，应按下行建立工件坐标系。

G50 X 180.0 Z44.0

显然，当 α、β 不同，或改变刀具位置时，即刀具当前点不在对刀点位置上，则加工原点与程序原点不一致。因此在执行程序段 G50 X α Z β 前，必须先对刀。

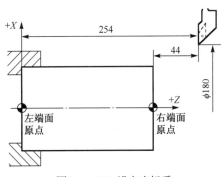

图 7-4 G50 设立坐标系

X、Y、Z 取值原则：

a. 方便数学计算和简化编程；

b. 容易找正对刀；

c. 便于加工检查；

d. 引起的加工误差小；

e. 不要与机床、工件发生碰撞；

f. 方便拆卸工件；

g. 空行程不要太长。

注意：

a. 执行此段程序只是建立在工件坐标系中刀具起点相对于程序原点的位置，刀具并不产生运动。

b. 执行此程序段之前，必须保证刀具回到加工起始点即对刀点。

c. G50 指令必须单独一个程序段指定，并放在程序的首段。

学生推荐用 T 指令建立工件坐标系。

③ 绝对值编程 G90 与相对值编程 G91。

格式：　G90 G X Z

　　　　G91 G X Z

G90 为绝对值编程，每个轴上的编程值是相对于程序原点的。

G91 为相对值编程，每个轴上的编程值是相对于前一位置而言的，该值等于沿轴移动的距离。

绝对编程时，用 G90 指令后面的 X、Z 表示 X 轴、Z 轴的坐标值。

增量编程时，用 U、W 或 G91 指令后面的 X、Z 表示 X 轴、Z 轴的增量值。

学生推荐用 G90 绝对值编程。

（2）FANUC 数控系统进给控制指令

① 快速定位指令 G00。

格式：G00 X（U）_Z（W）_

说明：

X、Z：为绝对编程时，快速定位终点在工件坐标系中的坐标。

U、W：为增量编程时，快速定位终点相对于起点的位移量；

G00 指令刀具相对于工件以各轴预先设定的速度，从当前位置快速移动到程序段指令的定位目标点。

G00 指令中的快移速度由机床参数"快移进给速度"对各轴分别设定，不能用 F 规定。

G00 一般用于加工前快速定位或加工后快速退刀。快移速度可由面板上的快速修调按钮修正。

G00 为模态功能，可由 G01、G02、G03 功能注销。

注意：

在执行 G00 指令时，由于各轴以各自速度移动，不能保证各轴同时到达终点，因而联动直线轴的合成轨迹不一定是直线。操作者必须格外小心，以免刀具与工件发生碰撞。常见的做法是，将 X 轴移动到安全位置，再放心地执行 G00 指令。

② 线性进给 G01 指令。

格式：G01 X（U）_Z（W）_F_；

说明：

X、Z：为绝对编程时终点在工件坐标系中的坐标。

U、W：为增量编程时终点相对于起点的位移量。

F_：合成进给速度。

G01 指令刀具以联动的方式，按 F 规定的合成进给速度，从当前位置按线性路线（联动直线轴的合成轨迹为直线）移动到程序段指令的终点。

G01 是模态代码，可由 G00、G02、G03 功能注销。

③ 圆弧进给 G02/G03。

X、Z：为绝对编程时，圆弧终点在工件坐标系中的坐标。

U、W：为增量编程时，圆弧终点相对于圆弧起点的位移量。

I、K：圆心相对于圆弧起点的增加量（等于圆心的坐标减去圆弧起点的坐标），在绝对、增量编程时都以增量方式指定，在直径、半径编程时 I 都是半径值。

R：圆弧半径。

F：被编程的两个轴的合成进给速度。

格式：

$$\left\{ \begin{matrix} G02 \\ G03 \end{matrix} \right\} X(U)\_Z(W)\_ \left\{ \begin{matrix} I\_K\_ \\ R\_ \end{matrix} \right\} F\_$$

注意：顺时针或逆时针是从垂直于圆弧所在平面的坐标轴的正方向看到的回转方向，同时编入 R 与 I、K 时，R 有效。

（3）FANUC 数控系统外圆粗车复合循环 G71 指令

运用这组复合循环指令，只需指定精加工路线和粗加工的吃刀量，系统会自动计算粗加工路线和走刀次数（类似于自动代替设置数控加工工艺的一部分）。极大地精简了程序量。G71 指令适用于切除棒料毛坯的大部分加工余量。而 FANUC 0 系列系统则不同，其 G71 指令格式略有差别。本书均以 FANUC 0i Mate-TC 系统说明。如图 7-5 所示为用 G71 粗车外圆的走刀路线。

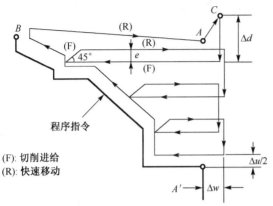

(F): 切削进给
(R): 快速移动

G71 U(Δd)R(e)
G71 P(ns)Q(nf)U(Δu)W(Δw)F(f)S(s)T(t)

图 7-5　外圆粗车循环 G71

（4）FANUC 数控系统端面粗车循环 G72

G72 指令适用于圆柱棒料毛坯端面方向粗车。常用于长度切削量相对较少，直径相对切削量较大的零件粗加工。如图 7-6 所示为用 G72 粗车端面的走刀路线。

格式：

G72 W(Δd)R(e)

G72 P(ns)Q(nf)U(Δu)W(Δw)D(Δd)F(f)S(s)T(t);

说明：

Δd：背吃刀量。

e：退刀量。

ns：循环中第一程序段的顺序号。

nf：循环中最后程序段的顺序号。

Δu：径向（X 方向）精加工余量。

Δw：轴向（Z 方向）精加工余量。

（5）FANUC 数控系统精车循环 G70

当用 G71、G7 等指令粗车工件后，用 G70 来指定精车循环，切除粗加工的余量。

格式：

G70 P(ns)Q(nf)

说明：

ns：循环中第一程序段的顺序号。

nf：循环中最后程序段的顺序号。

【例】如图 7-7 所示，采用 G72 端面粗车，G70 精车。

程序清单：（直径编程，公制输入）

格式：

G71 U(Δd)R(e)

G71 P(ns)Q(nf)U(Δu)W(Δw)F(f)S(s)T(t);

说明：

Δd：背吃刀量。

e：退刀量。

ns：循环中第一程序段的顺序号。

nf：循环中最后程序段的顺序号。

Δu：径向（X 方向）精加工余量。

Δw：轴向（Z 方向）精加工余量。

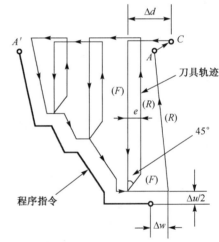

G72 W(Δd)R(e)
G72 P(ns)Q(nf)U(Δu)W(Δw)D(Δd)F(f)S(s)T(t);

图 7-6　端面粗车循环 G72

N010 G50 X220.0 Z190.0;　　　　　　　　　设定工件坐标系
N011 M03 S600;　　　　　　　　　　　　　主轴正转转速 600 转/分
N012 G00 X176.0 Z132.0;　　　　　　　　　刀具快速移动到 X176.0 Z132.0
N013 G72 W7.0 R1.0;　　　　　　　　　　　设定 G72 端面粗车循环参数
N014 G72 P014 Q019 U4.0 W2.0 F0.3 S550;　　设定 G72 端面粗车循环参数
N015 G00 Z58.0 S700;　　　　　　　　　　　快速移动到 Z58 精车时主轴转速 700 转/分
N016 G01 X120.0 W12.0 F0.15;　　　　　　　加工大径 ϕ160 小径 ϕ120 圆台长 10 精车进给量 0.15
N017 W10.0;　　　　　　　　　　　　　　　加工直径 ϕ120 圆柱面
N018 X80.0 W10.0;　　　　　　　　　　　　加工大径 ϕ120，小径 ϕ80 的圆台长 10
N019 W20.0;　　　　　　　　　　　　　　　加工直径 ϕ80 圆柱面
N020 X36.0 W22.0;　　　　　　　　　　　　加工大径 ϕ80，小径 ϕ36 长 22 的圆台面并切出
N021 G70 P014 Q019;　　　　　　　　　　　精车循环
N022 G00 X220.0;　　　　　　　　　　　　　X 方向快速到直径 ϕ220
N023 G00 Z190.0;　　　　　　　　　　　　　Z 方向快速移动到 Z190
N024 M05;　　　　　　　　　　　　　　　　主轴停止
N025 M30;　　　　　　　　　　　　　　　　程序结束

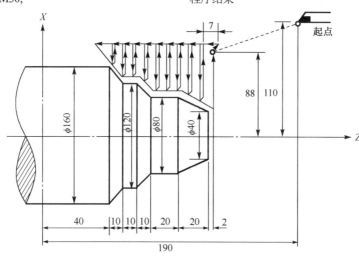

图 7-7　G72 和 G70 循环加工零件图

（6）FANUC 数控系统螺纹切削

螺纹切削分单段单行程螺纹切削（G32）、螺纹切削固定循环（G92）和螺纹切削复合循环（G76）。本书主要介绍工程实践中常用的螺纹切削固定循环（G92）

格式：G92 X（U）__ Z（W）__ F__

说明：

X、Z：绝对值编程时，为螺纹终点 C 在工件坐标系下的坐标；也可用增量值编程，此时，为螺纹终点 C 相对于循环起点 A 的有向距离。学生推荐使用绝对值编程。

F：螺纹螺距。

如图 7-8 所示，图 7-8(a)为圆柱螺纹循环，图 7-8(b)为圆锥螺纹循环。

表 7-6 为常用螺纹切削进给次数与吃刀量参考表，可以作为学生在实习加工时的参考。

（7）SIEMENS 数控系统车削固定循环

SIEMENS 数控系统 802S/C 车削常用固定循环见表 7-7。

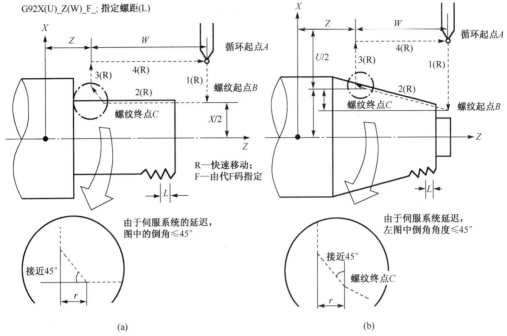

图 7-8　螺纹切削循环 G92

表 7-6　常用螺纹切削进给次数与吃刀量参考表　　　　　　　　　　　　　/mm

公制螺纹							
螺距	1.0	1.5	2	2.5	3	3.5	4
牙深（半径量）	0.649	0.974	1.299	1.624	1.949	2.273	2.598
切削次数	吃刀量（直径量）						
1	0.7	0.8	0.9	1.0	1.2	1.5	1.5
2	0.4	0.6	0.6	0.7	0.7	0.7	0.8
3	0.2	0.4	0.6	0.6	0.6	0.6	0.6
4		0.16	0.4	0.4	0.4	0.6	0.6
5			0.1	0.4	0.4	0.4	0.4
6				0.15	0.4	0.4	0.4
7					0.2	0.2	0.4
8						0.15	0.3
9							0.2
英制螺纹							
每英寸牙数	24	18	16	14	12	10	8
牙深（半径量）	0.678	0.904	1.016	1.162	1.355	1.626	2.033
切削次数	吃刀量（直径量）						
1	0.8	0.8	0.8	0.8	0.9	1.0	1.2
2	0.4	0.6	0.6	0.6	0.6	0.7	0.7
3	0.16	0.3	0.5	0.5	0.6	0.6	0.6
4		0.11	0.14	0.3	0.4	0.4	0.5
5			0.13	0.16	0.4	0.5	
6					0.16	0.4	
7						0.17	

表 7-7　SIEMENS 数控系统固定循环代码及功能一览表

循环代码	功能
LCYC82	钻孔、沉孔加工
LCYC83	深孔钻削
LCYC840	带补偿夹具内螺纹切削
LCYC85	镗孔
LCYC93	凹槽加工
LCYC94	凹凸切削（E 型和 F 型，按 DIN 标准）
LCYC95	毛坯切削
LCYC97	螺纹切削

说明：

循环中使用的参数为 R100～R249。

调用一个循环之前必须对该循环的传递参数赋值，循环结束以后传递参数的值保持不变。

使用加工循环时，必须事先保留参数 R100～R249，从而确保这些参数用于加工循环而不被程序中其他地方使用。

如果在循环中没有设定进给值、主轴转速和主轴方向的参数，则编程时必须予以赋值。

（8）刀具补偿功能指令

刀具的补偿包括刀具的偏置补偿和磨损补偿、刀尖半径补偿。声明：刀具的偏置和磨损补偿，是由 T 代码指定的功能，而不是由 G 代码规定的准备功能，G 代码指定刀尖半径补偿。

我们编程时，设定刀架上各刀在工作位时，其刀尖位置是一致的。但由于刀具的几何形状及安装的不同，其刀尖位置是不一致的，其相对于工件原点的距离也是不同的。因此，需要将各刀具的位置值进行比较或设定，称为刀具偏置补偿。刀具偏置补偿可使加工程序不随刀尖位置的不同而改变。刀具偏置补偿即机床回到机床零点时，工件坐标系零点相对于刀架工作位上各刀刀尖位置的有向距离。当执行刀具偏置补偿时，各刀以此值设定各自的加工坐标系。故此，虽然刀架在机床零点时，各刀由于几何尺寸不一致，各刀刀位点相对于工件零点的距离不同，但各自建立的坐标系均与工件坐标系重合。

机床到达机床零点时，机床坐标值显示均为零，整个刀架上的点可考虑为一理想点，故当各刀对刀时，机床零点可视为在各刀刀位点上。数控系统可通过输入试切直径、长度值，自动计算工件零点相对于各刀刀位点的距离，FANUC 数控系统的试切操作步骤如下：

① 在 MDI 状态下，按"PROG"键，输入"M03S450"，按下"循环启动"按钮，使主轴正转，再按下"手摇"按钮，通过"X1000""X100""X10""X1"调节操作面板上的倍率，按"X 手摇"键，转动手轮使刀具刀尖切到轴线，试切完成右端面。

注意：手轮逆时针方向转动是沿 X 轴或 Z 轴负向移动，即进刀。当刀具移动靠近三爪卡盘时，应当心手轮的转动方向，防止撞刀。

也可以在手动状态下通过调整进给倍率，手动试切。

② 试切完成右端面后，点击"+X"键（有的机床操作面板是"↓"键），将刀具沿"+X"方向退刀，Z 向不动。按"OFS/SET"键，进入刀具补正界面，在对应的刀号下依次按"补正""形状"，在提示符下输入"Z0"，按"测量"键，由数控系统自动计算出刀具 Z 向偏置值。

③ 用同一把刀试切工件外圆，试切完成后，点击"+Z"键（有的机床操作面板是"→"键），将刀具沿"+Z"方向退刀，X 向不动。停车测量外圆直径，如测量到外圆直径值 ϕ41.22，按"OFS/SET"键，进入刀具补正界面，在对应的刀号下依次按"补正""形状"，在提示符下输入"X41.22"，按"测量"键，由数控系统自动计算出刀具 X 向偏置值。

④ 如果还需其他刀具对刀，则执行换刀指令后，重复①～③步骤，即可得到各刀绝对刀偏值。

⑤ 程序编制时可编入相应刀具的 4 位数字 T 代码，即可利用刀具偏置设定对应刀具的工件坐标系。

7.2.5　数控车床操作

1. FANUC 数控车床操作面板简介

FANUC 数控机床操作面板由 FANUC 公司的 CRT/MDI 标准面板（见图 7-9）和机床生产厂家的机床操作面板（见图 7-10）两部分组成，机床生产厂家不同机床操作面板略有区别（见图 7-14）。

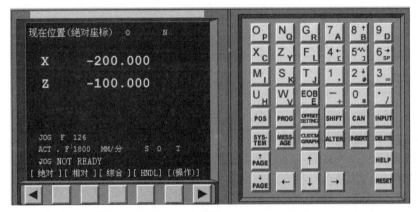

图 7-9　FANUC 数控系统 CRT/MDI 标准面板

图 7-10　机床操作面板

（1）机床操作面板

机床控制面板的大部分按键于操作台的下部，如图 7-10 所示。红色急停按钮位于操作台的左下角。机床控制面板用于直接控制机床的动作或加工过程。控制面板的具体操作如下：

①"急停"按钮：机床运行过程中，在危险或紧急情况下，按下"急停"按钮 CNC 即进入急停

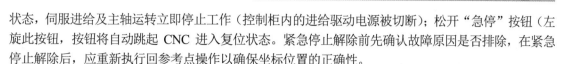

状态,伺服进给及主轴运转立即停止工作(控制柜内的进给驱动电源被切断);松开"急停"按钮(左旋此按钮,按钮将自动跳起 CNC 进入复位状态。紧急停止解除前先确认故障原因是否排除,在紧急停止解除后,应重新执行回参考点操作以确保坐标位置的正确性。

注意:在启动和退出系统之前应按下急停按钮以保障人身财产安全。

② "自动"旋钮开关:可进行如下操作。

自动连续加工工件;模拟加工工件("空运行"开关有效接通)。

③ "MDI"旋钮开关:可进行单程序段运行。

④ "JOG"旋钮:在此状态下,与 X 或 Z 方向的方向按键配合,可以点动移动机床各坐标轴。

若同时按压"快速"按键,则产生相应轴的快速运动。

在此状态下可以有效按键"主轴正转""主轴停止""主轴反转"。

⑤ "手轮"旋钮开关:在此状态下,有选择地按相应增量倍率按键"X1""X10""X100",与 X、Y、Z 方向的方向按键配合,可以使 X、Y、Z 轴分别获得一个增量移动。

如:在"X1"状态下,按一次 Z 轴方向键,则向 Z 方向移动 0.001mm。

"手轮"旋钮和手摇脉冲发生器,在对刀时打开,可以控制对刀的精确度。

⑥ "回零"开关:开机第一步,手动返回参考点的运动。在此状态下,分别按 X、Z 轴正方向按键,可以完成机床回参考点的运动,建立机床坐标系。

⑦ "循环启动"按钮:它只在"自动"或"单段"工作方式下有效。按下该键,机床可以自动加工或模拟加工。

⑧ "循环暂停"按钮:在自动运行过程中,按该按钮,程序执行暂停,机床各运动轴减速停止。

⑨ "机床锁住"开关:在此状态下,数控系统不输出伺服轴的移动指令,机床停止不动。在程序校验状态下,必须使"机床锁住"开关处于接通位置。

(2)CRT/MDI 标准面板

根据其使用的场合,CRT/MDI 标准面板见图 7-9,它有各种功能,可以在程序输入数控系统时使用,也可以通过按钮翻页进入相应的菜单。

注意:删除字符用"CAN"键,上下字符切换用"SHIFT"键。

2.数控车床的基本操作步骤

(1)开机、关机、急停、复位、回机床参考点、超程解除。

① 开机操作步骤:按下急停按钮,打开电源接通开关,系统自检,显示屏显示进入系统,右旋松开急停按钮。

② 关机操作步骤:按下急停按钮,再按下"系统停止"按钮,退出数控系统,关闭电源开关。

③ 急停、复位:按下急停按钮,解除危险后,右旋松开急停按钮。

④ 回机床参考点操作步骤(手动):使回零旋钮处于有效接通,按下+X 按钮,+X 方向回机床参考点。按下+Z 按钮,+Z 方向回机床参考点。

⑤ 超程解除步骤:右旋松开急停按钮,在手动方式下同时按超程解除和+X(−X)、+Z(−Z)按钮。

注意:必须向超程反向解除超程,否则危险。

3.手动操作步骤

(1)手动步骤

在手动方式下,调节进给修调按钮的百分比,再按操作面板上的+X(−X)、+Z(−Z)按钮。

（2）手轮增量进给步骤

在手轮增量方式下，选择不同的增量倍率，再按操作面板上的+X（–X）、+Z（–Z）按钮。

7.2.6 数控车床加工实例

实习课题：数控车削组合体。

1．实习目的

通过这一零件（如图 7-11 所示）的实际编程与加工操作，使学生掌握数控车床的基本操作，掌握基本 G 代码、M 代码和 T 代码数控常用指令的使用与操作，了解数控机床的基本结构原理。

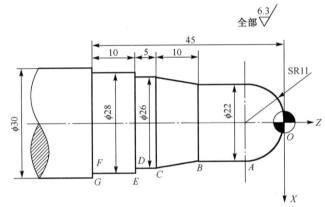

图 7-11　数控车削组合体零件示意图

2．实习设备

CAK3626 数控车床。

FANUC 0iMate-Tc 数控系统。

3．实习材料

直径 ϕ30 的铝棒或塑料棒。

4．加工工艺的确定

（1）加工方式：车削加工。

（2）加工刀具：机夹外圆车刀。

（3）切削用量：主轴转速 300r/min。

（4）工艺路线：根据零件图《数控车削组合体》中的加工要求合理制定。

（5）定位夹紧：CAK3626 数控车床的三爪卡盘。

5．加工程序的编制

（1）确定工件坐标系。选择工件的右端面为 Z 轴零点，回转轴线为 X 轴零点，建立工件坐标系。

（2）数学处理。在编制程序前计算各个轮廓点的坐标，有了坐标值才能正式编程。

（3）零件程序编制（注意：FANUC 数控系统编程时轮廓点坐标数值在编程时要加小数点符号"."）。

程序清单如下：

```
O5555
T0101
```

G00 X80.0 Z80.0

M03 S300

G00 X30.0 Z2.0

G71 U1.5 R1.0

G71 P10 Q20 U0.4 W0.2 F0.3

N10 G00 X0.

G01 Z0. F0.15

G03 X22.0 Z-11.0 R11.0

G01 Z-20.0

X26 Z-30.0

Z-35.0

X28.0

N20 G01 Z-45.0

G70 P10 Q20

G01 X30.0

G00 X80.0

G00 Z80.0

M05

M30

6．加工操作

（1）开机

（2）机床回参考点

① 检查"急停"按钮是否松开，若未松开，旋转"急停"按钮将其弹出。

② 按"回零"按钮，使"回零"按钮接通，进入回零模式。

③ 在回零模式下，按控制面板上的"+X"按钮，此时 X 轴将回零。再按"+Z"按钮，可以将 Z 轴回零。

（3）安装工件

（4）1 号刀对刀（外圆车刀）

① Z 轴对刀：按下操作面板中的"JOG"按钮，利用操作面板上的"–X""–Z"按钮及"快进"键，使刀具刀尖靠近工件右端面。按下"主轴正转"按钮，再按下"手摇增量"按钮，通过"X100""X10""X1"调节操作面板上的倍率，使刀尖和工件右端面处接触到，试切右端面，按"–X"键使刀具刀尖切到轴线，此时 Z 方向不移动。按"OFS/SET"键，进入刀具补正界面，在对应的刀号下依次按"补正""形状"，在提示符下输入"Z0"，按"测量"键，由数控系统自动计算出刀具 Z 向偏置值。这样就把 1 号刀的 Z 偏置设置好了。

② X 轴对刀：同样试切外圆直径，Z 向退刀，X 向不能有移动。按"主轴停止"按钮，测量直径，如测量到外圆直径值 ϕ29.42，按"OFS/SET"键，进入刀具补正界面，在对应的刀号下依次按"补正""形状"，在提示符下输入"X29.42"，按"测量"键，由数控系统自动计算出刀具 X 向偏置值。

如果要设置 2 号、3 号、4 号刀具，就重复以上步骤。

（5）程序的输入、程序图形模拟和自动加工

① 程序的输入：在机床操作面板的"编辑"旋钮处于有效接通状态，在 CRT/MDI 操作面板上，按"PROG"键（程序键），在提示符下输入程序号"O5555"，按"INSERT"键，进入程序编辑，依次输入各程序段，每输入一个程序段后，按下"EOB"键，使程序换行。

② 程序图形模拟：在机床操作面板的"自动"旋钮处于有效接通状态，打开"机床锁住"旋钮，关好机床安全门。在 CRT/MDI 操作面板上，按"CSTM/GR"键（用户图形显示）。按下"循环启动"按钮执行程序，显示图形轨迹。

注意：在"CSTM/GR"键（用户图形显示）下，学生不允许随意修改模拟加工的毛坯参数，如需修改，必须由指导教师打开数据保护锁，由指导教师修改。学生严禁更改系统参数。

对于第一次使用数控机床的学生，如条件许可，推荐在计算机的模拟软件中运行数控加工程序，程序模拟执行准确后，再输入数控机床。

③ 首件单程序段自动加工：在机床操作面板的"自动"旋钮处于有效接通状态，关闭"机床锁住"旋钮，使"单段"旋钮处于有效接通状态，按机床控制面板的"循环启动"键，程序开始运行，每运行一程序段后，再按一下"循环启动"键，全部程序段正确加工完成后，如需批量加工可关闭"单段"旋钮，在"循环启动"下，使程序连续自动运行。

7.3 数控铣削

7.3.1 数控铣床的坐标轴

数控铣床坐标轴的确定方法如下（常用的数控立式铣床坐标系如图 7-12 所示）。

Z 轴表示主轴方向，X 轴与机床工作台平行，一般取水平位置。当确定了 Z 轴和 X 轴后，Y 轴由右手直角坐标系确定。

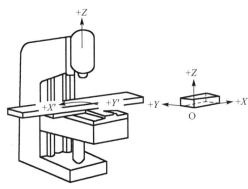

图 7-12　数控立式铣床

7.3.2 数控铣削编程步骤与数控铣削加工切削用量的选择

1．数控铣削编程的一般步骤

同数控车削一样，数控铣削编程也要经过对零件图纸进行工艺分析、刀具轨迹坐标值计算、编写数控加工程序、程序输入及程序校验等阶段。

2．切削用量选择

（1）端铣吃刀量 a_p 与圆周铣侧吃刀量 a_e。

对于不同材料、不同硬度、不同加工刀具等条件，根据加工表面粗糙度要求的不同，端铣吃刀量 a_p 与圆周铣侧吃刀量 a_e 的数值是不同的。

一般情况下，若工件表面粗糙度 Ra 要求为 3.2～12.5μm，粗铣后端铣吃刀量与圆周铣侧吃刀量取 0.5～1.0mm。若工件表面粗糙度 Ra 要求为 0.8～3.2μm，半精铣端铣吃刀量与圆周铣侧吃刀量取 1.5～

2.0mm，精铣端铣吃刀量取 0.3～0.5mm，圆周铣侧吃刀量取 0.5～1.0mm。

（2）进给速度 v_f

进给速度的计算公式为

$$v_f = f_z Z n$$

式中，f_z 是每齿进给量，单位为 mm/z；n 是铣刀转速，单位为 r/min；Z 是铣刀齿数。

对于不同材料、不同切削速度、不同铣刀直径等条件，根据相关切削用量手册可以查得相应的每齿进给量 f_z 参考值。

（3）切削速度 v_c

铣削时的切削速度与刀具耐用度 T、每齿进给量 f_z、端铣吃刀量 a_p、圆周铣侧吃刀量 a_e、铣刀齿数 Z、铣刀直径 d 有关。一般情况下，对于不同材料、不同硬度，根据相关切削用量手册可以查得相应的切削速度参考值。

高速钢立铣刀粗铣切削用量见表 7-8。

表 7-8 高速钢立铣刀粗铣切削用量表

工件材料		铸铁		铝		钢	
刀具直径 (mm)	刀槽数	转速 (r/min)	进给速度 (mm/min)	转速 (r/min)	进给速度 (mm/min)	转速 (r/min)	进给速度 (mm/min)
		切削速度 (m/min)	每齿进给量 (mm/齿)	切削速度 (m/min)	每齿进给量 (mm/齿)	切削速度 (m/min)	每齿进给量 (mm/齿)
8	2	1100	115	5000	500	1000	100
		28	0.05	126	0.05	25	0.05
10	2	900	110	4100	490	820	82
		28	0.06	129	0.06	26	0.05
12	2	770	105	3450	470	690	84
		29	0.07	130	0.07	26	0.06
14	2	660	100	3000	440	600	80
		29	0.07	132	0.07	26	0.07
16	2	600	94	2650	420	530	76
		30	0.08	133	0.08	27	0.07

7.3.3　FANUC 0iMate-MD 数控铣削的程序编制

1．辅助功能 M 代码

FANUC 0iMate-MD 数控铣床的辅助功能 M 代码见表 7-9。

学生实习时常用的 M 代码是 M03，M05 和 M30 命令。

SIEMENS 系统数控铣床的 M 代码及功能见表 7-10。

表 7-9　FANUC 0iMate-MD 系统 M 代码及功能

代码	功能说明	代码	功能说明
M00	程序停止	M03	主轴正转启动
M01	选择停止	M04	主轴反转启动
M02	程序结束	M05	主轴停止转动

续表

代码	功能说明	代码	功能说明
M30	程序结束并返回程序起点	M08	切削液打开
		M09	切削液停止
M98	调用子程序	M19	主轴定向
M99	子程序结束	M06	自动换刀

表 7-10　SIEMENS 系统 M 代码及功能

代码	功能说明	代码	功能说明
M0	程序暂停	M3	主轴正转启动
M1	程序有条件停止	M4	主轴反转启动
M2	程序结束	M5	主轴停止转动
M17	子程序结束	M8	切削液打开
M6	更换刀具：机床数据有效时用 M6 直接更换刀具	M9	切削液停止
M98	调用子程序	M41	低速
M99	子程序结束	M42	高速

2. 主轴功能 S、进给功能 F

（1）主轴功能 S

主轴功能 S 控制主轴转速，其后的数值表示主轴速度，单位为 r/min。

S 功能只有在主轴速度可调节时有效。S 功能常和 M03 代码一起使用，如 M03 S800。

（2）进给速度 F

F 指令表示工件被加工时刀具相对于工件的合成进给速度，FANUC 数控铣削系统 F 的单位取决于 G94［每分钟进给量（mm/min）］，如 G94 G01 X10.0 Y10.0 F100；或 G95［每转进给量（mm/r）］，如 G95 G01 X10.0 Y10.0 F1.5。

FANUC 数控铣削系统默认是 G94［每分钟进给量（mm/min）］。

SIEMENS 系统 F 的单位开机默认是 G94［每分钟进给量（mm/min）］，如 G94 G1 X10.0 Y10.0 F100。

当工作在 G01，G02 或 G03 方式下，编程的 F 值一直有效，直到被新的 F 值所取代，而工作在 G00 方式下，快速定位的速度是各轴的最高速度，与所编 F 值无关。也就是说，编程时 G00 后不加 F。

借助操作面板上的倍率按键，F 可在一定范围内进行倍率修调。

3. 准备功能 G 指令

准备功能 G 指令由 G 后 1 或 2 位数字组成。它用来规定刀具和工件的相对运动轨迹、机床坐标系、坐标平面、刀具补偿、坐标偏置等多种加工操作。

FANUC 0iMate-Mc 数控系统 G 指令及功能如表 7-11 所示。SIEMENS 数控铣削系统 G 指令及功能如表 7-12 所示。

表 7-11　FANUC 0iMate-Mc 数控系统 G 指令级功能表

G 指令	组别	功能
G00	01	快速定位
G01		直线插补

续表

G 代码	组别	功能
G02		顺圆插补
G03		逆圆插补
G04	00	延时（暂停）
G15	17	极坐标指令消除
G16		极坐标指令
G17		选择 XY 平面
G18	02	选择 XZ 平面
G19		选择 YZ 平面
G20	06	英寸输入
G21		毫米输入
G28	00	返回参考点
G29		从参考点返回
G33	01	螺纹切削
G40		刀尖半径补偿取消
G41	07	刀尖圆弧半径左补偿
G42		刀尖圆弧半径右补偿
G54		
G55		
G56		
G57	14	坐标系选择
G58		
G59		
G63	15	攻丝方式
G65	00	宏程序调用
G73		深孔钻循环
G74		左旋攻丝循环
G76	09	精镗循环
G80		固定循环取消
G81		钻孔循环
G82		钻孔循环或反镗循环
G43		正向刀具长度补偿
G44	08	负向刀具长度补偿
G49		刀具长度补偿取消
G83		深孔钻循环
G84		攻丝循环
G85		镗孔循环
G86	09	镗孔循环
G87		背镗循环
G88		镗孔循环
G89		镗孔循环
G90	03	绝对值编程
G91		增量编程
G96	13	恒表面速度控制

G 指令	组别	功能
G97		恒表面速度控制取消
G94	05	每分钟进给
G95		每转进给

表 7-12　SIEMENS 数控系统 G 指令及功能

G 指令	功能
G0	快速定位
G1	直线插补
G2	顺圆插补
G3	逆圆插补
G5	中间点圆弧插补
G4	暂停
G74	回参考点
G75	回固定点
G158	可编程的偏置
G25	主轴转速下限
G26	主轴转速上限
G17	XOY 坐标平面选择
G18	XOZ 坐标平面选择
G19	YOZ 坐标平面选择
G40	刀尖半径补偿取消
G41	刀具半径补偿，轮廓左边
G42	刀具半径补偿，轮廓右边
G500	取消零点偏置
G54	
G55	可设定的零点偏置
G56	
G57	
G9	准确定位，单程序段有效
G53	按程序段方式取消可设定零点偏置
G70	英制尺寸编程
G71	公制尺寸编程
G90	绝对尺寸编程
G91	增量尺寸编程
G94	进给率 F，单位：毫米/分
G95	主轴进给率 F，单位：毫米/转

（1）FANUC 数控系统有关坐标和坐标系的指令

工件坐标系选择 G54～G59。

格式（以 G54 为例）：G54

注意事项：

使用 G54～G59 建立工件坐标系时，该指令后面不跟所建立的工件坐标系坐标原点在机床坐标系的坐标值（$X_{工原}$，$Y_{工原}$，$Z_{工原}$）。使用该指令时要放在程序的起始部分。

$X_{工原}$，$Y_{工原}$，$Z_{工原}$取值原则：

① 方便数学计算和简化编程；

② 容易找正对刀；

③ 便于加工检查；

④ 引起的加工误差小；

⑤ 不要与机床、工件发生碰撞；

⑥ 方便拆卸工件；

⑦ 空行程不要太长。

注意：

① 执行此段程序只是建立了工件坐标系中刀具起点相对于程序原点的位置，刀具并不产生运动。

② G54 指令可以放在单独一个程序段，并放在程序的首段，方便编程人员检查。

（2）绝对值编程 G90 与相对值编程 G91

格式：　G90　X　Y　Z

　　　　 G91　X　Y　Z

G90 为绝对值编程，每个轴上的编程值是相对于程序原点的。

G91 为相对值编程，每个轴上的编程值是相对于前一位置而言的，该值等于沿轴移动的距离。

G90、G91 为模态功能，G90 为默认值（可以省略不写）。

（3）快速定位指令 G00

格式：G00　X_Y_Z_

说明：其中，X、Y、Z 为快速定位终点，G90 时为终点在工件坐标系中的坐标，G91 时为终点相对于起点的位移量。

G00 指令刀具相对于工件以各轴预先设定的速度从当前位置快速移动到程序段指令的定位目标点。

G00 指令中的快移速度由机床参数快移进给速度对各轴分别设定不能用 F 规定。编程时不需要再加进给功能 F 指令。

G00 一般用于加工前快速定位或加工后快速退刀，快移速度可由面板上的快速修调旋钮修正。

G00 为模态功能可由 G01、 G02、 G03 功能注销。

注意：

在执行 G00 指令时，于各轴以各自速度移动，能保证各轴同时到达终点，而联动直线轴的合成轨迹不一定是直线。操作者必须格外小心，免刀具与工件发生碰撞。常见的做法是将 Z 轴移动到安全高度，再放心地执行 G00 指令。

（4）线性进给指令 G01

格式：G01　X_Y_Z_A_F_

说明：其中，X、Y、Z、A、为终点。

G90 时为终点在工件坐标系中的坐标；G91 时为终点相对于起点的位移量。

G01 和 F 都是模态代码，G01 可由 G00、G02、G03 功能注销。

（5）圆弧进给指令 G02，G03

说明：

G02：顺时针圆弧插补

G03：逆时针圆弧插补

G17：XY 平面的圆弧（默认，可以省略不写）

G18：ZX 平面的圆弧

G19：YZ 平面的圆弧

$$\begin{Bmatrix} G17 \\ G18 \\ G19 \end{Bmatrix} \begin{Bmatrix} G02 \\ G03 \end{Bmatrix} \begin{Bmatrix} X\_Y\_ \\ X\_Z\_ \\ Y\_Z\_ \end{Bmatrix} \begin{Bmatrix} I\_J\_ \\ I\_K\_ \\ J\_K\_ \\ R\_ \end{Bmatrix} F\_$$

X，Y，Z：圆弧终点在 G90 时为圆弧终点在工件坐标系中的坐标；在 G91 时为圆弧终点相对于圆弧起点的位移量。

I，J，K：圆心相对于圆弧起点的偏移值（等于圆心的坐标减去圆弧起点的坐标，I 是 X 轴方向，J 是 Y 轴方向，K 是 Z 轴方向）在 G90/G91 时都是以增量方式指定。

R：圆弧半径，当圆弧圆心角小于 180° 时 R 为正值，否则 R 为负值。

F：被编程的两个轴的合成进给速度。

圆弧编程小结：

对于加工整圆的编程方法是采用：G02（G03）X Y Z I J K F

对于加工圆弧的编程方法是采用：G02（G03）X Y Z R F　　（注意 R 后的正负号）

注意：

顺时针或逆时针是从垂直于圆弧所在平面的坐标轴的正方向看到的回转方向；整圆编程时不可以使用 R，只能用 I、J、K；同时编入 R 与 I、J、K 时 R 有效。

（6）刀具半径补偿 G40 G41 G42

格式：

$$\begin{Bmatrix} G17 \\ G18 \\ G19 \end{Bmatrix} \begin{Bmatrix} G40 \\ G41 \\ G42 \end{Bmatrix} \begin{Bmatrix} G00 \\ G01 \end{Bmatrix} X\_Y\_Z\_D\_$$

说明：

G40 取消刀具半径补偿；

G41 左刀补（在刀具前进方向左侧补偿）；

G42 右刀补（在刀具前进方向右侧补偿）；

G17 刀具半径补偿平面为 XY 平面（默认，可以省略）；

G18 刀具半径补偿平面为 ZX 平面；

G19 刀具半径补偿平面为 YZ 平面；

X，Y，Z：G00/G01 的参数即刀补建立或取消的终点；

D：G41/G42 的参数即刀补号码（D00～D99）它代表了刀补表中对应的半径补偿值；

G40 G41 G42 都是模态代码可相互注销。

注意：

刀具半径补偿平面的切换必须在补偿取消方式下进行；刀具半径补偿的建立与取消只能用 G00 或 G01 指令不得是 G02 或 G03。

7.3.4　FANUC 0iMate-MD 数控铣床操作

1. 数控铣床操作面板简介

FANUC 数控机床操作面板由 FANUC 公司的 CRT/MDI 标准面板（见图 7-13）和机床生产厂家的机床操作面板（见图 7-14）两部分组成，各机床生产厂家的不同机床操作面板（见图 7-14）略有区别。

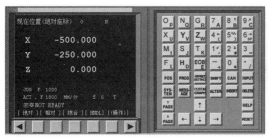

图 7-13　FANUC 0iMate-MD CRT/MDI 标准面板

图 7-14　操作面板

（1）机床操作面板

机床控制面板的大部分按键于操作台的下部，如图 7-10 所示。红色急停按钮位于操作台的左下角。机床控制面板用于直接控制机床的动作或加工过程。控制面板的操作具体如下。

① 急停：机床运行过程中，在危险或紧急情况下，按下"急停"按钮 CNC 即进入急停状态，伺服进给及主轴运转立即停止工作（控制柜内的进给驱动电源被切断）；松开"急停"按钮（左旋此按钮，按钮将自动跳起 CNC 进入复位状态。解除紧急停止前先确认故障原因是否排除且紧急停止解除后，应重新执行回参考点操作以确保坐标位置的正确性。

注意：

在启动和退出系统之前应按下急停按钮以保障人身财产安全。

②"自动"按钮：可进行如下操作。

自动连续加工工件；模拟加工工件；在 MDI 模式下运行指令。

③"单段"按钮：单程序段执行。

④"手动"按钮：在此状态下，与 X、Y、Z 方向的方向按键配合，可以点动移动机床各坐标轴。在此状态下可以有效的按键有"主轴正转""主轴停止""主轴反转"，其他方式下无效。

⑤"手轮"开关：在此状态下，有选择按多个增量倍率选择，"X1""X10""X100"，与 X、Y、Z 方向的方向按键配合，可以使 X、Y、Z 轴分别获得一个增量移动。增量倍率与增量值的关系见表 7-5。

"手轮"开关和手摇脉冲发生器，在对刀时使用，可以控制对刀的精确度。

⑥"回零"开关：开机第一步，手动返回参考点运动。在此状态下，分别按 X、Y、Z 轴方向按键，可以完成机床回参考点的运动，建立机床坐标系。

⑦"循环启动"按钮："循环启动"按键，只在"自动"或"单段"工作方式下有效。按下该键，机床可以自动加工或模拟加工。

⑧"进给保持"按钮：在自动运行过程中，按"进给保持"按钮，程序执行暂停，机床各运动轴减速停止。

⑨"锁定"按钮：在此状态下，数控系统不输出伺服轴的移动指令，机床停止不动。在程序校验状态下，必须按下"锁定"按钮。

（2）CRT/MDI 标准面板（见图 7-9）

根据其使用的场合，CRT/MDI 标准面板有各种功能，可以在程序输入数控系统时使用，也可以通过按钮翻页进入相应的菜单。

注意：

删除字符用"CAN"键，上下字符切换用"SHIFT"键。

2．数控铣床的基本操作步骤

① 开机操作步骤：按下急停按钮，打开机床电源开关，系统自检，显示屏显示进入系统，右旋松开急停按钮。

② 关机操作步骤：按下急停按钮，在机床操作面板上按下"断开"按钮，退出数控系统，关闭机床电源开关。

③ 急停、复位：按下急停按钮，解除危险后，右旋松开急停按钮。

④ 回机床参考点操作步骤（手动）：按下回零按钮，按下+Z 按钮，+Z 方向回机床参考点。按下+X 按钮，+X 方向回机床参考点。按下+Y 按钮，+Y 方向回机床参考点。

⑤ 超程解除步骤：右旋松开急停按钮，在手动方式下同时按超程解除和+X（−X），+Y（−Y），+Z（−Z）按钮。

注意：必须向超程反向解除超程，否则危险。

3．手动操作步骤

（1）手动步骤

在手动方式下，调节进给修调按钮的百分比，再按操作面板上的+X（−X）、+Y（−Y）、+Z（−Z）按钮。

（2）增量进给步骤

在增量方式下，选择不同的增量倍率，再按操作面板上的+X（−X）、+Y（−Y）、+Z（−Z）按钮。

7.3.5　数控铣削加工实例

实习课题：数控铣削凸轮

1．实习目的

通过较复杂的凸轮轮廓零件的实际编程与加工操作，进一步熟悉和掌握基本的 G 代码与 M 代码的数控常用指令的使用与操作，熟悉刀具补偿的机理和编程，并学习手工编程求取各节点的数学处理方法。

2．实习设备

VMC650L 立式加工中心。
FANUC 0iMate-MD 数控系统。

3．实习材料

ϕ120 的塑料棒或 130×130×20 的铝板或石蜡制品。

4．加工工艺的确定

（1）加工方式：立铣。

（2）加工刀具：ϕ10 的立铣刀。

（3）切削用量：主轴转速 600r/min。

（4）工艺路线：根据图 7-15 所示数控铣削凸轮零件示意图中的加工要求合理制定。

（5）定位夹紧：ϕ120 的塑料棒通过压板垂直安装在工作台上。

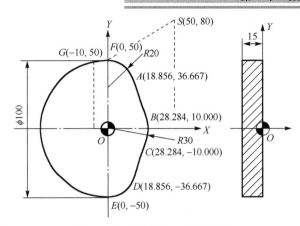

图 7-15　数控铣削凸轮零件示意图

5．加工程序的编制

① 确定工件坐标系。选择工件的对称中心为 X、Y 轴零点，离工件表面 0 处为 Z 轴零点，建立工件坐标系。

② 数学处理。在编制程序前计算各个轮廓点的坐标，有了坐标值方能正式编程。

A（18.856，36.667），B（28.284，10.000），C（28.284，−10.000），D（18.856，−36.667）

③ 零件程序编制。

程序清单如下：

O5555	建立程序名称 5555
N10 G54	建立工件坐标系
N15 G00 X0.0 Y0.0Z35.0	快速移动到 X0Y0Z35
N16 M03 S600	主轴电机正转启动
N20 G00 X-10.0 Y50.0	快速移动到点 G（−10，50，35）
N30 G41 D01 X0.0 Y50.0 F80	由点 G 到点 F（0，50，35）建立刀补，D01 预设为 5，即铣刀半径 5mm
N40 G01 Z-16.0	由点 F 到点 F（0，50，−16）
N50 G02 X18.856 Y36.667 R20.0	加工圆弧 FA
N60 GO1 X28.284 Y10.0	加工直线 AB
N70 G02 X28.284 Y-10.0 R30.0	加工圆弧 BC
N80 G01 X18.856 Y-36.667	加工直线 CD
N90 G02 X0.0 Y-50.0 R20.0	加工圆弧 DE
N100 G02 X0.0 Y50.0 R50.0	加工圆弧 EG
N110 G01 Z35.0 F500	由点 F 到点 F（0，50，35）
N120 G40 G00 X0.0 Y0.0	取消刀补，回起刀点
N130 M05	关主轴电机
N140 M30	程序结束

6．加工操作

（1）开机

（2）机床回参考点

① 检查"急停"按钮是否松开，若未松开，旋转"急停"按钮将其弹出。

② 在机床操作面板上旋转"方式选择开关"到"回零"位置，进入回零模式。

③ 在回零模式下，按控制面板上的"+Z"按钮，此时 Z 轴将回零。同样，分别再按"+X""+Y"

按钮，可以将 X、Y 轴回零。

（3）安装工件

（4）X、Y、Z 轴对刀

数控程序一般按工件坐标系编程，对刀的过程就是建立工件坐标系与机床坐标系之间关系的过程。数控铣床或立式加工中心在选择刀具后，刀具被放置在刀架上。对刀时，首先要使用基准工具在 X、Y 轴方向对刀，再将所需刀具装载在主轴上，在 Z 轴方向对刀。一般数控铣床或加工中心在 X、Y 方向对刀时可以使用寻边器作为基准工具，进行对刀操作。

寻边器由固定端和测量端两部分组成。固定端由刀具夹头夹持在机床主轴上，中心线与主轴轴线重合。在测量时，主轴以 400rpm 旋转。通过手轮方式，使寻边器向工件基准面移动靠近，让测量端接触基准面。在测量端未接触工件时，固定端与测量端的中心线不重合，两者呈偏心状态。当测量端与工件接触后，偏心距减小，这时使用手轮方式增量进给，寻边器继续向工件移动，偏心距逐渐减小。当偏心距达到最小后，继续增量进给一次，测量端会明显的偏出，出现明显的偏心状态的，这时记下 CRT 屏幕的机床实际坐标值，根据增量进给的方向加或减去一个增量值，所得的坐标值就是主轴中心位置距离工件基准面的距离等于测量端的半径的坐标位置。

① X 轴方向对刀：将操作面板中的"方式选择"按钮旋转到"手轮"位置，"手轮轴选择"按钮旋转到"X"，调整"手轮轴倍率"，转动"手摇脉冲发生器"，使寻边器的测量端（ϕ10）在旋转的情况下沿 X 轴负向靠近接触工件（寻边器在工件的最右端），测量端与工件接触后，偏心距减小如图 7-16 所示。继续手摇增量进给，偏心距突然加大，如图 7-17 所示。停止手摇进给，记下此时 CRT 显示的 X 轴坐标值如 –141.222，记为 $X_1 = -141.222$，如此时手摇脉冲增量位移每次 0.001，则 X 方向主轴中心位置距离工件基准面的距离等于测量端的半径的坐标位置 $X_2 = -141.221$，假设长方体工件长为 L，工件表面中心 X 坐标值（记为 X_0）可以计算如下：

$$X_0 = -141.221 - L/2 - 10/2$$

若寻边器在工件的最左端处对刀则上式改为：

$$X_0 = -141.221 + L/2 + 10/2$$

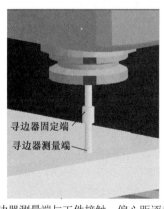

图 7-16　寻边器测量端与工件接触，偏心距逐步减至最小　　　　图 7-17　寻边器偏心距突然增大

② Y 轴方向对刀：用类似的方法可以在工件的最前（最后）计算得到工件表面中心的 Y 坐标值（记为 Y_0）。

③ Z 轴对刀：将 Z 轴设定仪安放到工件上表面，用检棒将 Z 轴设定仪校准 50.0mm 标准长度如图 7-18 所示。安装加工铣刀具，将操作面板中的"方式选择"按钮旋转到"手轮"位置，"手轮轴选择"按钮旋转到"Z"，调整"手轮轴倍率"，转动"手摇脉冲发生器"，使立铣刀的下端沿 Z 轴负向靠近 Z

轴设定仪上表面，将"手轮倍率"逐次调至"X_1"（即每次增量移动 0.001），转动"手摇脉冲发生器"使 Z 轴设定仪指针转动到 50.0 标准长度如图 7-19 所示，记下此时 CRT 屏幕 Z 轴坐标值如–390.116，记为 $Z_1 = -390.116$，则工件上表面中心的 Z 坐标值（记为 Z_0），可以计算如下：

$$Z_0 = -390.116 - 50 = -440.116$$

图 7-18　Z 轴设定仪校准

图 7-19　Z 轴设定仪对刀

（5）设置 G54 工件坐标系

在 CRT/MDI 标准面板上，按下"OFS/SET"键，进入坐标系参数设定界面，在 G54 坐标参数中输入对刀计算的 X_0、Y_0、Z_0 坐标数值，如图 7-20 所示。

（6）设置刀具半径补偿

在 CRT/MDI 标准面板上，按下"OFS/SET"键，进入参数补偿设定界面。

用方位键"↑""↓"选择所需番号，用方位键"←""→"选择刀具半径补偿量，如图 7-21 所示。

注意：在"形状（D）"下输入刀具半径参数。

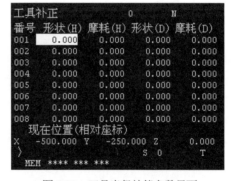

图 7-20　G54 坐标系参数界面　　　　图 7-21　刀具半径补偿参数界面

（7）程序的输入、程序校验和自动加工

① 程序的输入：在机床操作面板上将"选择方式"旋钮开关拨至"编辑"位置。在 FANUC 数控系统的 CRT/MDI 标准面板上，按下"PROG"键。在提示符下输入程序号"O5555"。按"INSERT"键，进入程序编辑，依次输入各程序段，每输入一个程序段后，按下"EOB"键，使程序换行。

② 程序图形模拟：在机床操作面板的"方式选择"旋转到"自动"位置，打开"机床锁住"旋钮，关好机床安全门。在 CRT/MDI 操作面板上，按"CSTM/GR"键（用户图形显示）。按下"循环启动"按钮执行程序，显示图形轨迹。

注意：在"CSTM/GR"键（用户图形显示）下，学生不允许随意修改模拟加工的毛坯参数，如需修改，必须由指导教师打开数据保护锁，由指导教师修改。学生严禁更改系统参数。

对于第一次使用数控机床的学生，如条件许可，推荐在电脑的模拟软件中运行数控加工程序，程序模拟执行准确后，再输入数控机床。

③ 首件单程序段自动加工：在机床操作面板的"方式选择"旋转到"自动"位置，关闭"机床锁住"旋钮，按下"单段"按钮，按机床控制面板的"循环启动"键，程序开始运行，每运行一程序段后，再按一下"循环启动"键，全部程序段正确加工完成后，如需批量加工可关闭"单段"按钮，在"循环启动"下，使程序连续自动运行。

第8章　特种加工

8.1　特种加工的概念

特种加工是指非传统性加工（NTM，Non-Traditional Machining）。特种加工的特点如下。

（1）不是主要依靠机械能，而是主要用其他能量（如电、化学、光、声、热能等）去除金属材料；

（2）工具硬度可以低于被加工材料的硬度；

（3）加工过程中工具和工件之间不存在显著的机械切削力。

因此，就总体而言，特种加工可以解决普通机械加工方法无法解决或难以解决的问题，如各种难加工材料的加工问题；具有各种特殊、复杂表面的加工问题；各种具有特殊要求的零件的加工问题等。同时，有些方法还可用于进行超精加工、镜面光整加工和纳米级（原子级）加工。

根据加工机理和所采用的能源，特种加工可以分为以下几类。

（1）力学加工。应用机械能来进行加工，如超声波加工、喷射加工。

（2）电物理加工。利用电能转换为热能、机械能和光能等进行加工，如电火花成型加工、电火花线切割加工、激光加工、电子束加工、离子束加工。

（3）电化学加工。利用电能转换为化学能进行加工，如电解加工、电镀、电铸加工。

（4）复合加工。将机械加工和特种加工叠加在一起就形成复合加工，如电解磨削、超声电解磨削等。

几种常用特种加工方法的比较见表 8-1。

表 8-1　几种常用特种加工方法比较

加工方法	可加工材料	可达到尺寸精度（mm）（平均/最高）	可达到表面粗糙度（Ra/μm）（平均/最高）	主要用途
电火花成型加工	任何导电的金属材料如硬质合金、耐热钢、淬硬钢、钛合金等	0.03/0.003	10/0.04	型腔加工：加工各类型腔模及各种复杂的型腔零件 穿孔加工：加工各种冲模、塑料模、压铸模、各种异形孔及微孔
电火花线切割加工		0.02/0.002	5/0.32	切割各种冲模和具有直纹面的零件以及进行下料、切割和窄缝的加工
电解加工		0.1/0.01	1.25/0.16	加工各种异形孔、锻造模、铸造模及抛光、去毛刺等
电解磨削		0.02/0.001	1.25/0.04	硬质合金等难加工材料的磨削及超精光整研磨、珩磨
超声波加工	任何脆性的材料	0.03/0.005	0.63/0.16	加工、切割脆硬材料，如玻璃、石英、金刚石等；可加工型孔、型腔、小孔、深孔
激光加工	任何材料	0.01/0.001	10/0.4	精密加工小孔、窄缝以及切割、焊接、热处理
电子束加工				在各种难加工材料上打微孔、切缝、蚀刻、曝光、焊接等
离子束加工		/0.01(μm)	/0.01	对零件表面进行超精密、超微量加工、抛光、蚀刻等

8.2　电火花成型加工（EDM）

8.2.1　电火花成型加工的基本原理

在绝缘的工作液，工具和工件之间不断产生脉冲性火花放电，靠放电时局部、瞬时产生的高温，使工件表面的金属熔化、气化，抛离工件表面，而将工件逐步加工成型。图 8-1 所示为电火花成型加工的原理图。工件1与工具4分别与脉冲电源2的两输出端相连接，自动进给调节装置3使工具与工件间经常保持一很小的放电间隙，当脉冲电压加到两极之间时，在局部会产生火花放电，瞬时高温使工具和工件表面都蚀除掉一小部分金属，各自形成一个小凹坑（见图8-2）。经过每秒成千上万次的连续不断地重复放电，工具电极不断地向工件进给，就可将工具的形状复制在工件上，直到加工完成为止。

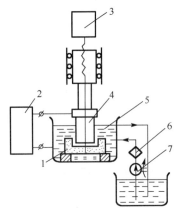

1—工件；2—脉冲电源；3—自动进给调节装置；
4—工具；5—工作液；6—过滤器；7—工作液泵

图8-1　电火花加工原理示意图

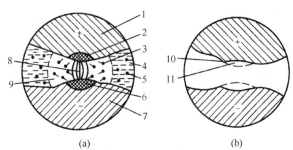

1—阳极；2—从阳极上抛出金属的区域；3—熔化的金属微粒；4—工作液；
5—在工作液中凝固的金属微粒；6—在阴极上抛出金属的区域；7—阴极；
8—气泡；9—放电通道；10—翻边凸起；11—凹坑

图8-2　放电间隙状况示意图

8.2.2　电火花成型加工必须具备的条件

（1）必须使工具电极和工件被加工表面之间保持一定的放电间隙。通常约为几微米至几百微米，以便形成火花放电的条件，间隙过大，不会击穿极间介质产生放电；间隙过小，很容易形成短路，也不能产生放电。

（2）火花放电必须是瞬时的脉冲性放电。放电延续一段时间（$10^{-7} \sim 10^{-3}$s）后，需停歇一段时间，这样才能使放电所产生的热量来不及传导到其余部分，从而能局部地蚀除金属。

（3）火花放电必须在有一定绝缘性能的液体介质（又称工作液，如煤油、皂化液等）中进行。工作液既能压缩放电通道的区域，提高放电的能量密度，又能加剧放电时液体动力过程，加速蚀除物的排出，同时，对工具电极和工件表面有较好的冷却作用。

8.2.3　电火花成型加工的特点

（1）电火花成型加工是不接触加工，加工过程中没有宏观切削力。火花放电时局部、瞬时爆炸力的平均值很小，不足以引起工件的变形和位移。

（2）可以"以柔克刚"。由于电火花加工直接利用电能和热能去除金属，与工件材料的强度和硬度关系不大，因此可以用软的工具电极加工硬的工件。电火花成型加工常采用熔沸点高、比热容大的石墨作为工具电极。

此外，电火花加工主要用于加工金属等导电材料，加工速度比较慢，加工过程中存在电极损耗。

8.2.4　影响电火花加工精度的主要因素

与普通的机械加工一样，机床本身的各种误差以及工件和工具电极的定位、安装误差都会影响到加工精度，这里主要讨论与电火花加工工艺有关的因素。

（1）放电间隙的大小及其一致性。放电间隙的大小可以通过修正工具电极的尺寸进行补偿，以提高加工精度，但间隙大小的一致性与加工过程的稳定性有密切关系，如电参数对放电间隙的影响就非常显著。

（2）工具电极的损耗及稳定性。工具电极的损耗对尺寸精度和形状精度都有影响。

（3）"二次放电"影响加工的形状精度。二次放电是指已加工表面上由于电蚀产物的介入而再次进行的不必要的放电。

（4）电火花加工时，工具的尖角或凹角很难精确地复制在工件上。

8.2.5　电火花成型加工的应用

电火花加工主要用于加工具有复杂形状的型孔和型腔的模具和零件（见图 8-3）；加工各种硬、脆材料，如硬质合金和淬火钢等；加工深细孔、异形孔（见图 8-4）、深槽、窄缝等；加工各种成型刀具、样板和螺纹环规等工具和量具。

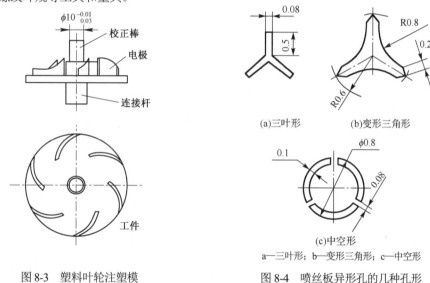

图 8-3　塑料叶轮注塑模

图 8-4　喷丝板异形孔的几种孔形

8.2.6　电火花加工的典型机床

图 8-5 所示为最常见的电火花成型加工机床，它包括主机、脉冲电源、自动进给调节系统和工作液循环过滤系统四大部分。

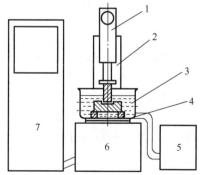

1—主轴头；2—立柱；3—工作液槽；4—纵、横向托板；5—工作液箱；6—床身；7—电源箱

图 8-5　电火花成型加工机床

171

8.3 电火花线切割加工（WEDM）

8.3.1 电火花线切割加工的原理

电火花线切割加工的原理图如图8-6所示。

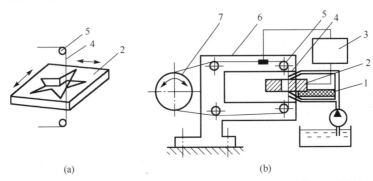

1—绝缘底板；2—工件；3—脉冲电源；4—电极丝；5—导向轮；6—支架；7—卷丝筒

图8-6 火花线切割加工原理图

用连续移动的导电金属丝（钨丝、钼丝、铜丝）接脉冲电源的负极，工件接脉冲电源的正极。当两极通以直流高频脉冲电流时，在电极丝和工件之间产生火花放电，高达5000℃的瞬时高温使工件局部金属熔化。从而实现对工件材料进行电蚀切割加工。根据电极丝的移动速度，可分为快速走丝（8～10m/s）和慢速走丝（一般低于0.2m/s）两类机床。

8.3.2 线切割加工的主要特点

（1）不需要制造成型电极，用简单的电极丝即可对工件进行加工。

（2）由于电极丝比较细，可以加工微细异形孔、窄缝和复杂形状的工件。尺寸精度达0.02～0.01mm，表面粗糙度Ra值可达1.6μm。

（3）由于切缝很窄，切割时只对工件材料进行"套料"加工，所以余料可以利用。

（4）自动化程度高，操作方便，加工周期短。目前，国内外的线切割机床已占电加工机床的60%以上。

8.3.3 影响电火花线切割加工的主要因素

（1）工作液。工作液应具有一定的绝缘性能、较好的洗涤性能和冷却性能。

（2）电极丝。快速走丝的机床的电极丝主要用钼丝、钨丝和钨钼丝，慢速走丝的机床一般用黄铜丝，电极丝的直径过大或过小对加工速度的影响较大。

（3）穿丝孔。作用：①用于加工凹模前的穿丝；②减少凸模加工中的变形量和防止因材料变形而发生夹丝现象；③保证被加工部分与其他有关部位的位置精度。

（4）工件的装夹。工件装夹的形式对加工精度也有直接影响。一般采用压板螺栓固定工件。

8.3.4 线切割加工的应用范围

（1）加工冷冲模（凸模、凹模）（见图8-7）。

（2）加工成型工具。如带锥度型腔的电火花成型加工电极、成型刀具等。

（3）加工微细孔、槽、窄缝、异形孔等。

（4）加工各种稀有、贵重金属材料和难加工的高硬度、高脆性材料。

（5）二维直纹曲面的零件（见图8-8）、三维直纹曲面的零件（见图8-9）。

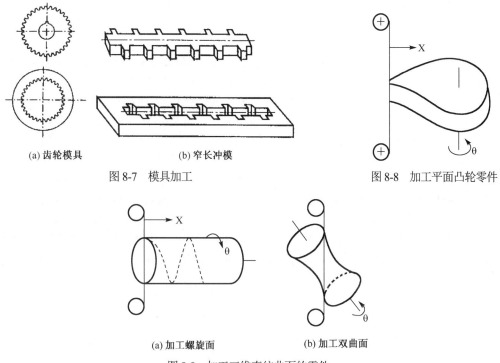

(a) 齿轮模具　　　(b) 窄长冲模

图 8-7　模具加工

图 8-8　加工平面凸轮零件

(a) 加工螺旋面　　　(b) 加工双曲面

图 8-9　加工三维直纹曲面的零件

8.3.5　线切割加工机床

线切割加工机床可分为两大类：快速走丝机床和慢速走丝机床。

快速走丝线切割机床如图 8-10 所示。电极丝绕在储丝筒上，并通过导丝轮形成锯弓状，电动机带动储丝筒进行正、反转，储丝筒装在走丝溜板上，与走丝溜板一起做往复移动，使电极丝周期往复移动，走丝速度一般为 10m/s 左右，电极丝使用一段时间后要更换新丝。

慢速走丝线切割机床是成卷铜丝作电极丝，机床在结构组成上与快速走丝线切割机床基本一致，不同之处主要在于走丝机构，慢速走丝机构由张紧机构和导丝轮将电极丝张紧，没有储丝筒，走丝速度一般低于 0.2m/s，为单方向走丝，电极丝由上向

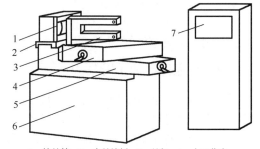

1—储丝筒；2—走丝溜板；3—丝架；4—上工作台；
5—下工作台；6—床身；7—脉冲电源及微机控制柜

图 8-10　DK7725 高速走丝线切割机床结构简图

下运行，只使用一次，以消除电极丝损耗对加工精度的影响。这种低速恒张力走丝机构的电极丝走丝平稳，无振动，损耗小，加工精度高，所以现在慢速走丝线切割机床是发展方向。

8.4　电化学加工

电化学加工包括从工件上去除金属的电解加工（ECM）和向工件上沉积金属的电铸（EFM）、电镀（EPM）加工两大类。

8.4.1　电化学加工的原理

（1）电解加工。电解加工是利用金属在电解液中的电化学阳极溶解原理，将工件加工成型的方法。如图 8-11 所示，在工具和工件之间接上直流电源，工件接阳极，工具接阴极，工具极一般用铜或不锈钢等材料制成，两极间外加直流电压 6～24V，两极间间隙保持 0.1～1mm，在间隙处通以 6～60m/s的高速流动的电解液（通常为 NaCl 或 NaNO$_3$），形成极间导电通路，产生电流。工件阳极表面的材料不断被溶解，其溶解物被高速流动的电解液及时冲走。工具阴极不断进给，保持极间间隙基本不变。最终在工件上留下工具的形状。

（2）电铸加工。电铸加工是利用电化学阴极沉积的原理进行加工的方法。如图 8-12 所示，用可导电的原模作阴极，用电铸材料（如纯铜）作阳极，用电铸材料的金属盐（如硫酸铜）溶液作电铸镀液。在直流电源的作用下，阳极上的金属原子失去电子成为正金属离子进入镀液，并进一步在阴极上获得电子成为金属原子而沉积镀覆在阴极原模表面，阳极金属源源不断成为金属离子补充溶解进入电铸镀液，保持浓度基本不变，阴极原模上电铸层逐渐加厚，当达到预定厚度时即可取出，设法与原模分离，即可获得与原模型面凹凸相反的电铸件。

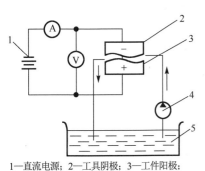

1—直流电源；2—工具阴极；3—工件阳极；
4—电解液泵；5—电解液

图 8-11　电解加工示意图

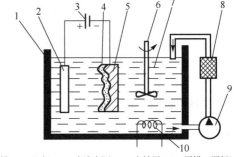

1—电镀槽；2—阳极；3—直流电源；4—电铸层；5—原模（阴极）；
6—搅拌器；7—电铸液；8—过滤器；9—泵；10—加热器

图 8-12　电铸加工原理

8.4.2　电化学加工的特点

（1）可对任何金属材料进行形状、尺寸和表面的加工。加工高温合金、钛合金、淬硬钢、硬质合金等难加工金属材料时，优点更加突出。

（2）加工无机械切削力和切削热的作用，因此加工后无表面冷硬层、残余应力等。

（3）无毛刺加工。

（4）工具和工件不接触，工具无磨损。

（5）由于电化学作用是按原子、分子一层层进行的，因此在电解加工中可以控制极薄的去除层，进行微薄层加工，同时可以获得较好的表面粗糙度；在电铸加工中可以精密复制复杂型面和细微纹路，而且涂敷上去的材料，可以比原工件表面的材料有更好的硬度、强度、耐磨性及耐腐蚀性能等。有很好的经济效益。

（6）电化学作用的产物（气体或废液）对环境有污染、对设备也有腐蚀。

8.4.3　电化学加工的应用

电化学加工方法的应用领域十分广泛，如电解型腔喷油嘴内圆弧面（见图 8-13），电解加工整体叶轮（见图 8-14），电铸剃须刀网罩（见图 8-15），及广泛用于生活用品、工业产品的电镀加工等。

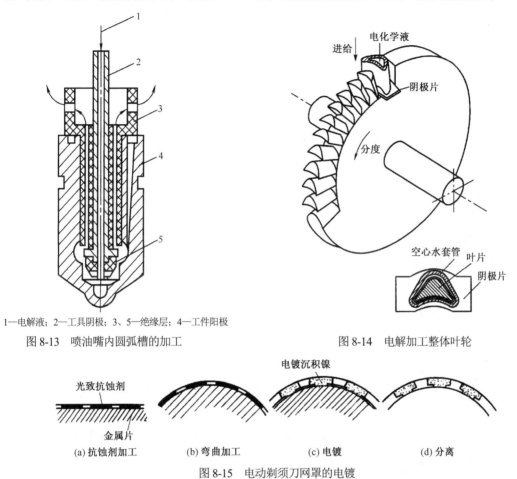

1—电解液；2—工具阴极；3、5—绝缘层；4—工件阳极

图 8-13　喷油嘴内圆弧槽的加工　　　　　　　图 8-14　电解加工整体叶轮

图 8-15　电动剃须刀网罩的电镀

8.5　激光加工（LBM）

激光是由处于激发状态的原子、离子或分子受激辐射而发出的得到增强的光。

原子因内能大小而有低能级、高能级之分，高能级的原子不稳定，总是力图回到低能级去，称为跃迁；原子从低能级到高能级的过程称为激发。在原子集团中低能级的原子占多数，而氦、氖、氩原子和二氧化碳分子等在外来能量的激发下，有可能使处于高能级的原子数大于低能级的原子数，这种状态称为粒子数的反转。此时，在外来光的刺激下，处于高能级的原子会产生受激辐射跃迁，将能量差以光的形式辐射出来，造成光放大，再通过共振腔的作用产生共振，受激辐射越来越强，光束密度不断得到放大，形成了激光。

8.5.1　激光加工的原理

由于激光是以受激辐射为主的，所以它具有高亮度（高强度）、高方向性、高单色性和高相干性四大综合性能。通过光学系统聚焦后可得到极小的柱状或带状光束，获得 $10^8 \sim 10^{10} \mathrm{W/cm^2}$ 的能量密度

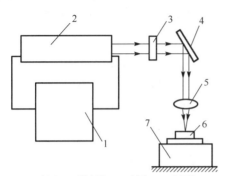

1—电源；2—激光器；3—光圈；4—反射镜；
5—聚焦镜；6—工件；7—工作台

图 8-16　激光加工原理图

及 $10^4 ℃$ 以上的高温，当激光照射在工件的加工部位时，材料能在千分之几秒的时间内使各种物质熔化和气化，随着激光能量不断被吸收，材料凹坑内的金属蒸气迅速膨胀，压力突然增大，熔融物爆炸式地高速喷射出来，在工件内部形成方向性很强的冲击波，这样就在被加工工件的表面打出一个上大下小的孔，以达到蚀除被加工材料的目的。

激光加工原理如图 8-16 所示，当激光器发出单向平行光束，通过光学系统中的光圈、反射镜、聚焦镜将激光束聚焦到工件待加工表面，工件材料就在高温熔化和冲击波的同时作用下蚀除部分物质而进行各种加工。

8.5.2　激光加工的特点

（1）激光加工属高能束流加工，能量密度极高，几乎可以加工任何金属材料和非金属材料。

（2）激光加工无明显机械力，不存在工具损耗，加工速度快，效率高，热影响区小。

（3）激光可通过玻璃、空气等透明的介质进行加工，不需要真空。

（4）激光的光斑大小可聚焦到微米级，输出功率的大小又可以调节，因此可进行精密微细加工。

（5）价格较昂贵。

激光加工的主要参数为激光的功率密度、焦距与发散角、激光照在工件上的时间及工件对能量的吸收等。

激光可以进行多种类型的加工。如表面热处理、焊接、切割、打孔、雕刻及微细加工等。

8.5.3　激光加工的应用

（1）激光打孔。用于火箭发动机和柴油机的燃料喷嘴、宝石轴承、金刚石拉丝模、化纤喷丝头等微小孔的加工。

（2）激光切割。可切割各种材料，如金属，以及陶瓷、皮革等非金属材料。

（3）激光焊接。航空与汽车工业中比较难焊的薄板合金材料，微电子器件等小型精密零部件的焊接以及深熔焊接等。

（4）激光表面热处理。包括相变硬化、涂敷、熔凝、合金化、刻网纹等。

8.5.4　激光加工的基本设备及其组成

激光加工的基本设备由激光器、激光器电源、光学系统及机械系统四部分组成。

1．激光器

激光器是影响激光加工能力和质量的主要部件，它的任务是把电能转变成光能，产生激光束。激光器主要由以下几部分组成。

激光工作物质：实现粒子数反转，提供受激放大，具备亚稳态的多能级系统。

激励源：提供能量，使粒子数反转，最后转化成激光能量。

谐振腔：选模，限制波形和提供反馈、增益，提供稳定振荡。

电源：为激励源提供能量。

冷却系统：冷却工作物质、谐振腔等。

控制系统：保证系统稳定可靠的工作。

激光加工中，多数采取固体激光器和气体激光器。固体激光材料有红宝石、钕玻璃和掺钇钕铝石榴石（YAG）；气体激光材料有 CO_2、氦-氖和氩离子等。激光加工常用 YAG 激光器（只达 600W）和 CO_2 激光器（可达 25kW）。

2．激光器电源

激光器电源为激光器提供所需的能量及控制功能。由于各类激光器的工作特点不同，对供电电源的要求也不同。例如，固体激光器电源有连续和脉冲两种；气体激光器电源有直流、射频、微波、电容器放电，以及这些方法联合使用等。

3．光学系统

光学系统包括激光聚焦系统和观察瞄准系统，其作用是将激光器输出的激光束引导到工件表面，并在加工部位获得所需的光斑形状、尺寸及功率密度；同时瞄准加工部位、显微观察加工过程及加工零件。

4．机械系统

机械系统主要包括床身、能在三坐标范围内移动的工作台及机电控制系统等。

8.6　快速成型技术简介

随着现代经济和科学技术的发展，市场竞争日趋激烈，产品更新换代加速，这在模具、电子、汽车、家电、玩具及轻工等行业尤为明显。为适应这一形势，要求制造厂家大大缩短新产品的设计与试制周期，而其关键是能否快速制造出产品的原型（样品），以便尽快对产品设计进行验证。

采用传统方式制造零件原型，需要几周或几个月的时间和昂贵的费用，不能满足市场竞争的要求。快速成型技术（Rapid Prototyping，RP）是一种基于离散堆积成型思想的新型成型技术，是集 CAD、CAM、CNC、激光及材料科学于一体的新型高科技技术。快速原型制造（Rapid Prototyping Manufacturing，RPM）使用快速成型技术，直接根据产品 CAD 的三维实体模型数据，经过计算机进行数据处理后，将三维实体数据模型转化为许多二维平面模型的叠加，再通过计算机控制将这些平面模型顺次连接，从而形成复杂的三维实体零件模型。

RPM 技术彻底摆脱了传统的"去除"加工法去除大部分毛坯上的材料来得到工件。而采用全新的"增长"的加工法，即用一层层的小毛坯逐步叠加成大工件，将复杂的三维加工分解成简单的二维加工的组合，因此，它不必采用传统的加工机床和工模具，只需传统加工方法的 10%～30%的工时和 20%～35%的成本，就能直接制造出产品样品或模具。

8.6.1 快速成型技术的基本原理及特点

RPM 方法是基于平面离散/堆积的新颖成型法。该方法首先在 CAD 造型系统中获得一个三维 CAD 模型或通过测量仪器测取实体的形状尺寸，转化成 CAD 模型，将模型数据进行处理，沿某一方向进行平面"分层"离散化，然后通过专有的 CAM 系统（成型机）将成型材料一层层加工，并堆积成制件。

尽管 RPM 技术的具体工艺方法有多种，但基本原理都是一致的。

快速成型技术的特点之一是产品的造价几乎与产品批量无关。传统的加工方法则不同，小批量或单件的造价很高，而大批量生产时，单价将下降。这主要是由于准备特殊的工具，如刀具、模具等，所需成本需要大批量来分摊，才能使得单价下降。快速成型技术的这一特点使其很适合于制造小批量零部件，尤其是一些独特的零部件。也由于上述特点，加上快速成型生产周期比传统方法短很多，使其有利于尚处在设计中的产品的试制。其易改性大大增强了设计人员不断修改设计的热情，使产品尽善尽美。

快速成型技术的另一个特点是产品的造价几乎与产品的复杂性无关。传统的加工方法则截然不同，在极端情况下，有些十分复杂的零部件甚至无法用传统方法来实现。因此，快速造型技术在制造复杂、带有精细内部结构的零件时可以大显身手。

由于上述特点，快速成型技术在包括汽车工业在内的许多工业领域得到了应用，在医学、航天、艺术等行业中也崭露头角，应用范围很广。

8.6.2 几种典型的激光快速成型技术

1. 熔融堆积成型技术

熔融堆积成型技术（FDM—Fused Deposition Modeling）的成型原理如图 8-17 所示，加工原材料是丝状热塑性材料，如 ABS、PLA、蜡丝、尼龙丝等。加工时丝状热塑性材料由供丝机构送至喷头，通过加热喷头将原材料熔化，喷头底部带有微细喷嘴，直径一般为 0.2~0.6mm。材料以一定的压力挤喷出来，同时喷头根据截面轮廓信息，做 X-Y 平面的运动将原材料涂覆在工作台上，快速冷却后形成截面轮廓。一层成型完成后，喷头上升一个截层高度，再进行第二层的涂覆，挤出的材料与前一个层面凝结在一起，如此循环，最终形成三维实体。

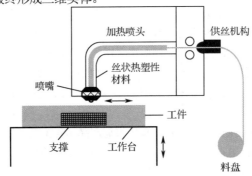

图 8-17　熔融堆积成型原理图（FDM）

熔融堆积成型的优点是操作环境干净、安全可在办公室环境下进行，不产生毒气和化学污染的危险，无须激光器等贵重元器件即易损件，维护简单，工艺简单，运行成本和维护成本低；原材料以卷轴丝的形式提供，易于搬运和快速更换，与其他使用粉末和也太材料的技术相比，丝状热塑性材料更加清洁，不会在设备中或附近形成粉末或液体污染；原材料利用率高，且可选择多种材料。熔融堆积成型的不足之处是成型后表面粗糙，需配合后续抛光处理，目前不适合高精度的应用；喷头只有一个，加工速度较慢。

熔融堆积成型技术的实习操作如下。

实习用设备型号：MakerBot Replicator Z18。

将耗材装载到智能喷头中之后，即可随时打印物体。LCD 面板将会显示我们已装载到 Z18 打印机上的测试打印件。使用转盘突出显示其中一个可用打印件。按转盘以选择所选的打印件，打印机将会显示文件信息视图。选择 Print（打印），MakerBot ReplicatorZ18 将会打印选择的文件。

警示：切勿在完成打印后立即关闭打印机，应让智能喷头冷却至 50℃后再断电。

打印完成后需要从托盘上取下样品：转动打印托盘闩锁，并向前滑动顶板将其松开。然后将顶板抬出打印机，将打印件轻轻拉下顶板。将顶板安装到铝合金底座上的凸出部，然后将其向后滑动以卡扣到位。转动打印托盘闩锁以固定托盘。

2．光固化立体成型

光固化立体成型（Stereo Lithograpgy Aparatus，SLA）成型原理如图 8-18 所示，通过控制计算机把输入的 CAD 三维实体沿 Z 轴分层处理成一系列很薄的横截面。然后控制紫外激光束按分层横截面的形状对液槽的光敏聚合物表面进行扫描，经扫描到的光敏聚合物立即固化，生成一片与扫描横截面形状相同的切片。然后升降机构带动工作台下降一层高度，其上覆盖另一层液态树脂，以便进行第二层扫描固化，新固化的一层牢固地黏在前一层上，如此重复直到整个模型制造完毕。一般薄截面厚度为 0.07～0.4mm。模型从树脂中取出后进行最终硬化处理，再打光、电镀、喷漆或着色即成。

SLA 是第一个投入商业应用的 RPM 技术。SLA 工艺的特点是精度高、表面质量好、原材料利用率近 100%，适用于制作任意形状及结构的零件，尤其能制造形状及内部结构特别复杂及特别精细的零件。可直接制造塑料件，制件为透明体。

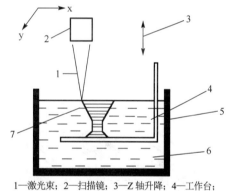

1—激光束；2—扫描镜；3—Z 轴升降；4—工作台；
5—树脂槽；6—光敏树脂；7—原型

图 8-18　SLA 法原理图

不足之处为：分层固化过程中，处于液态树脂中的固化层因漂浮易错位，须设计支撑结构与原型制件一道固化，前期软件工作量大；由于激光固化液态光敏树脂过程中，材料发生相变，可能使聚合物产生收缩产生内部应力，从而引起制件翘曲和其他变形。

3．分层实体制造

分层实体制造技术（Laminated Object Manufacturing，LOM）是近年来发展迅速的一种快速成型技术，LOM 工艺先将单面涂有热溶胶的纸通过加热辊加压黏结在一起。此时位于其上方的激光器按照分层 CAD 模型所获得的数据，将一层纸切割成所制零件的内外轮廓，然后新的一层纸再叠加在上面，通过热压装置将其与下面的已切割层黏合在一起，激光束再次进行切割。

由于 LOM 工艺无须激光扫描整个模型截面，只要切出内外轮廓即可，所以制模的时间取决于零件的尺寸和复杂程度，成型速率在 RPM 中为最高。如图 8-19 所示为分层实体制造原理图。

LOM 是 20 世纪 80 年代末才开始研究的一种 RPM 技术，其商品化设备于 1991 年问世，但一出现就体现了其生命力，LOM 发展很快是因其具有以下特点。

（1）设备价格及造型材料成本低廉。由于采用小功率 CO_2 激光器、不仅成本低廉，而且使用寿命也长。

（2）成型材料一般为涂有热熔树脂及添加剂的纸，成型过程中不存在收缩和翘曲变形，制件强度和刚度高，几何尺寸稳定性好，可用通常木材加工的方法对表面进行抛光。

（3）采用 SLA 方法制造原型，需对整个断面扫描才能使树脂固化，而 LOM 只需切割断面内外轮廓，成型速率高，原型制作时间短。

不足之处有：LOM 工艺较适用于实体的及内外结构简单的零件。

4．选择性激光烧结（Selected Laser Sintering，SLS）

SLS 采用 CO_2 激光器，使用的材料多为粉末状。先在工作台上均匀地铺上一层很薄（100μm～200μm）的热敏粉末，辅助加热装置将其加热到熔点以下的温度，在这个均匀的粉末面上，激光在计算机的控制下按照设计零件第一层的信息进行有选择性的烧结，被烧结部分固化在一起构成原型零件的实心部分。一层完成后再进行下一层烧结，全部烧结完后，去除多余的粉末，便得到零件。如图 8-20 所示为选择性激光烧结原理图。烧结完成的零件要采用专用的打磨、烘干等设备对成型零部件进行处理，使其达到实用水平。

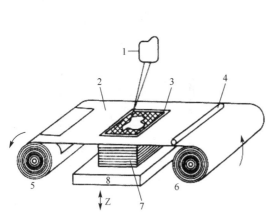

1—二维扫描激光源；2—薄片原料；3—元片层；4—热滚子；
5—收料卷；6—放料卷；7—零件块；8—平台

图 8-19 分层物体制造法原理图

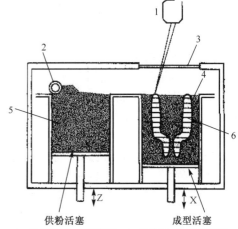

供粉活塞　　　　　　成型活塞
1—激光器；2—铺粉滚筒；3—激光窗；4—加工平面；
5—原料粉末；6—生成的零件

图 8-20 选择性激光烧结原理图（SLS）

金工实习报告

班级＿＿＿＿＿＿＿＿＿＿

学号＿＿＿＿＿＿＿＿＿＿

姓名＿＿＿＿＿＿＿＿＿＿

成绩＿＿＿＿＿＿＿＿＿＿

目　录

实习报告1 铸造

一、填空题（每小题2分，共20分）

1. 铸造是＿＿＿＿＿＿＿＿＿＿＿＿＿＿＿＿＿＿＿＿＿＿＿＿＿＿的成型方法。其方法主要分为＿＿＿＿＿＿＿铸造和＿＿＿＿＿＿＿铸造两类，其中＿＿＿＿＿＿铸造最为常用。

2. 制造砂型用的材料主要有＿＿＿＿＿＿＿＿砂和＿＿＿＿＿＿＿＿砂，它们应具备的基本性能是＿＿＿＿＿＿＿、＿＿＿＿＿＿＿、＿＿＿＿＿＿＿、＿＿＿＿＿＿＿和＿＿＿＿＿＿＿等。

3. 铸型中，金属液体流经的通道称为＿＿＿＿＿＿＿系统。通常情况下，它由＿＿＿＿＿＿＿浇口、＿＿＿＿＿＿＿浇道、＿＿＿＿＿＿＿浇道和＿＿＿＿＿＿＿浇道组成。

4. 为了起模方便，在垂直于分型面的模壁上做出一定的斜度称为＿＿＿＿＿＿＿＿＿，为了减小铸件冷却时产生的内应力，将铸件的转角处做成一定的圆角，称为＿＿＿＿＿＿＿＿＿。

5. 模样、铸件和零件在尺寸上的差别为：铸件尺寸＝＿＿＿＿＿＿＿＿＿＿＿＋＿＿＿＿＿＿＿＿＿；模样尺寸＝＿＿＿＿＿＿＿＿＿＿＿＋＿＿＿＿＿＿＿＿＿。

6. 造型的过程有＿＿＿＿＿＿＿＿＿、＿＿＿＿＿＿＿＿＿、＿＿＿＿＿＿＿和＿＿＿＿＿＿＿四个基本工序。造型分为＿＿＿＿＿＿＿造型和＿＿＿＿＿＿＿造型两种。在单件、小批量生产中常采用＿＿＿＿＿＿＿＿造型，在大批量生产中则采用＿＿＿＿＿＿＿＿造型。

7. 铸造用合金必须具有良好的铸造性能，主要是指＿＿＿＿＿＿＿的流动性、＿＿＿＿＿＿＿的收缩性。在常用的铸造合金中，＿＿＿＿＿＿＿＿＿的铸造性能最好，＿＿＿＿＿＿＿＿＿的铸造性能最差。

8. 金属型铸造的主要优点是＿＿＿＿＿＿＿＿可以重复使用，节省了＿＿＿＿＿＿＿时间和材料，提高了＿＿＿＿＿＿＿率，还改善了＿＿＿＿＿＿＿条件。

9. 由于熔模铸造的铸型是一个＿＿＿＿＿＿＿体，不受＿＿＿＿＿＿＿面的限制，可以制出各种复杂形状的铸件，且表面光洁、尺寸精确，特别适用于＿＿＿＿＿＿＿＿金属和难以＿＿＿＿＿＿＿加工的铸件的生产。

10. 铝合金常采用＿＿＿＿＿＿＿＿炉熔炼。铸造铝硅合金时，在熔炼后期要进行＿＿＿＿＿＿＿处理，其目的是＿＿＿＿＿＿＿＿＿＿＿＿＿＿＿＿＿＿＿＿＿＿＿＿＿＿＿＿。一般铝液的浇注温度为＿＿＿＿＿＿＿℃。

二、判断题（对的在括号内打"√"，错的打"×"）（每小题1分，共10分）

1. 在铸造生产中，模样的外形与铸件的内腔形状相似，用来形成铸件的孔腔。（　　　）

2. 一般的机器造型，只能完成紧砂和起模两项操作。（　　　）

3. 压力铸造主要用于生产形状复杂的薄壁有色铸件。它的生产效率高、质量好。（　　　）

4. 铸件的孔眼中，凡孔眼表面光滑的是缩孔或砂眼，表面粗糙的是气孔。 （　　）

5. 铸造生产只能制造外形和内腔都十分复杂的零件毛坯。 （　　）

6. 特种铸造的铸型都可以重复使用，而砂型铸造的铸型只能使用一次。 （　　）

7. 铸件的裂纹类缺陷中，裂口形状曲折而不规则的是冷裂纹；裂口较直、没有分叉的是热裂纹。
（　　）

8. 铸型浇注系统的横浇道的作用之一是阻挡熔渣流入型腔，所以其断面高度必须高于内浇道的高度。 （　　）

9. 机器造型只能采用两箱造型的工艺方法，并要避免活块的使用。 （　　）

10. 冲天炉熔化时的炉料主要是生铁、废钢、铁合金、熔剂和焦炭。 （　　）

三、不定项选择题（每小题 2 分，共 20 分）

1. 内腔复杂的零件最好用（　　）方法制取毛坯。

    A．冲压　　　　　　　　　B．电焊　　　　　　　　　C．冷轧

    D．铸造　　　　　　　　　E．模锻

2. 砂型铸造中的金属模与木模相比，其主要优点有（　　）。

    A．加工制造容易　　　　　B．使用寿命长　　　　　　C．尺寸精确不易变形

    D．轻巧便于搬运　　　　　E．表面光滑

3. 为了避免铸件在铸型内冷却时产生内应力，要求型砂和芯砂必须具有足够的（　　）。

    A．抗压强度　　　　　　　B．耐火性　　　　　　　　C．发气性

    D．透气性　E．退让性

4. 当铸件的最大截面在中部时，常采用分模造型的方法，它的主要特点是（　　）。

    A．只用两只可以互相定位的砂箱　　　　　　　　B．需要成型底板

    C．模样沿最大截面分为两半，相互间有定位销　　D．模样上要带活块

    E．铸件在上、下箱各占一半，要防止铸件沿分型面错位

5. 只能用铸造方法生产零件的合金有（　　）。

    A．铜合金　　　　　　　　B．可锻铸铁　　　　　　　C．碳钢

    D．球墨铸铁　　　　　　　E．灰口铸铁

6. 砂型铸造过程中，下列哪些装备和材料是制造合格铸型必需的？（　　）

    A．合格的模样和芯盒　　　B．造型机

    C．合格的型砂和芯砂　　　D．长、宽、高符合要求的砂箱

    E．合格的金属液

7. 铸型的装配工序又称合箱，主要保证（　　）。

    A．型腔的几何形状、尺寸的精确　　　　　B．型腔表面具有足够的水分

    C．芯有足够的退让性　　　　　　　　　　D．芯有足够的耐火性

    E．芯有足够的发气量

8. 砂型铸造中铸件上设置冒口最主要是为了（　　）。

    A．改善铸件冷却条件　　　B．减少型砂用量

    C．排出型腔中的气体　　　D．对型腔内金属的液态凝固收缩提供补充

    E．便于在合箱后对铸型内部的检查

9. 整模造型适用于制造最大截面在端部的简单铸件，其特点是（　　）。

    A．需用两只有定位装置的砂箱　　　　　　B．铸型全部在下砂箱

C．分型面是平面

    D．模样做成与零件形状相应的整体结构   E．要另外再配制芯

10．附图 1-1 所示三种不同的舂砂路线中，（   ）是正确的。

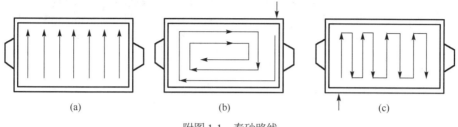

（a）   （b）   （c）

附图 1-1 舂砂路线

四、简答题（共 50 分）

1．说出附图 1-2 所示的铸型装配图上各部分的名称及作用。（10 分）

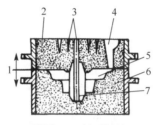

附图 1-2 铸型结构

2．试比较如附图 1-3 所示的铸件两种内浇道的安置方式中哪种较合理并简述理由。（10 分）

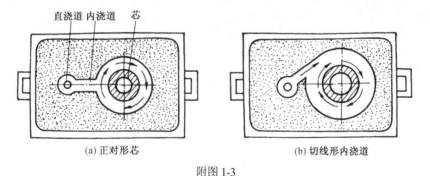

（a）正对形芯   （b）切线形内浇道

附图 1-3

3. 试比较如附图1-4所示的铸件的两种合理性并简述理由。（10分）

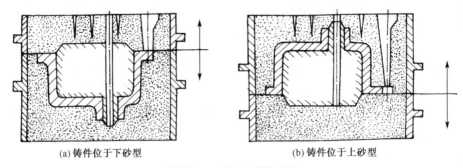

(a) 铸件位于下砂型　　　　　　　　　　(b) 铸件位于上砂型

附图1-4　浇注位置的确定

4. 附图1-5a所示V形块铸件在加工过程中发现存在气孔、附图1-5b所示轮坯铸件在加工过程中发现存在缩孔、附图1-5c所示管形铸件存在错箱缺陷、附图1-5d所示联轴节铸件存在偏心缺陷，请说出这些铸造缺陷产生的原因并提出可行的防止方法。（20分）

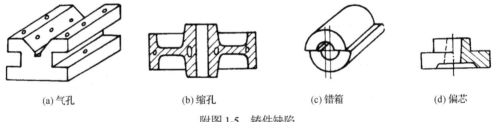

(a) 气孔　　　　　　　(b) 缩孔　　　　　　　(c) 错箱　　　　　　　(d) 偏芯

附图1-5　铸件缺陷

实习报告 2 焊接

一、填空题（每小题 2 分，共 20 分）

1．焊接是通过_____或_____，或_____，并且用或不用_____，使焊件达到原子结合的一种加工方法。

2．常用的电焊机有_____焊机和_____焊机。前者实际上是一台特殊的_____。

3．气焊是利用_____气体与_____混合燃烧时所产生的热量，将焊件和_____局部_____，经冷却结晶后使焊件连接在一起的方法。

4．氧－乙炔气割是用_____火焰将金属被切割处预热到_____温度，然后打开_____氧气，使金属燃烧，生成氧化物并被_____，形成切口；与此同时，金属燃烧所放出的热量又预热下一层金属。

5．气体保护焊是利用从焊枪中喷出的保护气体把_____、_____与空气隔开，以获得高质量焊缝的电弧焊。电渣焊是利用电流通过液态熔渣所产生的_____作为热源，使电极和工件局部_____形成焊缝的一种焊接方法。

6．焊接变形是焊接的主要缺陷之一，常见的有：_____变形、_____变形、_____变形、_____变形和_____变形五种。

7．焊接电弧就是在电极与_____之间的气体介质中强烈持久的_____现象。产生焊接电弧的必要条件是气体介质电离成_____，阴极连续不断地发射出_____。

8．电焊条根据其药皮的化学性质分为两种，一种是碱性焊条，组成药皮的成分中_____氧化物比_____氧化物多；另一种焊条药皮的成分正好相反，称为_____性焊条。

9．点焊是利用电流通过焊件时所产生的_____热作为热源，使电极压紧处的金属局部_____，其周围的金属达到_____状态，断电后，金属在电极的_____作用下形成组织_____的焊接接头的一种焊接方法。它不要外加_____和_____，主要用于薄板的_____接头。

10．用直流弧焊机焊接，当电极与焊件材料相同时，阳极区温度为_____，阴极区温度为_____，弧柱中心区温度为_____。电源正极与工件连接，称为正接法。它的生产率较_____，适用于_____板焊件的焊接。电源负极与工件连接时，称为反接法，适用于_____板焊件的焊接。

二、判断题（对的在括号内打"√"，错的打"×"）（每小题 1 分，共 10 分）

1．熔化焊是利用局部加热使被连接处的金属熔化，再加入（或不加入）填充金属，使其结合的

方法。 （   ）

2. 从焊接电弧稳定性考虑，交流弧焊机比直流弧焊机差。 （   ）

3. 氧化焰的焰心、内焰和外焰都具有氧化性，用它来焊接钢件，会使焊缝金属形成气孔、变脆、降低焊缝质量，因此，氧化焰在钢件的焊接生产中不应用。 （   ）

4. 角变形是由于 V 形坡口截面上、下不对称，焊后收缩不均匀而引起的。 （   ）

5. 焊接厚度为 3mm 的两块 20 钢钢板，为了使连接处与母材金属等强度，工业上一般采用熔化焊。 （   ）

6. 现有两块厚度为 3mm 的 H62 黄铜，采用气焊，若用氧化焰，因火焰含氧浓度大，具有氧化性，影响焊缝质量；若用碳化焰，因火焰中有过剩的乙炔，分解为氢气和游离的碳粒，对焊缝质量也有影响，故采用中性最适宜。 （   ）

7. 电焊时选择电流的唯一依据是接头形式。 （   ）

8. 在焊接过程中，焊接速度一般不作规定，由焊工根据经验来掌握。 （   ）

9. 气焊较电弧焊火焰温度低，加热速度慢，焊接变形大。 （   ）

10. 气焊时发生回火，应先关掉氧气开关。 （   ）

三、不定项选择题（每小题 2 分，共 20 分）

1. 产生焊接电弧的必要条件是（   ）。
   A．阴极连续不断地发射电子
   B．气体介质电离成为导体
   C．阳极连续不断地发射电子
   D．气体介质电离成为导体，并且阳极连续不断地发射电子
   E．气体介质电离成为导体，并且阴极连续不断地发射电子

2. 焊件开坡口的最主要目的是保证（   ）。
   A．焊件焊透   B．操作方便   C．焊缝边缘焊合良好
   D．焊接过程不产生气孔   E．焊接过程不产生咬边

3. 焊接厚度为 2mm 的不锈钢，能得到质量最好的焊接接头的工艺方法是（   ）。
   A．电渣焊   B．CO_2 气体保护焊   C．气焊
   D．手工电弧焊   E．氩弧焊

4. 手工电弧焊时，如果焊件金属不清洁，容易产生（   ）。
   A．未焊透   B．裂纹   C．气孔
   D．夹渣   E．咬边和烧穿

5. 酸性焊条与碱性焊条相比，前者得到的焊缝（   ）。
   A．强度较高   B．硬度较高   C．不易产生夹渣
   D．塑性和冲击韧度较好   E．塑性和冲击韧度较差

6. 下列几种焊接方法中，属于熔焊的有（   ）。
   A．手工电弧焊   B．电渣焊   C．气焊
   D．缝焊   E．点焊

7. 焊件上开坡口的目的是（   ）。
   A．保证焊件焊透   B．便于操作   C．焊缝边缘熔合良好
   D．有利于熔池中的气体逸出   E．防止产生咬边

8. 电弧焊时，产生焊接应力的原因是（   ）。

A. 焊件受热不均匀

B. 焊接区金属在加热和冷却过程中有组织变化

C. 焊后冷却速度过快

D. 焊件设计不合理

E. 焊接顺序不合理

9. 焊接低碳钢或低合金结构钢时，主要依据（　　）原则选用焊条。

　　A. 等强度　　　　　　　　B. 同成分　　　　　　　C. 经济性

　　D. 焊接性　　　　　　　　E. 工艺性

10. 一般焊接构件中，用得最多的接头形式是（　　）。

　　A. 对接　　　　　　　　　B. T形接

　　C. 搭接　　　　　　　　　D. 角接

四、简答题（共50分）

1. 说出如附图2-1所示的手工电弧焊和气焊工作系统各组成部分的名称和作用。（10分）

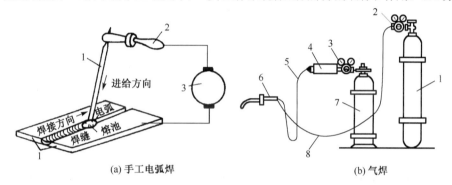

附图2-1

2. 你在焊接实习时所用的焊条型号是什么？说出其含义及适用范围。（10分）

3．分析如附图 2-2 所示的常见的焊接缺陷产生的原因并提出防止措施。（15 分）

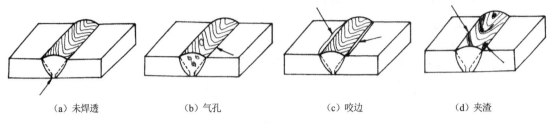

（a）未焊透　　　　　（b）气孔　　　　　（c）咬边　　　　　（d）夹渣

附图 2-2　常见的焊接缺陷

4．用如附图 2-3 所示的焊接顺序焊接板厚为 20mm 的某低合金结构钢拼板焊件，在交点 A 处发现存在裂纹，试分析该裂纹产生的原因并提出防止措施。（15 分）

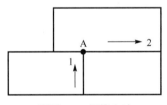

附图 2-3　焊接方法

实习报告 3　车削

一、填空题（每小题 2 分，共 20 分）

1．在车床上用_____加工工件的工艺过程称为车削加工。在通常情况下，工件的尺寸公差等级可达 IT11～IT_____之间，表面粗糙度 Ra 值为 12.5～_____μm。

2．车床的切削运动中，主运动是_____，进给运动为_____（车外圆）、_____（车端面）、_____（车成型面及圆锥面）_____（钻孔、扩孔、铰孔）。

3．常用的车床除卧式车床外，还有_____车床、_____车床及_____车床和_____车床。车床上可完成的主要工作有_____。

4．刀具切削部分的材料应具备的基本性能要求是_____，其中最重要的是_____。

5．最常用的刀具材料有_____和_____。YG 表示_____，适用于加工_____等_____性材料。粗加工用_____，精加工用_____。YT 表示_____，适用于加工_____等_____性材料。粗加工用_____，精加工用_____。

6．标出如附图 3-1 所示的外圆车刀刀头的各部分名称、主要角度及工件上的三个表面。

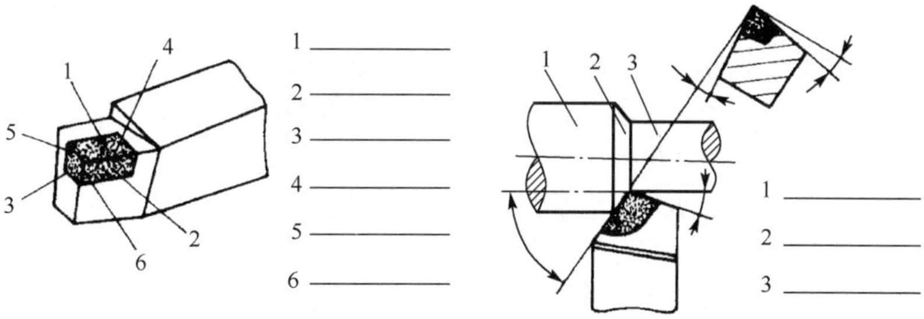

附图 3-1　外圆车刀

7．车削加工利用工件的旋转和刀具的移动可以加工各种回转体表面，包括_____、_____、_____、断面、_____、滚花及成型面等。

8．车削钢件时，切屑的形状多为_____；车削铸铁时，切屑的形状为_____。

9．在切削过程中，使用切削液能够_____。

10．机床型号 CA6140 中，C 表示_____，6 表示_____，1 表示_____，40 表示_____。

二、判断题（对的在括号内打"√"，错的打"×"）（每小题 1 分，共 10 分）

1. 主轴变速箱的作用是把电动机的转动传递给主轴，以带动工件做旋转运动。改变主轴箱控制手柄的位置，可使主轴获得多种转速。（ ）

2. 在车床上加工成型表面的方法有双手操作法、成型刀法和靠模法三种，可根据产品形状特点、精度要求和批量大小进行选用。（ ）

3. CA6140 车床的进给运动是由主轴经齿轮传给挂轮，再经过进给箱光杠（或丝杠）和溜板箱内的传动机构传给刀架，使刀架带动车刀纵向或横向移动。（ ）

4. 光杠与丝杠都能将进给箱的运动传给溜板箱，使溜板箱带动溜板和刀架作纵向、横向或车螺纹进给。其中丝杠用于车螺纹的传动，它保证螺距的准确性。（ ）

5. 三爪卡盘能自动保持工件回转轴线与机床主轴轴线的重合，它可以用来夹持包括圆形及任何一种正多边形截面的棒料工件。（ ）

6. 安装外圆车刀时，刀头伸出长度不要超过刀杆厚度的 1.5 倍，为了保证刀尖与工件中心线等高，应该让刀尖向后顶尖对准。（ ）

7. 在车床上切断工件时，切断处应尽可能靠近卡盘。为了避免打刀，应该降低切削速度、减少进给量，并用切削液降低切削部位的温度。（ ）

8. 工件成型表面的轴向尺寸较长，而形状比较简单，且为成批生产时，可用成型法车削，加工时车刀只做横向进给，用小的切削用量，并给予良好的润滑条件。（ ）

9. 在螺纹切削中，为了保证螺纹牙形的正确，首先要求车刀的刀尖角 ε_r 略小于螺纹的牙形角，为最后精加工留有余地。（ ）

10. 在粗车表面有硬皮的铸、锻件时，为保护刀尖，第一次背吃刀量应小些。（ ）

三、单项选择题（每小题 1 分，共 10 分）

1. 在车削螺纹时，为满足螺距的要求，可调整下述哪个箱体内的齿轮啮合位置。（ ）

    A. 进给箱   B. 主轴变速箱   C. 溜板箱

    D. 挂轮箱   E. 主轴箱

2. 对正方形棒料进行车削加工时，最方便可靠的车床附件是（ ）。

    A. 三爪卡盘   B. 花盘   C. 两顶尖加鸡心夹头

    D. 四爪卡盘   E. 鸡心夹头加拨盘

3. 车削锥度大而长度较短的圆锥面或圆锥孔时，应选用（ ）。

    A. 转动小溜板法   B. 宽刃车刀法   C. 偏移尾座法

    D. 双手操作法   E. 靠模法

4. 外圆车削中，粗车刀要承受较大的切削力，故要求粗车刀要具有较大的（ ）。

    A. 硬度   B. 强度   C. 前角

    D. 后角   E. 主偏角

5. 使用右偏刀在车床上车端面，当由外圆向中心进给时，刀尖易扎入工件，使表面凹入，增加表面粗糙度。为了避免这一缺陷，特别对有中心孔的工件，宜采用的办法为（ ）。

    A. 用左偏刀替换右偏刀   B. 横向进给改为纵向进给

    C. 提高切削速度   D. 改为由中心向外圆进给

    E. 降低切削用量

6. 车床上，用转动小溜板法车削圆锥表面时，将小溜板绕轴线旋转的角度应等于工件圆锥面角度的（ ）。

A. 一倍　　　　　　B. 两倍　　　　　　C. 四倍

D. 二分之一　　　　E. 四分之一

7. 在车床上用丝杠带动溜板箱时，可以车削（　　　）

　　A. 外圆柱面　　　　B. 螺纹　　　　　　C. 内圆柱面

　　D. 成型表面　　　　E. 圆锥面

8. 中心架和跟刀架主要用于（　　　）的车削。

　　A. 复杂形状零件　　B. 细长轴　　　　　C. 螺纹件

　　D. 深内孔　　　　　E. 长锥体

9. 鸡心夹头和拨盘在用两顶尖装夹的车削加工中的作用是（　　　）。

　　A. 工件定位　　　　B. 使工件转动　　　C. 加强对工件的支撑

　　D. 保证工件轴线与主轴轴线重合　　　　E. 承受轴向的切削分力

10. 车刀安装是否正确，直接影响切削的顺利进行和工件的加工质量。其中外圆车削中发生振动是由于（　　　）。

　　A. 车刀在刀架上伸出太长　　　　　　　B. 车刀刀尖低于工件轴线

　　C. 刀尖高于工件轴线　　　　　　　　　D. 刀杆轴线不垂直于工件轴线

　　E. 刀杆轴线不平行于工件轴线

四、多项选择题（每小题 1 分，共 10 分）

1. 车削圆锥面的方法有（　　　）。

　　A. 双手操作法　　　B. 偏移尾座法　　　C. 宽刃车刀法

　　D. 靠模法　　　　　E. 转动小溜板法

2. 粗车外圆的任务是切除毛坯加工余量的大部分，使工件接近图纸上的形状和尺寸，故在加工时应注意（　　　）。

　　A. 留下一定的精车加工余量　　　　　　B. 采用多次走刀、小深度、高转速切削

　　C. 加大切削用量　　D. 选用强度高的车刀　　E. 磨光刀的前面和后面

3. 在车床上进行孔加工时，正确描述其运动性质的有（　　　）。

　　A. 钻头的纵向移动是主运动　　　　　　B. 工件旋转是主运动

　　C. 工件旋转是进给运动　　　　　　　　D. 钻头的纵向移动是进给运动

4. 两顶尖装夹工件时，和前顶尖配套使用的附件是（　　　）。

　　A. 中心架　　　　　B. 拨盘　　　　　　C. 心轴

　　D. 跟刀架　　　　　E. 鸡心夹头

5. 切断刀的刀头和偏车刀的刀头相比，在结构上的差别是多了一个（　　　）。

　　A. 主切削刃　　　　B. 副切削刃　　　　C. 副后角

　　D. 主后角　　　　　E. 副偏角

6. 用双手操纵法车削成型表面，其操作要点为（　　　）。

　　A. 采用普通外圆车刀　　　　　　　　　B. 采用成型车刀

　　C. 切削时双手同时摇动大、中溜板的手柄，使刀尖走出符合成型表面的曲线轨迹

　　D. 在车削过程中要用样板多次检验并及时修整

　　E. 车削时，双手同时摇动中、小溜板的手柄，使刀尖走出符合成型表面的曲线轨迹

7. 将车床主轴做成空心的，并在前端制出外螺纹和锥孔结构，这是为了（　　　）。

　　A. 增大主轴的强度　　　　　　　　　　B. 可在前端直接插入顶尖

C．可安装卡盘、花盘或拨盘　　　　　　D．可直接装夹工件

E．以便细长的棒料插入

8．在用花盘装夹工件时必须做到（　　　）。

A．工件的重心一定要在主轴的轴线上

B．工件待加工表面的回转轴线与主轴轴线重合

C．工件的轴线和主轴轴线重合

D．夹紧可靠，在加工时不会松动偏移

E．花盘连同工件、紧固件和配重铁的整体重心要落在主轴轴线上

9．用弯头刀车削端面比用右偏刀好的地方有（　　　）。

A．主刀刃切削排除了右偏刀副刀刃切削带来的困难，切削顺利

B．切削力将刀尖推离工件　　　　　　　C．散热条件改善

D．刀具磨损减小　　　　　　　　　　　E．表面粗糙度降低

10．在车床上切断工件时，为了防止刀具损坏，应注意做到（　　　）。

A．工件切断处离卡盘远些　　　　　　　B．装刀时要使两个副偏角相等

C．切削速度和进给量同时降低　　　　　D．刀尖与工件轴线等高

E．切削速度提高，进给量降低

五、简答题（共 50 分）

1．按附图 3-2 中的标号写出车床各部分的名称及作用。（10 分）

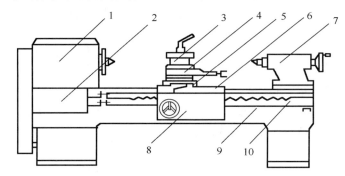

附图 3-2　车床结构

2. 车刀安装的要求及注意事项有哪些？（10分）

3. 车削加工中如何合理选择切削用量？（分粗车、精车不同情况）（10分）

4. 在车削细长轴时，工件易产生腰鼓状误差，试分析原因并提出解决问题的措施。（10分）

5. 加大切深时，如果刻度盘多转了3格，直接退回3格是否可以？为什么？（10分）

实习报告 4　铣削

一、填空题（每小题2分，共20分）

1. 铣削过程中，铣刀的_____是主运动，工件随铣床工作台的移动是进给运动。利用各种类型的铣刀，可以在铣床上加工金属零件的各种_____和_____，还可以做切断、镗孔和铣削齿轮等工作。

2. 铣刀是由刀体和刀齿两部分所组成。刀齿安排在刀体圆周上的铣刀叫做_____铣刀；刀齿安排在刀体端面上的铣刀叫做_____铣刀，它们又可分为_____体铣刀和镶_____铣刀两种。

3. 根据结构和用途的不同，铣床可分为立式铣床、_____式铣床、_____门铣床、仿形铣床和万能工具铣床等，其中最常用的是_____铣床和_____铣床。

4. 铣床上常用附件有_____钳、_____工作台、_____铣头和_____头等。

5. 在铣床上用各种铣刀可以加工各种零件，其精度为 IT11～IT_____；表面粗糙度 R_a 值为 6.3～1.6μm。

6. 铣刀是一种_____刃刀具。工作时，每个刀齿都_____参加切削，因此刀刃的_____条件好，刀具的耐用度高，有可能提高_____速度，获得较高的生产率。

7. 直齿圆柱形铣刀进行切削时，每个刀齿的全部_____同时切入和切出工件，引起的_____较大。螺旋齿圆柱形铣刀切削时，每个刀齿的_____各点不同时切入和切出工件，且同时参加切削的_____增多，工作比较平稳。

8. 卧式铣床的结构特征是其主轴为_____状态；立式铣床的结构特征是其主轴为_____状态。卧式铣床中，最常用的型号是 XW6132 型，61 代表_____，32 代表_____。

9. 回转工作台是铣床的重要附件之一。它用来辅助铣床完成各种_____和_____零件的铣削加工。

10. 万能铣头的主轴可以在相互垂直的两个平面内_____。它在铣床上不仅能完成_____铣、_____铣的工作，还可以在工件的一次装夹中，进行任何_____的铣削。

二、判断题（对的在括号内打"√"，错的打"×"）（每小题1分，共10分）

1. 铣削过程根据铣刀旋转方向和工件进给方向之间的关系，分为顺铣和逆铣两种。凡铣刀旋转方向和工件的进给方向在它们的接触处是一致的，叫做顺铣。　　　　　　　　（　　）

2. 带孔铣刀由刀体和刀齿两部分所组成，它主要在立式铣床上使用。　　　　　　　（　　）

3. T 形槽加工,是在立式铣床上用相应的 T 形槽铣刀直接铣削的。由于切削困难,摩擦力大,不易排屑,所以切削用量要选小,切削液用量要加大。 （ ）

4. 带柄铣刀有立铣刀、键槽铣刀、T 形槽铣刀、燕尾槽铣刀等,其柄部有直柄和锥柄之分。带柄铣刀多用于立式铣床。 （ ）

5. 万能分度头不仅能使工件转过任意大小的角度,而且能使工件的转动和工作台的移动按一定的传动比联系起来,并可以使工件的轴心线相对铣床工作台成水平、垂直或一定的倾斜角度。（ ）

6. 开口直角槽的加工,三面刃圆盘铣刀和立铣刀都能使用,但考虑到立铣刀排屑困难、强度低较易折断,故较少采用。 （ ）

7. 在两种铣削方式中,顺铣虽然有切削效率较高、工作平稳、表面质量好等优点,但由于铣床进给机构存在间隙,工件在铣刀刀齿的切削力带动下发生断续的窜动,常会造成崩刀、工件飞出等事故,故在实际生产中都广泛采用逆铣加工。 （ ）

8. 铣床只可加工平面、成型面、V 形和 T 形两种沟槽。 （ ）

9. 铣刀与车刀比较它的主要特点是刀刃多。 （ ）

10. 在万能分度头上,用简单分度法可以实现 z 值(工件等分数)为 $z=67$ 的分度要求。
（ ）

三、不定项选择题（每小题 2 分,共 20 分）

1. 铣削的基本工艺特点有（ ）。
   A. 全部刀齿同时进行切削 　　　B. 每个刀齿进行周期性切削
   C. 刀刃散热条件好 　　　　　　D. 切削厚度随刀齿切削位置而变化
   E. 进给量不变,所以切削厚度也不变

2. 适宜于在卧式铣床铣水平面的铣刀是（ ）铣刀。
   A. 整体端　　　B. 三面刃圆盘　　C. 直柄立　　D. 螺旋齿圆柱　　E. 套式端

3. 铣削过程中,操作应该做到（ ）。
   A. 进入铣削前要用手动使工件靠近铣刀后再进给
   B. 进入切削后,不管什么情况都不准停车
   C. 进给行程未完,不要停止进给 　　　D. 铣削钢材时,要用切削液
   E. 铣削铸铁、青铜时要用切削液

4. 适用于在卧式铣床上铣沟槽的刀具是（ ）铣刀。
   A. 三面刃圆盘　　B. 直齿圆柱　　C. 端　　　D. 螺旋齿圆柱　　E. 锯片

5. 铣表面质量要求较高的大平面应选用（ ）铣刀。
   A. 整体端　　　B. 螺旋齿圆柱　　C. 镶齿端　　D. 三面刃圆盘　　E. 锥柄立

6. 端铣刀适宜铣削的工作内容有（ ）。
   A. 在立式铣床上铣大平面 　　　B. 在卧式铣床上铣侧平面
   C. 在立式铣床上铣台阶面 　　　D. 在立式铣床上铣沟槽
   E. 在卧式铣床上铣成型面

7. 万能分度头的作用有（ ）。
   A. 代替万能铣头进行切削 　　　B. 相对于工作台把工件轴线安装成所需的角度
   C. 代替立铣头铣削沟槽 　　　　D. 使工件定期绕自己的轴线转动一定的角度—分度
   E. 使工件旋转配合工作台进给,完成螺旋槽的铣削

8. 铣削由平面组成的台阶面可采用（ ）。

    A．套式端铣刀   B．螺旋齿圆柱铣刀   C．立铣刀

    D．直齿圆柱铣刀   E．三面刃圆盘铣刀

9．立铣刀适用的加工内容有（　　　　）。

    A．铣直角槽   B．直接铣出封闭键槽   C．铣侧平面

    D．铣成型面   E．铣由平面组成的台阶面

10．铣削倾斜面的常用方法有（　　　　）。

    A．把工件上要加工的斜面转动到水平位置装夹

    B．靠模法   C．用手动进给沿划线铣削

    D．转动铣刀轴线到所需角度铣削   E．用合适的角度铣刀铣削

五、简答题（共50分）

1．铣床上铣齿轮用的是什么刀具？为什么铣齿轮只用于单件小批量生产低精度齿轮？（10分）

2．已知某圆柱直齿轮，其模数 $m = 2$，齿数 $z = 50$，欲在卧式铣床上用分度头加工。试计算分度手柄的转数，并确定分度盘的孔圈数（分度盘的孔圈数有25、30、35、45、65等）。（10分）

3．铣削如附图4-1所示的零件的四槽，请选择机床、安装方法和刀具。（30分）

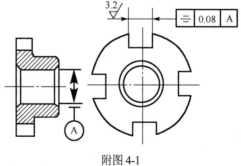

附图4-1

实习报告5　磨削

一、填空题（每小题2分，共20分）

1. 内圆磨削常用_____装夹工件，平面磨床一般用_____装夹工件。

2. 磨削轴类零件的外圆前，要对工件的_____进行研磨。

3. 磨削的主运动是_____。磨削时使用大量切削液的目的是_____。

4. 砂轮是由_____和_____按一定比例制成的。它的特性取决于磨料、粒度、_____、硬度、组织、_____和尺寸等因素。

5. 常见的砂轮形状有_____、_____、_____、_____等。砂轮硬度越高、磨料颗粒越_____脱落，砂轮自锐性越_____，磨料粒度号数越小，磨料颗粒尺寸越_____，磨出的表面粗糙度越_____。

6. 砂轮的自锐性就是当砂轮在磨削过程中，磨粒逐渐变钝引起作用在磨粒上的_____力增大，导致_____破碎或脱落，从而形成新的_____使砂轮恢复_____能力的性质。

7. 结合剂的代号V表示_____，B表示_____，R表示_____。

8. 为提高生产效率并减小零件表面粗糙度，应选用外径较_____的砂轮进行磨削。在磨削V形槽工件时，砂轮的形状是_____或_____。

9. 常用的平面磨削方法有_____和_____两种形式。磨外圆的方法有_____、_____、_____和_____。

10. 碳化硅类砂轮适于磨削_____等金属材料。刚玉类砂轮适于磨削_____等金属材料。

二、判断题（对的在括号内打"√"，错的打"×"）（每小题1分，共10分）

1. 砂轮是磨削的主要工具。　　　　　　　　　　　　　　　　　　　　（　　）

2. 要选择软砂轮磨削硬度高的工件。　　　　　　　　　　　　　　　　（　　）

3. 内圆磨削时，砂轮和工件的转动方向相同。　　　　　　　　　　　　（　　）

4. 砂轮的强度是由砂轮的最高线速度来表示的。　　　　　　　　　　　（　　）

5. 用金属刀具很难甚至不能加工的金属工件可以用磨削的方法进行切削加工。（　　）

6. 砂轮的每一个磨粒都相当于一个或几个刀齿，整个砂轮就是一把具有无数刀齿的铣刀，所以磨削的实质是密齿刀具的超高速切削。　　　　　　　　　　　　　　（　　）

7. 粗磨时选用磨粒较粗的砂轮，精磨时选用磨粒较细的砂轮。　　　　　（　　）

8. 磨削内圆时，砂轮和砂轮轴应选用最大允许直径，而砂轮轴的长度应在满足要求的条件下尽可能短一些。　　　　　　　　　　　　　　　　　　　　　　　　　（　　）

9. 砂轮磨钝后，通常要用金刚石进行修整。在修整时，要用大量切削液，避免砂轮因温度骤升

而破裂。 （ ）

10．磨削只用于机械加工的最后一道精加工或光整加工工序。 （ ）

三、不定项选择题（每小题 2 分，共 20 分）

1．WA 是（ ）磨料的代号。
   A．白刚玉 　　 B．铬刚玉 　　　 C．棕刚玉 　　　 D．黑钢玉

2．磨削加工一个铸铁件，需选择（ ）磨料的砂轮。
   A．刚玉类 　　 B．碳化硅类 　　 C．金刚石类 　　 D．氮化硼类

3．影响磨削表面粗糙度的原因有（ ）。
   A．磨削用量 　　 B．砂轮粒度 　　 C．工件材料性能 　 D．切削液

4．"砂轮的硬度"是指（ ）。
   A．砂轮上磨料的硬度 　　　　　　 B．在硬度计上打出来的硬度
   C．磨粒从砂轮上脱落下来的难易程度
   D．砂轮上磨粒体积占整个砂轮体积的百分比

5．切削液在磨削过程中可以起到（ ）的作用。
   A．降低温度 　　 B．减小变形 　　 C．降低粗糙度 　 D．提高砂轮寿命

6．用于精磨钢件和刃磨高速钢刀具的合适磨料是（ ）。
   A．棕刚玉 　　 B．白刚玉 　　　 C．黑碳化硅 　　 D．绿碳化硅

7．粒度粗、硬度大、组织疏松的砂轮适合于（ ）。
   A．精磨 　　　　　　　　　　　　 B．硬金属的磨削
   C．脆性金属的磨削 　　　　　　　 D．软金属的磨削

8．M1432 是磨床的型号，其中"M14"表示"万能外圆磨床"，而"32"则表示（ ）。
   A．主轴直径为 32mm 　　　　　　 B．所用砂轮最大直径为 320mm
   C．最大磨削直径为 320mm 　　　　 D．最大工件长度为 320mm

9．砂轮的硬度取决于结合剂的种类，（ ）砂轮的硬度最高。
   A．陶瓷结合剂 　 B．树脂结合剂 　 C．橡胶结合剂 　 D．金属结合剂

10．构成砂轮结构的三要素是（ ）。
   A．磨料、结合剂、网状空隙 　　　 B．粒度、强度、硬度
   C．形状、尺寸、组织 　　　　　　 D．磨粒、形状、硬度

四、简答题（共 50 分）

1．试述磨削加工的特点。（10 分）

2．砂轮为什么要平衡？砂轮为什么要修整？一般用什么工具来修整？（10分）

3．万能外圆磨床与普通外圆磨床在结构上的主要区别是什么？（15分）

4．为什么磨床的自动纵向、横向进给都采用液压传动而不采用齿轮传动？（15分）

实习报告6　钳工

一、填空题（每小题1分，共15分）

1. 钳工的基本操作有_____、_____、_____、_____、_____、_____、_____、_____、_____等。

2. 划线的作用有_____

_____。

3. 手用丝锥和机用丝锥的差别是_____

_____。头锥和二锥的差别是_____

_____。

4. 普通锉刀的截面形状有_____、_____、_____、_____、_____。按齿形大小

可分为_____、_____、_____等类型。

5. 锉刀采用优质_____钢制成，经热处理后，切削部分硬度达_____HRC，其锉纹

有_____和_____两种。

6. 常用的平面锉削方法有_____、_____、_____等。

7. 安装锯条时应注意_____

_____。

8. 粗齿锯条适用于锯割_____材料或_____断面的工件，而细齿锯条适用于锯

割_____材料或_____断面的工件，锯割管子和薄板，必须用_____锯条。

9. 自行车碟刹是通过_____作用在花鼓的钢制盘片上制动的。

10. 钻床的种类有_____、_____、_____等，在钻床上可以

进行_____、_____、_____、_____等加工。

11. 划线分为_____和_____两种。

12. 麻花钻头一般用_____制成，工作部分淬硬至_____HRC；它由柄部、

_____和_____构成。其柄部的形状有_____和_____两种。

13. 填写下表。

加工方法	钻孔	扩孔	铰孔
加工精度	IT　～IT	IT　～IT	IT　～IT
表面粗糙度 Ra/μm			

14. 自行车主要部件由_____，_____，_____，_____，

_____等几部分组成。

15. 装配是将合格零件按装配工艺过程_____起来的过程。

二、判断题（对的在括号内打"√"，错的打"×"）（每小题 1 分，共 15 分）

1. 划线基准是零件上用来确定点、线、面位置的依据。 （　　）

2. 锯条的长度是指两端安装孔的中心距，钳工常用 300mm 的锯条。 （　　）

3. 选择锉刀的尺寸规格，仅仅取决于加工余量的大小。 （　　）

4. 不同种类自行车的车轮轮胎与地面的接触形式直接影响摩擦力大小。 （　　）

5. 自行车右踏脚旋入时的螺纹是左旋螺纹。 （　　）

6. 为了延长丝锥的使用寿命并提高螺孔质量，攻丝中应使用切削液。 （　　）

7. 锉削平面的操作要领主要是使锉刀保持水平运动。 （　　）

8. 锉削时，根据加工余量的大小，选择锉刀长度。 （　　）

9. 钻头的进给运动是钻削的主运动。 （　　）

10. 钻夹头用来装夹直柄钻头，过渡套用来装夹锥柄钻头。 （　　）

11. 钻孔时，加切削液的主要目的是为了降低切削温度，提高钻头的耐用度。 （　　）

12. 自行车右踏脚旋入时的螺纹是左旋螺纹。 （　　）

13. 麻花钻顶角的大小与加工材料的性质有关。工件硬度较软时，顶角应当大些。 （　　）

14. 自行车碟刹系统肯定比 V 刹系统效果好。 （　　）

15. 总装配就是将若干个零件和组合件装到另外一个基础零件上而构成一个独立机构的过程，例如车床的进给箱装配过程。 （　　）

三、单项选择题（每小题 1 分，共 20 分）

1. 为了不影响加工的最后尺寸，在划锯割线时对锯缝的宽度与锯条的厚度两者的关系要考虑到（　　）。

    A. 两者尺寸相同   B. 前者比后者的尺寸略大一些

    C. 前者比后者的尺寸小一些

2. 用锯割方法下料时，锯割线应尽量靠近虎钳的（　　）。

    A. 左面   B. 中间   C. 右面

3. 锯割薄壁管时应该（　　）。

    A. 从一个方向锯到底（一次装夹）

    B. 锯到管子中心后调转 180° 后再锯（二次装夹）

    C. 每锯到管子内壁处即把管子向推锯的方向转过一些再锯（多次装夹）

4. 锯割速度过快，锯齿易磨损，这是因为（　　）。

    A. 同时参加切削的齿数少，使每齿负担的锯削量过大

    B. 锯条因发热引起退火   C. 材料硬度太高

5. 手工起锯的适宜角度为（　　）。

    A. 0°   B. 约 15°   C. 约 30°

6. 把锯齿做成几个向左，几个向右，形成波浪形的锯齿排列的主要原因是（　　）。

    A. 增加锯缝宽度   B. 提高锯削速度

    C. 减少工件上锯缝对锯条的摩擦阻力

7. 安装手锯锯条时（　　）。

    A. 锯齿应向前   B. 锯齿向前或向后都行   C. 锯齿应向后

8. 锉削铝或紫铜等软金属时，应选用（　　）。

    A. 粗齿锉刀　　　　　　　　　B. 细齿锉刀　　　　　　　　　C. 中齿锉刀

9. 锉削余量较大的平面时，应采用（　　）。

    A. 顺向性　　　　　　　　　　B. 交叉锉　　　　　　　　　　C. 推锉

10. 锉削硬材料时应选择（　　）。

    A. 粗齿锉刀　　　　　　　　　B. 细齿锉刀　　　　　　　　　C. 油光锉

11. 在毛坯上所划的线在加工中可作为（　　）。

    A. 最终尺寸　　　　　　　　　B. 参考尺寸　　　　　　　　　C. 极限尺寸

12. 锉削速度为（　　）比较合适。

    A. 80 次/分　　　　　　　　　B. 40 次/分　　　　　　　　　C. 20 次/分

13. 钻头直径大于 13mm 时，柄部一般做成（　　）。

    A. 直柄　　　　　　　　　　　B. 锥柄　　　　　　　　　　　C. 斜柄

14. 在零件图上用来确定其他点、线、面位置的基准称为（　　）。

    A. 设计基准　　　　　　　　　B. 划线基准　　　　　　　　　C. 定位基准

15. 平锉刀的主要工作面，指的是（　　）。

    A. 锉齿的上下面　　　　　　　B. 两个侧面　　　　　　　　　C. 全部表面

16. 在钢和铸铁工件上加工同样直径的内螺纹，钢件的底孔直径比铸铁的（　　）。

    A. 稍大　　　　　　　　　　　B. 稍小　　　　　　　　　　　C. 相等

17. 螺纹相邻两牙在螺纹中径线上对应两点间的轴向距离叫（　　）。

    A. 导程　　　　　　　　　　　B. 螺距　　　　　　　　　　　C. 导程或螺距

18. 装配方法中的修配法适用于（　　）生产。

    A. 单件　　　　　　　　　　　B. 成批　　　　　　　　　　　C. 大量

19. 孔的最大极限尺寸与轴的最小极限尺寸之代数差为负值叫（　　）。

    A. 最小过盈　　　　　　　　　B. 最大过盈　　　　　　　　　C. 最大间隙

20. 机械传动是采用带轮、齿轮、轴等机械零件组成的传动装置，来进行侧能量的（　　）。

    A. 输送　　　　　　　　　　　B. 传递　　　　　　　　　　　C. 转换

四、简答题（共 50 分）

1. 什么叫划线基准？如何选择划线基准？（5 分）

2. 锯削时，锯条产生锯齿崩落和过早过快磨钝的原因是什么？锯条折断的原因是什么？（5分）

3. 写出如附图 6-1 所示的工件划线的步骤和使用的工具，并指出划线基准。（10分）

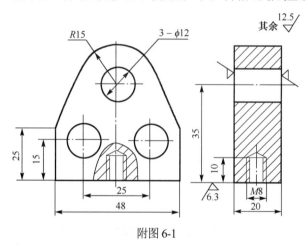

附图 6-1

4．锉削平面时为什么会出现中间凸面的情况？如何防止？（10分）

5．孔加工有哪几种方法？它们各用于什么场合？（10分）

6．简述通过自行车拆装实训对典型机械结构与原理的认识。（10分）

实习报告 7　数控车削

一、填空题（每小题 2 分，共 20 分）

1. 数控车编程的方法分为_____和计算机辅助自动编程两种。

2. 卧式数控车床分为_____卧式车床和_____卧式车床。

3. 顺圆弧插补指令为_____；逆圆弧指令为_____。

4. 西门子数控系统文件扩展名有两种，".MPF"表示_____，".SPF"表示_____。

5. 数控车削工件的端面时，刀尖高度应_____工件中心。

6. 西门子数控系统车床，_____指令表示程序结束并自动返回到程序起始位置。

7. 西门子数控系统编程时，圆弧半径 R 有正值与负值之分。当圆弧圆心角_____时，程序中的 CR 用正值表示；当圆弧圆心角_____时 CR 用负值表示。

8. 刀尖圆弧半径补偿指令中，G41 表示_____；G42 表示_____。

9. 在数控车削用量中，对切削力影响最大的是_____ 。

10. 对刀是指使_____点与_____点重合并确定刀具偏移量的操作过程。

二、判断题（对的在括号内打"√"，错的打"×"）（每小题 1 分，共 10 分）

1. 数控车床是按照事先编制好的数控加工程序对工件进行自动化车削的机床。　　（　　）

2. 手工编程是指利用计算机完成从数值计算到程序校验的过程。　　（　　）

3. 手工编程能完成零件形状复杂的程序编制。　　（　　）

4. T 指令的功能含义主要是用来指定加工时使用的刀具号。　　（　　）

5. 在顺时针圆弧插补情况下加工编程必须使用 G03 指令。　　（　　）

6. 上一程序段中有了 G02 指令，下一个程序段如果是顺圆切削，则 G02 可省略。　　（　　）

7. 进给速度的单位为毫米/转或毫米/分。　　（　　）

8. 圆弧插补编程时，半径的取值与圆弧的角度有关。　　（　　）

9. 西门子数控系统车床的刀具功能采用 T 后 4 位数字法。　　（　　）

10. 子程序一般不可以作为独立的加工程序使用，它只能通过主程序调用，实现加工中的局部动作。　　（　　）

三、单项选择题（每小题 1 分，共 10 分）

1. 工件坐标系的零点一般设在（　　　）。
   A. 机床零点　　　　　　　　　B. 工件的断面　　　　　　　　C. 卡盘端面

2. 开机时进行的回参考点操作，其目的是（　　　）。
   A. 建立工件坐标系　　　　　　B. 建立机床坐标系　　　　　　C. 建立极坐标系

3. 数控车床开机后，首先做（　　　）操作。
   A. 回零　　　　　　　　　　　B. 对刀　　　　　　　　　　　C. 加工

4. 西门子数控系统指令 G03 X Z CR= 中，X、Z 后的值表示圆弧的（　　）。

    A. 起点坐标值　　　　　　　　B. 终点坐标值　　　　　　　　C. 圆心坐标值

5. 数控车床中 S 控制主轴转速，其后的数值表示主轴速度，单位为（　　）。

    A. r/min　　　　　　　　　　B. mm/r　　　　　　　　　　C. mm/min

6. 采用 G71 指令编程时，（　　）。

    A. X 向精车余量的取值一般大于 Z 向精车余量的取值

    B. X 向精车余量的取值一般小于 Z 向精车余量的取值

    C. X 向精车余量的取值一般等于 Z 向精车余量的取值

7. 数控车床在加工中为了实现对车刀刀尖磨损量的补偿，可沿假设的刀尖方向，在刀尖半径值上，附加一个刀具偏移量，这称为（　　）。

    A. 刀具位置补偿　　　　　　　B. 刀具长度补偿　　　　　　　C. 刀具半径补偿

8. 在编制数控车程序时应选择正确的（　　）的位置，要避免刀具交换时与工件或夹具产生干涉。

    A. 对刀点　　　　　　　　　　B. 工件原点　　　　　　　　　C. 换刀点

9. 数控车床编程时（　　）轴进给 1mm，零件的直径减少 2mm。

    A. X　　　　　　　　　　　　B. Y　　　　　　　　　　　　C. Z

10. 下列 CYCLE95 指令的参数中，要用半径量表示的是（　　）。

    A. MID　　　　　　　　　　　B. FALZ　　　　　　　　　　C. DAM

四、多项选择题（每小题 1 分，共 10 分）

1. 数控车加工零件时，切削要素包括（　　）。

    A. 切削速度　　　　　　　　　B. 进给量　　　　　　　　　　C. 背吃刀量

2. 切削液在工件车削过程中具有（　　）的作用。

    A. 冷却　　　　　　　　　　　B. 润滑　　　　　　　　　　　C. 清洗

3. 西门子数控系统用圆弧半径编程时，CR 半径的取值与（　　）有关。

    A. 方向　　　　　　　　　　　B. 角度　　　　　　　　　　　C. 方向

4. G 指令分为模态指令和非模态指令，下列指令中，（　　）是模态指令。

    A. G00　　　　　　　　　　　B. G01　　　　　　　　　　　C. G04

5. 下列指令中，可作为 SIEMENS 数控系统子程序的结束标记有（　　）。

    A. M99　　　　　　　　　　　B. M02　　　　　　　　　　　C. M17

6. 关于 FANUC 数控系统的 G71 指令，下列描述正确的有（　　）。

    A. G71 是内外圆粗加工复合循环指令

    B. G71 指令是沿着平行于 X 轴的方向进行切削循环加工的

    C. G71 指令可用于切削圆锥面和圆弧面

7. 关于 SIEMENS 数控系统的 CYCLE95 指令，下列描述错误的是（　　）。

    A. CYCLE95 是毛坯切削循环指令

    B. CYCLE95 可用于径向沟槽的切削加工

    C. CYCLE95 循环语句可执行 G41/G42 指令

8. 螺纹车削加工指令 G33 可以加工（　　）等各种螺纹。

    A. 圆柱螺纹　　　　　　　　　B. 锥螺纹　　　　　　　　　　C. 端面螺纹

9. 下列符合西门子系统命名规则的程序名有（　　）。

A．O8888　　　　　　　　B．JN666.SPF　　　　　　　　C．YXJ8888.MPF

10．"三点一线"是手工编程中确定车削加工路线的关键步骤。下列关于"三点一线"描述正确的是（　　）。

　　A．"三点"是指起刀点、轮廓起点和轮廓终点；"一线"是指加工的轮廓线

　　B．起刀点可设置在毛坯范围之内，即该点 X 坐标可小于毛坯直径

　　C．轮廓线的形状 Z 向必须单向（阶梯状）递增或递减

五、简答题（共 30 分）

1．说明编程指令 G01 与 G02 代码的区别。（10 分）

2．写出西门子系统 CYCLE95 的完整格式以及每个参数的含义。（10 分）

3．简答 Sinumerik 808D 数控车床的对刀操作步骤。（10 分）

六、编程题 （20 分）

用 Sinumerik 808D 数控车床加工如附图 7-1 所示零件，材料毛坯为 ϕ35mm 的铝合金试棒，设 T1 为外圆车刀，主轴转速设为 800r/min，请使用 CYCLE95 循环指令完成附图 7-1 所示零件图的程序编制，要求精车所有外形，不留加工余量。

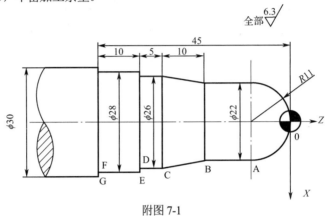

附图 7-1

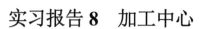

实习报告 8 加工中心

一、填空题（每小题 2 分，共 20 分）

1. 数控机床一般由＿＿＿＿＿＿、＿＿＿＿＿＿、强电控制柜和＿＿＿＿＿＿等各类装置组成。

2. 加工中心常见的刀库类型有＿＿＿＿＿＿、＿＿＿＿＿＿、＿＿＿＿＿＿。

3. 加工中心机床分为＿＿＿＿＿＿和＿＿＿＿＿＿和龙门式加工中心

4. 寻边器由＿＿＿＿＿＿和＿＿＿＿＿＿两部分组成。

5. 数控加工的程序编制要经过三个步骤，分别是对零件图纸＿＿＿＿＿＿、刀具轨迹的＿＿＿＿＿＿、数控加工程序的＿＿＿＿＿＿。

6. 对于不同材料、不同硬度、不同的加工刀具等条件，根据加工表面粗糙度要求的不同，＿＿＿＿＿＿与＿＿＿＿＿＿的数值是不同的。

7. 数控机床坐标轴 X、Y、Z 由＿＿＿＿＿＿法则确定，绕 X、Y、Z 轴的旋转运动分别用 A、B、C 来表示，按＿＿＿＿＿＿定则确定其正方向。

8. 子程序不仅能从零件程序中调用，还能从其他＿＿＿＿＿＿中调用。

9. 控制主轴的辅助功能代码有 M03、M04、M05 和＿＿＿＿＿＿。

10. 加工中心圆弧插补参数 I、J、K 是＿＿＿＿＿＿到圆心的矢量坐标。

二、判断题（对的在括号内打"√"，错的打"×"）（每小题 1 分，共 10 分）

1. 数控机床开机后，必须先进行返回参考点操作。　　　　　　　　　　（　　）

2. FANUC 系统中，程序段 M98P51002 的含义是"将子程序号为 5100 的子程序连续调用 2 次"。　　　　　　　　　　　　　　　　　　　　　　　　　　　（　　）

3. 当用 G02/G03 指令，对被加工零件进行圆弧编程时，圆心坐标 I.J.K 为圆弧终点到圆弧中心所作矢量分别在 X、Y、Z 坐标轴方向上的分矢量。　　　　　　（　　）

4. 在轮廓铣削加工中，若采用刀具半径补偿指令编程，刀补的建立与取消应在轮廓上进行，这样的程序才能保证零件的加工精度。　　　　　　　　　　　　　　（　　）

5. 采用立铣刀加工内轮廓时，铣刀直径应小于或等于工件内轮廓最小曲率半径的 2 倍。（　　）

6. 在轮廓加工中，主轴的径向和轴向跳动精度不影响工件的轮廓精度。　　（　　）

7. 在数控编程指令中，不一定只有采用 G91 方式才能实现增量方式编程。　（　　）

8. 加工中心自动换刀需要主轴准停控制。　　　　　　　　　　　　　　（　　）

9. 数控铣床取消刀补应采用 G40 代码。例如：G40　G02　X20　Y0　R10，该程序段执行后刀补被取消。　　　　　　　　　　　　　　　　　　　　　　　　　（　　）

10. 圆弧铣削时，已知起点和圆心就可以编写出圆弧插补程序。　　　　（　　）

金工实习（第2版）

金工实习（第2版）

三、单选选择题（每小题 1 分，共 10 分）

1. FANUC 系统中，程序段 G04 P1000 中，P 指令是（　　）。
    A. 子程序号　　　　　B. 缩放比例　　　　　C. 暂停时间　　　　　D. 循环参数

2. 若零件上每个表面均要加工，则应选择加工余量和公差（　　）的表面作为粗基准。
    A. 最小的　　　　　B. 最大的　　　　　C. 符合公差范围　　　　　D. 等于零

3. 在下列的（　　）操作中，不能建立机械坐标系。
    A. 复位　　　　　B. 原点复位　　　　　C. 手动返回参考点　　　　　D. G28 指令

4. 数空铣床精加工轮廓时应采用（　　）。
    A. 切向进刀　　　　　B. 顺铣　　　　　C. 逆铣　　　　　D. 法向进刀

5. 下面情况下，需要手动返回机床参考点（　　）。
    A. 机床电源接通开始工作之前　　　　　B. 机床停电后，再次接通数控系统的电源时
    C. 机床在急停信号或超程报警信号解除之后，恢复工作时　　　　　D. 以上三者都是

6. 数控机床进行第二切削液开的指令是（　　）。
    A. M07　　　　　B. M08　　　　　C. M09　　　　　D. M10

7. 工件在机床上定位装夹后，进行工件坐标系设置，用于确定工件坐标系与机床坐标系空间关系的参考点称为（　　）。
    A. 对刀点　　　　　B. 编程原点　　　　　C. 刀位点　　　　　D. 机床原点

8. 进行数控程序空运行的主要作用是（　　）。
    A. 检查程序是否存在句法错误　　　　　B. 检查程序的走刀路径是否正确
    C. 检查程序是否完整　　　　　D. 检查换刀是否正确

9. 刀具远离工件的运动方向为该坐标轴的（　　）方向。
    A. 左　　　　　B. 右　　　　　C. 正　　　　　D. 负

10. FANUC 系统的固定循环中，加工到孔底后有暂停的指令是（　　）。
    A. G73　　　　　B. G81　　　　　C. G83　　　　　D. G84

四、多项选择题（每小题 1 分，共 10 分）

1. 以下选项中，（　　）能提高数控机床的加工精度。
    A. 传动作用滚珠丝杠　　　　　B. 装配时消除传动间隙
    C. 机床导轨用滚动导轨　　　　　D. 以上三者均不是

2. 数控系统由数控装置，（　　）组成。
    A. 伺服系统　　　　　B. 驱动装置
    C. 执行装置　　　　　D. 检测装置

3. 取消工件坐标系的零点偏置，下列（　　）指令能达到目的。
    A. M30　　　　　B. M02
    C. G52　X0　Y0　Z0　　　　　D. M00

4. 下列哪个指令能设立工件坐标系？（　　）
    A. G54　　　　　B. G92
    C. G55　　　　　D. G91

5. 数控机床进行切削液开的指令是（　　）。
    A. M07　　　　　B. M08

C. M09   D. M10

6. FANUC 0 系列数控系统操作面板上不能显示报警号的功能键是（　　）。

 A. DGNOS/PARAM   B. POS

 C. OPR/ALARM   D. MENU OFSET

7. 在刀具切削钢件时，下列冷却方式中（　　）是宜采用的。

 A. 水冷却   B. 乳化液冷却

 C. 切削冷却   D. 压缩空气冷却

8. FANUC 0 系列数控系统操作面板上 DELET 键不能让用于（　　）已编辑的程序或内容。

 A. 插入   B. 更改

 C. 删除   D. 取消

9. 下列是平面选择指令的有（　　）。

 A. G17   B. G18

 C. G19   D. G20

10. （　　）是用准备功能字 G 代码来规定或指定的。

 A. 主轴旋转方向   B. 直线插补

 C. 刀具补偿   D. 增量尺寸

五、简答题（共 30 分）

1. 简述进行手动回参考点的目的和操作步骤。（10 分）

2. 在数控编程指令中，M00、M01、M02、M03 四条指令的具体含义是什么?（10 分）

3. 什么是刀具的半径补偿和长度补偿? （10 分）

六、编程题 （20 分）

通过采用 VMC650L 立式加工中心 FANUC 0iMate-MD 数控系统。对附图 8-1 所示凸轮轮廓零件进行实际编程与加工操作。

实习材料：110×110×30 的铝板。

实习刀具：ϕ12 的立铣刀。

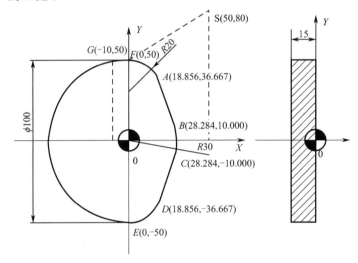

附图 9-1

实习报告 9　激光加工

一、填空题（每小题 2 分，共 20 分）

1. 激光从一种介质传播到折射率不同的另一种介质时，在介质之间的界面上将出现＿＿＿＿＿＿＿与＿＿＿＿＿＿＿。

2. 激光可以加工的材料有＿＿＿＿＿＿＿、＿＿＿＿＿＿＿。

3. 激光焊接时，脉宽参数的含义是＿＿＿＿＿＿＿。焊接薄材料时，聚焦位置处于＿＿＿＿＿＿＿。

4. 激光加工时激光焦点的位置对于孔的形状和深度都有很大影响，一般激光的实焦点在＿＿＿＿＿＿＿或＿＿＿＿＿＿＿为宜。

5. 激光切割的温度在＿＿＿＿＿＿＿，在激光切割加工过程中，＿＿＿＿＿＿＿、＿＿＿＿＿＿＿需要设置辅助切割路径。

6. CO_2 激光器通常为三层套管结构。最里面的是＿＿＿＿＿＿＿，中间是＿＿＿＿＿＿＿，最外一层是＿＿＿＿＿＿＿，回气管用于连通放电管和储气管。

7. 激光深熔焊可以提高＿＿＿＿＿＿＿、＿＿＿＿＿＿＿和＿＿＿＿＿＿＿。

8. 固体激光打标机的功率和频率都是通过＿＿＿＿＿＿＿来调节的。

9. 激光焊接又分为＿＿＿＿＿＿＿和＿＿＿＿＿＿＿焊接。

10. 对于加工金属材料来说，激光波长要依＿＿＿＿＿＿＿而定。

二、判断题（对的在括号内打"√"，错的打"×"）（每小题 1 分，共 10 分）

1. 激光加工中心的所有设备发出的激光都属于四类激光。　　　　　（　　）
2. 不可以改变激光的方向，只能直射。　　　　　（　　）
3. 固体激光器只能加工金属材料，气体激光器则只能加工非金属材料。　（　　）
4. 焦平面在工件上方为正离焦，焦平面在工件下方为负离焦。　　　（　　）
5. 激光加工机制冷机的制冷温度应设置为比环境温度低 5℃以上。　（　　）
6. 激光切割无须考虑材料的硬度　　　　　（　　）
7. 激光加工是把激光作为热源，对材料进行热加工　　　　　（　　）
8. 激光对物体的作用主要表现在物体对激光的反射　　　　　（　　）
9. 我国发明的首台激光器是红宝石激光器　　　　　（　　）
10. 激光标记的加工方式是接触加工　　　　　（　　）

三、不定项选择题（每小题 2 分，共 20 分）

1. 激光切割中辅助气体的作用有（　　　）。
   A. 保护聚焦镜不受污染　　　B. 冷却割缝　　　C. 驱除熔渣　　　D. 驱除等离子体
2. 激光加工中切割软件可直接调入的图形格式有（　　　）。
   A. JPG　　　B. JEPG　　　C. DXF　　　D. PLT
3. CO_2 激光打标机可由软件调节的参数有（　　　）。
   A. 速度　　　B. 功率　　　C. 频率　　　D. 脉冲宽度

4. 激光加工中，对于高反射率和透射率的工件应作适当处理，例如（　　），以增大其对激光的吸收效率。

    A. 打毛   B. 导电化   C. 黑化   D. 硬化

5. 从原理上来说，激光器包括（　　）。

    A. 工作物质   B. 聚光腔   C. 泵浦源   D. 光学谐振腔

6. 激光加工有关的危害有（　　）。

    A. 对眼睛的危害   B. 对皮肤的危害   C. 电气危害   D. 辐射危害

7. 激光打标的具体效应有（　　）。

    A. 表面去除   B. 目视反差

    C. 表面材料改性   D. 有色物固着于表面

8. 激光切割的温度在（　　）。

    A. 熔点以下   B. 气化点以下   C. 气化点以上   D. 熔点以上

9. 激光加工中，辅助气体的种类有（　　）。

    A. 压缩空气   B. 惰性气体   C. 活性气体   D. 非活性气体

10. 在激光切割中，需要设置辅助切割路径的情况有（　　）。

    A. 直线段   B. 拐角处   C. 圆弧段   D. 工件轮廓要求高

四、简答题（共 50 分）

1. 根据激光的特性，试分析激光束可以用来进行激光与物质的相互作用。（10 分）

2. 激光切割主要有哪几种类型？常用哪种激光切割方式？（10 分）

3．简述非金属雕刻切割的加工步骤。（10 分）

4．激光焊接与激光切割、打孔有什么不同？影响焊接的因素有哪些？ （10 分）

5．激光加工机是一套完整的加工设备，除激光器外，还包括哪些其他系统？ （10 分）

实习报告 10　电火花加工

一、填空题（每小题2分，共20分）

1. _____不是主要依靠机械能，而是利用电能、光能、热能、化学能等多种形式的能量实现_____的工艺方法来完成对零件的加工。

2. 数控电火花成形加工机床主要由_____、工作液箱和数控电源箱等部分组成。

3. 数控电火花线切割机床的编程，主要采用 ISO 编程、_____、自动编程三种格式。

4. 电火花线切割加工机床根据电极丝的移动速度可分为_____，走丝速度一般为_____，以及_____，走丝速度一般为_____。

5. 电火花线切割加工中，穿丝孔的作用是_____、_____、_____。

6. 在电火花加工中，提高电蚀量和加工效率的电参数途径有_____、_____、_____。

7. 慢走丝线切割机床的加工精度可达到_____μm，表面粗糙度 Ra<0.32μm。

8. 电火花成形加工的主要工艺指标有_____、_____、表面粗糙度和电极损耗。

9. 影响电火花加工精度的工艺因素主要有_____、_____、_____等。

10. 电火花加工表面质量主要是指加工零件的_____、_____、_____。

二、判断题（对的在括号内打"√"，错的打"×"）（每小题1分，共10分）

1. 工作液应具有一定的绝缘性能、较好的洗涤性能和冷却性能。　　　　　　　　（　　）
2. 快速走丝的机床的电极丝主要用钼丝、钨丝和钨钼丝。　　　　　　　　　　　（　　）
3. 慢速走丝的机床一般用黄铜丝，电极丝的直径过大或过小对加工速度的影响较大。（　　）
4. 线切割加工中电流的大小对钼丝的损耗有影响，对加工工件的表面粗糙度没有影响。（　　）
5. 线切割加工过程中，工件与电极丝发生短路会使机床电子元器件损坏。　　　　（　　）
6. 脉冲宽度及脉冲能量越大，则放电间隙越小。　　　　　　　　　　　　　　　（　　）
7. 在线切割加工工件时，装夹方法常采用桥式安装，是因为它装夹方便，安装稳定，平面定位精度高。　　　　　　　　　　　　　　　　　　　　　　　　　　　　　　　（　　）
8. 机床停机时，应先关闭脉冲电源，然后再停工作液。　　　　　　　　　　　　（　　）
9. 中、小型线切割机床的丝架本体常采用单柱支撑，双臂悬梁式的结构。　　　　（　　）
10. 工件加工在切断时，会在很大程度上破坏材料内部应力的平衡状态，造成材料的变形，从而影响加工精度。　　　　　　　　　　　　　　　　　　　　　　　　　　　　（　　）

三、不定项选择题（每小题2分，共20分）

1. 特种加工适合于加工（　　　）。
   A. 难切削材料　　　B. 特殊复杂表面　　　C. 低刚度零件　　　D. 微细表面
2. 电火花线切割的电极丝材料主要有（　　　）。
   A. 石墨　　　　　　B. 钨　　　　　　　　C. 钼　　　　　　　D. 钨钼合金

3. 在电火花加工中，工作液较常用的有（　　　）。

    A. 煤油   B. 皂化液   C. 氯化钠   D. 去离子水

4. 电火花加工参数中属于不稳定的参数是（　　　）。

    A. 脉冲宽度   B. 脉冲间隔   C. 加工速度   D. 短路峰值电流

5. 在电火花线切割加工过程中，电极丝与工件之间存在的状态有（　　　）。

    A. 开路   B. 短路   C. 火花放电   D. 电弧放电

6. 线切割机床结构中，（　　　）是电极丝稳定移动和整齐排绕的关键部件。

    A. 导轮   B. 立柱   C. 走丝机构   D. 储丝桶

7. 电火花加工表面由电火花加工过程中形成的许多（　　　）重叠构成。

    A. 条纹   B. 凹坑   C. 金属屑   D. 熔渣

8. 低速走丝线切割的电极丝的运动方式是（　　　）。

    A. 单向运动   B. 双向运动   C. 上下运动   D. 往复运动

9. 不能使用电火花线切割加工的材料有（　　　）。

    A. 石墨   B. 铝合金   C. 大理石   D. 硬质合金

10. 电火花线切割加工可以完成以下（　　　）类型的工件加工。

    A. 锥形通孔   B. 方形通孔   C. 圆形盲孔   D. 窄缝

四、简答题（共 50 分）

1. 分析附图 10-1 所示的坯料件材料线切割路线中哪种切割方案较合理？为什么？（10 分）

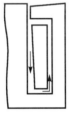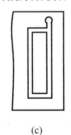

          (a)   (b)   (c)

附图 10-1

2．为什么慢速走丝线切割一般比快速走丝线切割加工精度高？（10分）

3．试述电火花成型加工原理及加工必须具备的条件。（15分）

4．请叙述电火花加工方法的优缺点有哪些。（15分）

实习报告 11　快速成型

一、填空题（每小题 2 分，共 20 分）

1．快速成型技术是一种基于_____的新型成型技术，是集_____、_____、_____及_____于一体的新型高科技技术。

2．快速原型制造使用快速成型技术，直接根据产品 CAD 的_____，经过计算机进行数据处理后，将_____转化为许多_____，再通过计算机控制将这些_____，从而形成_____。

3．快速成型技术与传统技术的区别主要有_____、_____、_____。

4．3D 打印（3DP）即快速成型技术，它是一种以为_____基础，通过_____的方式来构造实体的技术。

5．聚乳酸（PLA）是一种新型的_____材料，使用可再生的植物资源（如玉米、木薯等）所提炼出的淀粉原料制成；光敏树脂，由聚合物单体与预聚体组成的液体，在_____照射下立刻引起_____完成固化。

6．熔融堆积成型加工原材料是丝状热塑性材料，如_____、_____、_____、_____。

7．切勿在完成打印后立即关闭 MakerBot Replicator Z18。让智能喷头冷却至_____后再断电。

8．快速成型技术在成型过程中无须专用的_____、_____、_____，既节省了费用，又缩短了制作周期。

9．光固化成型（SLA）打印的模型需置于 UV 烘箱中进行最终固化，使模型达到尽可能高的_____并变得更稳定

10．熔融堆积成型（FDM）打印机最核心的部件是智能喷头，它的作用包括三个方面，即_____、_____、_____。

二、判断题（对的在括号内打"√"，错的打"×"）（每小题 1 分，共 10 分）

1．3D 打印通常是采用数字技术材料打印机来实现的。常在模具制造、工业设计等领域被用于制造模型，后逐渐用于一些产品的直接制造，已经有使用这种技术打印而成的零部件。　　　　（　　）

2．日常生活中使用的普通打印机可以打印计算机设计的平面物品，而所谓的 3D 打印机与普通打印机工作原理基本相同，只是打印材料有些不同。　　　　（　　）

3．3D 打印存在着许多不同的技术。它们的不同之处在于以可用的材料的方式，并以不同层构建创建部件。　　　　（　　）

4．3D 打印适合大规模制造，尤其是高端的定制化产品，比如汽车零部件制造。　　　（　　）

5．3D 打印之所以通俗地称为"打印机"，是参照了普通打印机的技术原理，因为分层加工的过

程与喷墨打印十分相似。这项打印技术称为 3D 立体打印技术。　　　　　　　　　　（　　）

6．设计软件和打印机之间协作的标准文件格式是 STL 文件格式。　　　　　　　　（　　）

7．对桌面级 3D 打印机来说，由于能打印多种材料，因此使用范围非常广泛。　　（　　）

8．传统的制造技术如注塑法可以以较低的成本大量制造聚合物产品，而三维打印技术则可以以更快、更有弹性及更低成本的办法生产数量相对较少的产品。　　　　　　　　（　　）

9．3D 打印思想起源于 19 世纪末的美国，并在 20 世纪 80 年代得以发展和推广。　（　　）

10．3D 打印无须机械加工或模具，就能直接从计算机图形数据中生成任何形状的物体，从而极大地缩短了产品的生产周期，提高了生产率。　　　　　　　　　　　　　　　（　　）

三、不定项选择题（每小题 2 分，共 20 分）

1．3D 打印按照技术分类，可分为（　　　）。

    A．熔融堆积成型　　　　　　　　　　　　B．喷墨沉积成型

    C．光固化立体成型　　　　　　　　　　　D．选择性激光粉末烧结

2．关于 Z18 熔融堆积成型打印机，以下说法错误的有（　　　）。

    A．打印过程中不能触碰喷头　　　　　　　B．打印结束，需关机冷却喷头，再切断电源

    C．打印过程中舱门可以打开　　　　　　　D．打印结束，需戴手套将打印件取下

3．以下不属于熔融堆积成型技术优点的是（　　　）。

    A．操作环境干净、安全，不会产生污染　　B．原材料易于搬运和快速更换

    C．原材料利用率高，且可选择多种材料　　D．成型速度快，成型过程不需要支撑

4．关于选择性激光烧结，下列说法正确的有（　　　）。

    A．SLS 打印机，需要用到大功率激光器　　B．原材料多为粉末状

    C．零件成型后，需要进行冷却　　　　　　D．目前没有桌面级别的 SLS 打印机

5．3D 打印与传统 2D 打印的区别有？（　　　）

    A．打印的耗材不同　　　　　　　　　　　B．打印结构不同

    C．打印的载体不同　　　　　　　　　　　D．打印时间上有区别

6．3D 打印可以打印的材料有（　　　）。

    A．金属　　　　　　　B．树脂　　　　　　C．木材　　　　　　D．石膏

7．关于打印表面的成型质量，下面说法正确的是（　　　）。

    A．上表面好于下表面　　　　　　　　　　B．水平面好于垂直面

    C．垂直面好于斜面　　　　　　　　　　　D．圆弧表面质量最好

8．3D 打印尤其适合（　　　）制造。

    A．单件　　　　　　　B．小批量　　　　　C．中批量　　　　　D．大批量

9．快速成型技术的特点有（　　　）。

    A．成型全过程的快速性　　　　　　　　　B．可以制造任意复杂形状的三维实体

    B．成型过程中无须专用夹具、模具、刀具　D．实现了设计与制造高度一体化

10．熔融堆积成型（FDM）具有以下哪些优点？（　　　）

    A．成本低、速度快　　　　　　　　　　　B．使用方便、维护简单

    C．体积小、无污染　　　　　　　　　　　D．成型精度高、表面质量好

四、简答题（共50分）

1. 简述快速成型技术基本原理。（10分）

2. 简述快速成型技术的分类及优缺点。（10分）

3. 快速成型技术有何特点？（15分）

4. 快速成型技术和传统制造业相比较有何优劣势？（15分）

参 考 文 献

[1] 刘新佳. 工程材料. 2 版. 北京：化学工业出版社，2013.

[2] 刘新佳. 材料成型工艺基础. 2 版. 北京：化学工业出版社，2013.

[3] 刘新佳. 金属工艺学实习教材. 2 版. 北京：高等教育出版社，2012.

[4] 傅水根，李双寿. 机械制造实习. 北京：清华大学出版社，2009.

[5] 黄如林，樊曙天. 金工实习. 南京：东南大学出版社，2004.

[6] 王宏宇. 机械制造工艺基础. 北京：化学工业出版社，2007.

[7] 赵小东，潘一凡. 机械制造基础. 南京：东南大学出版社，2000.

[8] 周南兴，等. 金属材料火花图谱. 南京：江苏科学技术出版社，1985.

[9] 劳动人事部培训就业局. 铸工生产实习. 北京：劳动人事出版社，1984.

[10] 张志文. 锻造工艺学. 北京：轻工业出版社，1983.

[11] 曲卫国. 铸造工艺学. 西安：西北工业大学出版社，1994.

[12] 金禧德. 金工实习. 北京：高等教育出版社，1992.

[13] 袁国定，朱洪海. 机械制造技术基础. 南京：东南大学出版社，2002.

[14] 孙以安，等. 金工实习教学指导. 上海：上海交通大学出版社，1998.

[15] 王先逵. 机械制造工艺学. 北京：机械工业出版社，1995.

[16] 陈永泰. 机械制造技术实践. 北京：机械工业出版社，2001.

[17] 赵月望. 机械制造技术实践. 北京：机械工业出版社，1993.

[18] 张万昌，等. 机械制造实习. 北京：高等教育出版社，1991.

[19] 同济大学金属工艺学教研室. 金属工艺学实习教材. 北京：高等教育出版社，1982.

[20] 《机械制造基础》编写组. 机械制造基础. 北京：人民教育出版社，1978.

[21] 范炳言. 数控加工程序编制. 北京：航空工业出版社，1995.

[22] 刘书华. 数控机床与编程. 北京：机械工业出版社，2001.

[23] 胡涛. 数控车床编程与操作. 武汉：武汉华中数控股份有限公司，2005.

[24] 胡涛. 数控铣床编程与操作. 武汉：武汉华中数控股份有限公司，2005.

[25] FANUC 0i Mate-MC 系统 操作说明书. 北京：北京发那科机电有限公司，2004.

[26] FANUC 0i Mate-MC 系统 参数说明书. 北京：北京发那科机电有限公司，2004.

[27] FANUC Series 0i Mate-TC 系统 操作说明书. 北京：北京发那科机电有限公司，2004.

[28] FANUC Series 0i Mate-TC 系统 参数说明书. 北京：北京发那科机电有限公司，2004.

[29] 世纪星车削数控装置编程说明书. 武汉：华中数控股份有限公司，2005.

[30] 世纪星铣削数控装置编程说明书. 武汉：华中数控股份有限公司，2005.

[31] 胡育辉. 数控铣床加工中心. 沈阳：辽宁科学技术出版社，2005.

[32] 张辽远. 现代加工技术. 2 版. 北京：机械工业出版社，2008.

[33] 刘晋春，等. 特种加工. 4 版. 北京：机械工业出版社，2005.

[34] 王贵成，等. 精密与特种加工. 2 版. 武汉：武汉理工大学出版社，2001.

[35] 鄂大辛，等. 特种加工基础实训教程. 北京：北京理工大学出版社，2007.

[36] 傅水根. 探索工程实践教育. 北京：清华大学出版社，2007.